Heidelberger Taschenbücher Band 245

R. J. Gritter   J. M. Bobbitt
A. E. Schwarting

Einführung in die
Chromatographie

Übersetzt aus dem Amerikanischen von
A. Groß und M. Czok

Mit 101 Abbildungen

Springer-Verlag
Berlin Heidelberg New York
London Paris Tokyo

Autoren:

Roy J. Gritter
IBM Corporation, San Jose, CA/USA

James M. Bobbitt
Dept. of Chemistry, University of Connecticut, Storrs, CT/USA

Arthur E. Schwarting, Dean emer.
School of Pharmacy, University of Connecticut, Storrs, CT/USA

Übersetzer:

Andreas Groß und Martin Czok
Angewandte Physikal. Chemie, Universität des Saarlandes
D-6600 Saarbrücken

Titel der amerikanischen Originalausgabe: R. J. Gritter,
J. M. Bobbitt, A. E. Schwarting: „Introduction to Chromatography"
Second Edition, 1985, Holden-Day, Inc. Oakland, CA/USA

ISBN-13:978-3-540-17990-0   e-ISBN-13:978-3-642-72789-4
DOI: 10.1007/978-3-642-72789-4

CIP-Kurztitelaufnahme der Deutschen Bibliothek. Gritter, Roy J.: Einführung in die
Chromatographie/R. J. Gritter; J. M. Bobbitt; A. E. Schwarting. Übers. aus d. Amerik. von
Andreas Groß u. Martin Czok. - Berlin; Heidelberg; New York; London; Paris; Tokyo:
Springer, 1987 (Heidelberger Taschenbücher ; Bd. 245) Einheitssacht.: Introduction to
chromatography ⟨dt.⟩
ISBN-13:978-3-540-17990-0

NE: Bobbitt, James M.:; Schwarting, Arthur E.:; GT

Dieses Werk ist urheberrechtlich geschützt. Die dadurch begründeten Rechte, insbesondere die
der Übersetzung, des Nachdrucks, des Vortrags, der Entnahme von Abbildungen und Tabellen,
der Funksendung, der Mikroverfilmung oder der Vervielfältigung auf anderen Wegen und der
Speicherung in Datenverarbeitungsanlagen, bleiben, auch bei nur auszugsweiser Verwertung,
vorbehalten. Eine Vervielfältigung dieses Werkes oder von Teilen dieses Werkes ist auch im
Einzelfall nur in den Grenzen der gesetzlichen Bestimmungen des Urheberrechtsgesetzes der
Bundesrepublik Deutschland vom 9. September 1965 in der Fassung vom 24. Juni 1985 zulässig.
Sie ist grundsätzlich vergütungspflichtig. Zuwiderhandlungen unterliegen den Strafbestim-
mungen des Urheberrechtsgesetzes.

© Springer-Verlag Berlin Heidelberg 1987

Die Wiedergabe von Gebrauchsnamen, Handelsnamen, Warenbezeichnungen usw. in diesem
Werk berechtigt auch ohne besondere Kennzeichnung nicht zu der Annahme, daß solche
Namen im Sinne der Warenzeichen- und Markenschutz-Gesetzgebung als frei zu betrachten
wären und daher von jedermann benutzt werden dürften.

Für die Richtigkeit und Unbedenklichkeit der Angaben über den Umgang mit Chemikalien in
Versuchsbeschreibungen und Syntheseworschriften übernimmt der Verlag keine Haftung.
Derartige Informationen sind den Laboratoriumsvorschriften und den Hinweisen der
Chemikalien- und Laborgerätehersteller und -Vertreiber zu entnehmen.

Gesamtherstellung: Appl, Wemding - 215213140-543210

Zum Geleit

Moderne Analytik wäre heute ohne chromatographische Verfahren undenkbar, wobei die wichtigsten chromatographischen Verfahren, die Dünnschicht-, die Flüssigkeits- und die Gas-Chromatographie, gleich stark vertreten sind. Obwohl die Zahl der Publikationen, die die Anwendung der chromatographischen Verfahren widerspiegeln sollten, sicher nicht immer der tatsächlichen Verbreitung der Methode in den Labors entspricht, hat jedes Verfahren seine Vorteile auf bestimmten Gebieten.

Die Dünnschicht-Chromatographie erlaubt die schnelle, halbquantitative Analyse einer großen Probezahl, die Ausrüstung dafür ist einfach, um nicht zu sagen primitiv. Sollen allerdings mit diesem Verfahren auch genaue quantitative Ergebnisse erhalten werden, so sind an die Präzision der Handhabung und an die Geräte wesentlich größere Anforderungen zu stellen. Die Gas-Chromatographie erfordert die unzersetzte Verdampfung der Probe – bei biologischen Proben auch durch Derivatisierung nicht immer zu erreichen – hat aber den enormen Vorteil eines nahezu universellen und noch dazu überaus empfindlichen Detektors. Die Hochleistungs-Flüssigkeits-Chromatographie durchläuft eine seit 15 Jahren ungebrochene starke Wachstumsphase, was Anwendung und Geräteproduktion betrifft. Mit dafür verantwortlich ist sicher ihre Einsatzmöglichkeit auf dem Gebiet der biologischen und medizinischen Chemie, obwohl empfindliche Detektion nur bei Substanzen mit Lichtabsorption möglich ist.

Leider findet man selten Monographien, in denen die chromatographischen Verfahren gleichberechtigt nebeneinander und praxisnah – mit so wenig Theorie wie nötig – abgehandelt werden. Aus diesem Grunde ist die Übersetzung dieses Buches – für Praktiker von Praktikern geschrieben – zu begrüßen. Es ist für Anfänger auf dem Gebiet der chromatographischen Analytik gedacht und wird den Einstieg in die Spezialliteratur erleichtern.

Saarbrücken, Januar 1987 H. Engelhardt

Inhaltsverzeichnis

Kapitel 1: Einleitung und theoretische Grundlagen 1

1   Einführung 1

2   Erläuterung der verwendeten Begriffe 5

3   Flüssigkeits-Chromatographie 5

3.1 Dünnschicht- (DC) und
    Papier-Chromatographie (PC) 6
3.2 Säulen-Chromatographie 9
3.3 Hochleistungs-Flüssigkeits-Chromatographie
    (HPLC) 11

4   Gas-Chromatographie (GC) 14

5   Zielsetzung der Chromatographie 15

5.1 Qualitative Anwendungen 15
5.2 Quantitative Anwendungen 18
5.3 Präparative Anwendungen 19

6   Theoretische Grundlagen 20

6.1 Die statische Verteilung 20
6.2 Modell der diskontinuierlichen Verteilung 21
6.3 Theoretisches Modell der Chromatogramme 26
6.4 Die Gleichgewichtseinstellung und das Problem der
    Diffusion 34

Kapitel 2: Gas-Chromatographie 37

1 Einführung 37

2 Hinweise zur Bedienung 39

3 Auswahl des Trennsystems 45

3.1 Das Trägergas 47
3.2 Der Detektor 49
3.3 Die flüssige stationäre Phase 50

4 Das System 52

4.1 Die Säulentemperatur 52
4.2 Das Trägergas 56
4.3 Probenaufgabe und Gasstromteilung
    (Splitdosierung) 59
4.4 Probenvorbereitung und Injektion 62
4.5 Säulen......................... 65
4.6 Detektoren 72
4.7 Signalverarbeitung 75

5 Spezielle Verfahren.................. 79

5.1 Fraktionensammler 79
5.2 Präparative GC.................... 80
5.3 Mehrdimensionale GC 81
5.4 Recycle GC 81
5.5 Pyrolyse GC 81
5.6 Gas-Chromatographie/Massenspektrometrie 82
5.7 Gas-Chromatographie/Infrarotspektroskopie 84

6 Optimierung der Trennung 84

6.1 Hauptparameter 84
6.2 Meßgrößen einer Trennung 85
6.3 Optimierung einer gaschromatographischen
    Trennung 86

*Kapitel 3: Die Wahl des Phasensystems
in der Flüssigkeits-Chromatographie* 87

1   Einführung 87

2   Polarität 88

3   Flüssig-Fest oder Flüssig-Flüssig? 91

4   Flüssig-Fest-Chromatographie 94

4.1 Trennprinzip 94
4.2 Praktische Durchführung – LSC 96

5   Flüssig-Flüssig-Chromatographie 98

5.1 Trennprinzip 98
5.2 Praktische Durchführung – LLC 99

6   Andere Gesichtspunkte bei der Auswahl eines
    LC-Systems 100

7   Die Wahl der speziellen Trennbedinungen 100

7.1 Vorversuche für die Adsorptions-Chromatographie . 102
7.2 Vorversuche für die Verteilungs-Chromatographie . 107

Kapitel 4: Dünnschicht- und Papier-Chromatographie . . 111

1   Einführung 111

2   Chromatographie auf Objektträgern 113

2.1 Sorptionsmittel und Zusätze 114
2.2 Herstellung der Beschichtung 116
2.3 Auftragen der Probe 119
2.4 Die Wahl des Laufmittels 120
2.5 Entwicklung von Objektträger-Platten 120
2.6 Sichtbarmachen der Proben auf
    Objektträger-Platten 121
2.7 Dokumentation 121

3 DC auf Standardplatten 122

3.1 Sorptionsmittel 123
3.2 Beschichten von Dünnschichtplatten 125
3.3 Probenvorbereitung und Auftragen 129
3.4 Die Wahl des Laufmittels 131
3.5 Entwicklungstechniken 131
3.6 Mehrfachentwicklung 134
3.7 Nachweisreaktionen 140
3.8 Dokumentation dünnschichtchromatographischer Ergebnisse 142

4 Präparative Methoden 143

4.1 Ausrüstung 143
4.2 Entwicklung 150
4.3 Nachweis der Probekomponenten 151
4.4 Isolierung der Probe 151
4.5 Ein wichtiges Wort der Warnung 152

5 Quantitative DC 152

5.1 Quantitative Bestimmung auf der Schicht 155
5.2 Quantitative Bestimmung nach Elution 158
5.3 Andere Methoden 161

6 Fehlersuche in der DC 161

7 Hochleistungs-Dünnschicht-Chromatographie . . . 161

8 Papier-Chromatographie 163

Kapitel 5: Säulen-Chromatographie 167

1 Einführung 167

2 Klassische Flüssig-Fest-Säulen-Chromatographie . . 170

2.1 Säulen 170
2.2 Probegröße 172
2.3 Das Sorptionsmittel 172
2.4 Die Wahl des Elutionsmittels 177

2.5 Packen der Säule 181
2.6 Aufgeben der Probe 182
2.7 Entwicklung des Chromatogramms 183
2.8 Detektion der getrennten Substanzen 185
2.9 Isolierung der Produkte 187

3   Kombinationen Säulen-Chromatographie – HPLC . 188

3.1 Trockensäulen-Chromatographie 188
3.2 Flash-Chromatographie 189
3.3 Mitteldruck-Flüssigkeits-Chromatographie 191

*Kapitel 6: Hochleistungs-Flüssigkeits-Chromatographie
(HPLC)* 195

1   Einführung 195

2   Bedienungshinweise 198

3   Auswahl des Trennsystems 203

3.1 Der Detektor 204
3.2 Auswahl der stationären Phase 206
3.3 Wahl der mobilen Phase 214

4   Das System 229

4.1 Das Eluentenversorgungssystem 230
4.2 Probenvorbereitung 233
4.3 Injektionssysteme 234
4.4 Säulen und Packungsmaterialien 236
4.5 Detektoren 238
4.6 Datenverarbeitung 238
4.7 Fraktionensammler 239

5   Spezielle Arbeitstechniken 240

5.1 Recycle Chromatographie 240
5.2 Fraktionierung und Schnittechniken 240
5.3 Mehrdimensionale HPLC 240
5.4 HPLC/Massenspektrometrie 241
5.5 HPLC/Infrarotspektroskopie 242

5.6 Quantitative HPLC 242
5.7 Präparative HPLC 243

6   Polymercharakterisierung 244

Verzeichnis der verwendeten Symbole 251

Verzeichnis der verwendeten Abkürzungen 253

Verzeichnis der Fachausdrücke 255

Anschriftenverzeichnis der Hersteller- und Vertriebsfirmen 265

Literatur (deutschsprachige Bücher) 267

Sachverzeichnis 269

Kapitel 1

Einleitung und theoretische Grundlagen

1 Einführung

Die verschiedenen Methoden der Chromatographie liefern die wirksamsten Trenntechniken in einem chemischen Labor. Die grundlegenden Ideen sind leicht zu verstehen. Neben sehr einfachen Analysentechniken gibt es aber auch ziemlich aufwendige Geräte und Arbeitsvorgänge, wobei die entsprechenden Methoden dem jeweiligen Substanztyp angepaßt werden können. Obwohl das Wort Chromatographie auf Farben hindeutet, so gibt es keine direkte Verbindung dazu, außer daß die ersten mit dieser Technik getrennten Substanzen grüne Pigmente aus Pflanzen waren.

Chromatographische Methoden werden wegen ihrer universellen Anwendbarkeit sowohl für analytische als auch für präparative Trennungen im großen Maßstab benutzt. Fast jedes chemische Gemisch, von niedrigen bis hin zu hohen Molekulargewichten, kann mit einer der chromatographischen Methoden in seine Bestandteile aufgetrennt werden. Die Art der Trennung, analytisch oder präparativ, wird nicht durch die Probegröße festgelegt, sondern durch die speziellen Bedürfnisse. Normalerweise benutzt man zunächst analytische Chromatographie für alle Proben und präparative Chromatographie nur dann, wenn man reine Fraktionen eines Gemisches benötigt.

Chromatographischen Trennungen liegen einfache Verfahren zugrunde, die grundlegende physikalische Eigenschaften von Molekülen ausnutzen. Die hauptsächlich ausgenutzten Eigenschaften sind:

1. das Bestreben eines Moleküls sich in einer Flüssigkeit zu lösen (Löslichkeit),
2. das Bestreben eines Moleküls sich an der Oberfläche eines porösen Festkörpers anzulagern (Adsorption) und
3. die Tendenz eines Moleküls zu verdampfen oder in den Gasraum überzugehen (Dampfdruck).

2 Einleitung und theoretische Grundlagen

In einem chromatographischen System müssen die Komponenten des zu trennenden Gemisches sich in zwei dieser Eigenschaften unterscheiden. Dies kann unterschiedliches Verhalten in der Adsorption oder der Löslichkeit bedeuten, oder auch unterschiedliches Verhalten in zwei miteinander nicht mischbaren Flüssigkeiten.

Unter Chromatographie versteht man ein dynamisches Wechselspiel dieser Eigenschaften in einem Zweiphasensystem, man kann sie aber am besten verstehen, wenn man statische Bedingungen annimmt. Bringt man z. B. eine Substanz in ein Trennrohr, das mit zwei Flüssigkeiten gefüllt ist, die nur im begrenzten Umfang miteinander mischbar sind (z. B. Ether/Wasser), so wird sich die Verbindung entsprechend ihrer Löslichkeit zwischen den beiden Flüssigkeiten verteilen (Abb. 1.1 a). Natürlich ist das auch die Grundlage einfacher Extraktionsprozesse. Solch eine Verteilung beruht auf der unterschiedlichen Löslichkeit einer Substanz in zwei verschiedenen Flüssigkeiten.

Gibt man einen gelösten Stoff in einen Kolben mit einem feinverteilten Festkörper darin (z. B. Aktivkohle), so wird sich der gelöste Stoff zwischen der Flüssigkeit und der Festkörperoberfläche verteilen, wobei ersteres eine Eigenschaft der Löslichkeit des Stoffes und letzteres eine Adsorptionseigenschaft wiedergibt (Abb. 1.1 b). Überführt man schließlich den gelösten Stoff in einen Kolben, der eine kleine Menge einer nicht flüchtigen Flüssigkeit enthält, so wird sich der Stoff zwischen der Flüssigkeit und der Dampfphase verteilen, wodurch die Eigenschaften der Löslichkeit und der Flüchtigkeit des Stoffes zum Ausdruck kommen

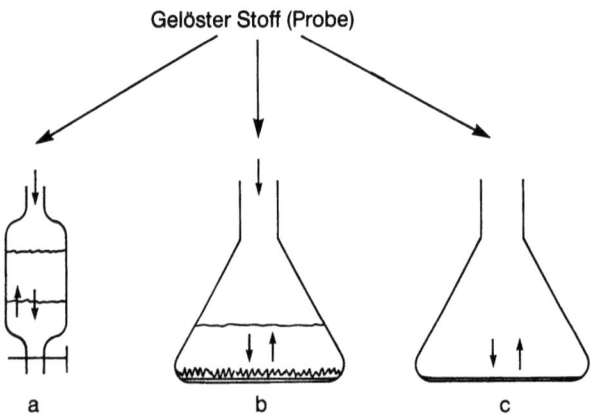

Abb. 1.1. Statische Gleichgewichtseinstellung eines gelösten Stoffes zwischen zwei Phasen

(Abb. 1.1 c). Alle diese Systeme kann man durch zwei Phasen beschreiben, die miteinander im Kontakt stehen und im Gleichgewichtszustand sind und einen gelösten Stoff, der zwischen den beiden Phasen verteilt ist.

Es ist höchst unwahrscheinlich, daß zwei Komponenten das exakt gleiche Verhalten im Hinblick auf das Zweiphasensystem aufweisen. In einem chromatographischen System macht man sich diese Unterschiede zunutze, auch wenn sie sehr klein sind, und schafft so die Grundlage für eine Trennung.

Die grundlegende Idee der Chromatographie ist die Überführung der oben beschriebenen statischen Verteilungssituation (Abb. 1.1) in ein fließendes, dynamisches Gleichgewichtssystem. Man kann das dadurch erreichen, daß man eine Phase (die mobile Phase) mechanisch im Bezug zur anderen Phase (der stationären Phase) bewegt, wobei der Gleichgewichtszustand aufrecht erhalten wird. Diese Situation ist schematisch in Abb. 1.2a gezeigt. Obwohl aus Gründen des Verständnisses eine kleine Phasengrenze zwischen den Phasen dargestellt ist, sollte man sich klarmachen, daß der Übergang kontinuierlich ist. Die mobile Phase kann ein Gas oder eine Flüssigkeit sein, die stationäre Phase durch einen Flüssigkeitsfilm auf einem festen Träger oder einer Festkörperoberfläche reali-

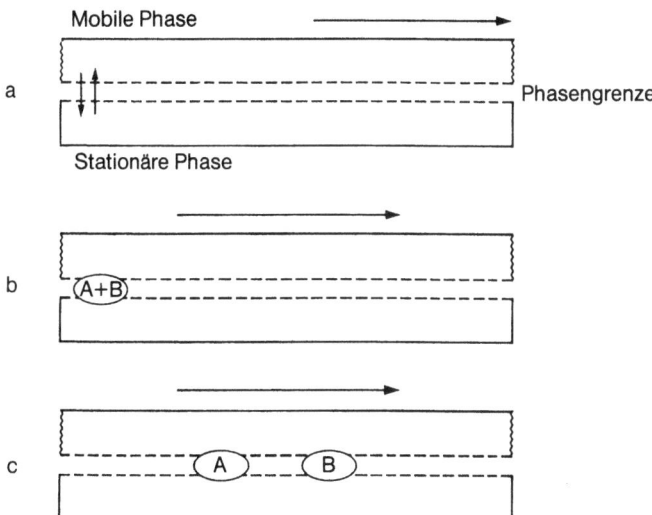

Abb. 1.2 a–c. Schematische Beschreibung eines chromatographischen Systems ohne gelösten Stoff **a**, mit zwei gelösten Stoffen A und B zu Beginn der Trennung **b** und mit zwei Stoffen nach erfolgter Trennung **c**

siert werden. Bringt man die zu trennende Lösung (A und B) in das System ein (Abb. 1.2 b), so werden sich die beiden Komponenten entsprechend ihren jeweiligen Eigenschaften zwischen den beiden Phasen verteilen. Bewegt sich nun eine der beiden Phasen, so bewegen sich die Substanzen im Gemisch mit. Die Substanz mit der größeren Affinität zur mobilen Phase (oder geringeren Affinität zur stationären Phase) wird sich schneller durch das System bewegen als die Substanz mit den gegenteiligen Eigenschaften. Nach einer gewissen Zeit kann man die Situation wie in Abb. 1.2 c dargestellt, wiedergeben, in der die Verbindung B mit einer größeren Geschwindigkeit als die Verbindung A bewegt hat. Haben A und B sehr verschiedene Eigenschaften, so wird sich eine Komponente in der mobilen Phase bewegen, während die andere auf der Startposition bleibt. In diesem Fall ist die Trennung einfach. Meist haben A und B ähnliche Eigenschaften und wandern beide in der mobilen Phase, jedoch mit verschiedenen Geschwindigkeiten. Diese Unterschiede in den Wanderungsgeschwindigkeiten ist die Grundlage aller chromatographischer Trennverfahren, und die Suche nach denjenigen Bedingungen, die die größten Unterschiede in den Wanderungsgeschwindigkeiten ergeben, ist die eigentliche Kunst bei der Chromatographie.

Es gibt eine verwirrende Vielfalt verschiedener Typen, Abwandlungen und Techniken der Chromatographie. Es sind jedoch generelle Unterscheidungen möglich, die es erlauben das Gebiet in einer systematisch sinnvollen Weise zu untergliedern. Auf der Basis der mobilen Phase, die eine Flüssigkeit oder ein Gas sein kann, ist es möglich die Chromatographie in Flüssigkeits-Chromatographie (engl. Liquid Chromatography: LC) und Gaschromatographie (engl. Gas Chromatography: GC) einzuteilen. Auf der Grundlage der stationären Phase, Flüssigkeit oder Festkörper, gibt es die Möglichkeit zwischen Verteilungschromatographie und Adsorptionschromatographie zu unterscheiden. Die einleuchtende Kombination dieser beiden Konzepte ergibt z. B. die flüssig-fest Chromatographie (LSC), in der die mobile Phase eine Flüssigkeit und die stationäre Phase ein Festkörper ist. Weitere Kombinationen sind in Abb. 1.3

		Mobile Phase	
		flüssig	gasförmig
Stationäre Phase	fest	Flüssig-fest Chromatographie (LSC)	Gas-fest Chromatographie (GSC)
	flüssig	Flüssig-flüssig Chromatographie (LLC)	Gas-flüssig Chromatographie (GLC)

Abb. 1.3. Bezeichnung der chromatographischen Grundtypen nach der Art der mobilen bzw. der stationären Phase

dargestellt. Die generelle Unterscheidung zwischen Gas- und Flüssigkeitschromatographie scheint am nützlichsten zu sein und wird deshalb auch in diesem Buch verwandt. Eine Reihe anderer Typen der Chromatographie wurde entwickelt, die nicht mit einfacher Verteilung, Adsorption oder Flüchtigkeit erklärbar sind. Diese Typen werden kurz in einem Stichwortverzeichnis am Ende des Buches vorgestellt. Im Stichwortverzeichnis sind auch alternative Bezeichnungen für die chromatographischen Grundtypen zu finden.

2 Erläuterung der verwendeten Begriffe

Die obige Einführung machte die Definition einer Reihe von Begriffen notwendig, aber darüber hinaus müssen für ein generelles Verständnis der Chromatographie noch weitere Begriffe geklärt werden.

Die feste Phase, die als stationäre Phase in der flüssig-fest- oder in der weniger üblichen - gas-fest-Chromatographie benutzt wird, heißt Adsorbent, wohingegen das Material, auf dem die stationäre Phase in der flüssig-flüssig oder der gas-flüssig Chromatographie aufgebracht ist, Träger genannt wird. Bewegt man die mobile Phase durch die stationäre Phase und bewirkt dadurch die Trennung, so wird dieser Vorgang als Entwicklung bezeichnet. Nach erfolgter Trennung müssen die Ergebnisse sichtbar gemacht oder detektiert werden. Wenn die aufgetrennten Substanzen das System verlassen, so spricht man von einer Elution. Unter dem Ausdruck Probe versteht man das Gemisch der zu trennenden Substanzen. Das Endergebnis einer Trennung ist das Chromatogramm.

3 Flüssigkeits-Chromatographie

Unter dem Ausdruck Flüssigkeits-Chromatographie (LC) sind alle die Verfahren zusammengefaßt, in denen die mobile Phase eine Flüssigkeit ist. Die Typen lassen sich weiter unterscheiden; zunächst einmal dadurch, ob eine feste stationäre (flüssig-fest) oder eine flüssige stationäre Phase (flüssig-flüssig) benutzt wird. Diese Verfahren nennt man dann oft Adsorptions- bzw. Verteilungschromatographie. Zum zweiten unterscheiden sich die LC-Techniken in der Form oder dem Aussehen der stationären Phase. Die Phase kann eine dünne Schicht auf einem Träger sein, wie in der Dünnschicht-Chromatographie (DC), ein Papierstreifen (PC) oder die Phase ist in einem Rohr aus Glas, Metall oder Kunststoff, wie in der Säulen-Chromatographie üblich. Schließlich unterscheiden sich die LC-Techniken in der Geschwindigkeit, mit der die mobile Phase bewegt wird und in der Art, wie die Substanzen detektiert werden. Wird die mobile Phase unter dem Einfluß der Schwerkraft durch die Säule bewegt, so nennt man diese Methode einfach Säulen-Chromatographie. Bewegt man die mobile Phase unter (hohem) Druck sehr schnell und steht eine instrumentelle Detektionsart zur Verfügung, so heißt dieses spezielle Verfahren Hochleistungs-Flüssigkeits-Chromatographie (engl. High Performance Liquid Chromatography, HPLC).

Ein Flüssigkeits-Chromatogramm kann mit einem reinen Lösungsmittel, einem Gemisch aus reinen Lösungsmitteln (diese heißen isokratische Systeme) oder einem kontinuierlichen Wechsel des Lösungsmittelgemisches entwickelt werden. Letzteres wird auch als Gradientelution bezeichnet.

3.1 Dünnschicht- (DC) und Papier-Chromatographie (PC)

Diese beiden Verfahren sind sich insofern ähnlich, als daß die stationäre Phase eine dünne Schicht ist, in der sich die mobile Phase durch Kapillarkräfte bewegt. Sie unterscheiden sich aber in der Beschaffenheit und der Funktion der stationären Phase. Bei der Papier-Chromatographie ist die stationäre Phase eine Flüssigkeit, gewöhnlich Wasser, die auf den Fasern eines Stückes hochreinen Filterpapiers aufgebracht ist, wodurch die flüssig-flüssig Chromatographie ermöglicht wird. In der Dünnschicht-Chromatographie ist die stationäre Phase ein dünner Belag (0.1-2 mm) aus einem festen Material, das auf einer ebenen Trägeroberfläche aufgebracht ist. Der Träger ist meistens aus Glas, kann aber auch aus Kunststoff oder Metall sein. Die Schicht wird durch Gips oder Stärke auf der Oberfläche fixiert. In der DC wird diese feste Schicht meist als Adsorptionsoberfläche genutzt (flüssig-fest Chrom.), obwohl sie auch als Träger einer Flüssigkeit dienen kann, und so flüssig-flüssig Chromatographie ermöglicht. Die PC ist die ältere der beiden Techniken, aber die DC ist heute weit mehr gebräuchlich. Die Gradientenentwicklung von Papier- und Dünnschicht-Chromatogrammen ist apparativ sehr aufwendig, weswegen man meist Entwicklungen mit reinen Lösungsmitteln oder sich nicht verändernden Lösungsmittelgemischen durchführt.

In der PC und der DC werden die gleichen Arbeitsschritte nacheinander durchgeführt, was am Beispiel der DC erläutert wird. Die zu trennende Probe wird in einem geeigneten Lösungsmittel, bevorzugt dem Entwickler oder einem in der Polarität sehr ähnlichen Lösungsmittel, gelöst und als kleine Punkte (1-5 mm Durchmesser) in etwa 2 cm

Abstand von Ende der Platte auf die Schicht aufgebracht. Das Auftragen erfolgt mit einer Glaskapillare (Abb.1.4), kann aber auch mit einer Spritze oder einem automatischen Probegeber geschehen. Nach dem Verdampfen des Lösungsmittels (ggf. Trocknen im Stickstoffstrom), wird die Platte dann in die Entwicklungskammer gestellt, in der sich die als mobile Phase dienende Entwicklerflüssigkeit befindet (etwa 1 cm hoch). Die Platte wird mit den Probeflecken nach unten in die Kammer gestellt, ohne daß der Eluent zunächst in direkten Kontakt mit den Probeflecken kommt (Abb.1.5). Die Kammer wird dann sorgfältig verschlossen, und man wartet bis das Lösungsmittel durch die Kapillarkräfte bis zu einem Punkt 10-15 cm über den Startpunkt angestiegen ist (Abb.1.6). Die Papierchromatographie kann in gleicher Weise durchgeführt werden, außer daß man das Papier an einer Art Haken in der Kammer aufhängen muß, weil der Papierbogen nicht genügend starr ist. Werden die mobile und die stationäre Phase sorgfältig ausgewählt, so wird sich die punktförmig aufgebrachte Probe zu einer Reihe von Substanzflecken auftrennen, wobei man hoffen kann, daß jeder Fleck einer reinen Substanz entspricht (Abb.1.7). Die Aufnahme des Chromatogramms erfolgt gewöhnlich in einer Kammer, deren Dampfraum so gut als möglich mit der mobilen Phase gesättigt ist. Zu diesem Zweck wird zusätzlich ein Filterpapierstreifen in den Eluenten gestellt, wie das in Abb.1.4-1.7 zu sehen ist.

Sind die Substanzflecken nicht ohne weiteres zu erkennen, so muß man sie durch Aufsprühen mit einem geeigneten Farbreagenz sichtbar machen, oder man betrachtet sie unter UV-Licht.

Seit die PC und DC zum erstenmal beschrieben wurden, wurden zahlreiche Abänderungen dieser einfachen Verfahren veröffentlicht. Einige sind wichtig, andere trivial und wieder andere so komplex, daß sie über den Rahmen dieses einführenden Buches hinausgehen.

In der PC und DC sind einige weitere Definitionen notwendig. Derjenige Punkt des Chromatogramms, auf den die Probe aufgetragen wird, heißt Startpunkt. Die dabei benutzte Arbeitstechnik wird üblicherweise als Spotting (Tüpfeln) bezeichnet. Die Lösungsmittelfront ist die obere Grenze, die der Eluent bei seiner Wanderung durch die Schicht erreicht und markiert, nach abgeschlossener Entwicklung, die maximale Steighöhe des Lösungsmittels.

Das Verhalten einer bestimmten Verbindung in einem definierten chromatographischen System wird durch den R_f-Wert beschrieben. Man erhält diesen Wert, indem man die vom Substanzfleck zurückgelegte Strecke durch die vom Lösungsmittel zurückgelegte Strecke dividiert. Die Strecken werden vom Startpunkt aus gemessen, und der R_f-Wert liegt stets zwischen 0 und 1 (Zur Definition siehe auch Abb.1.8).

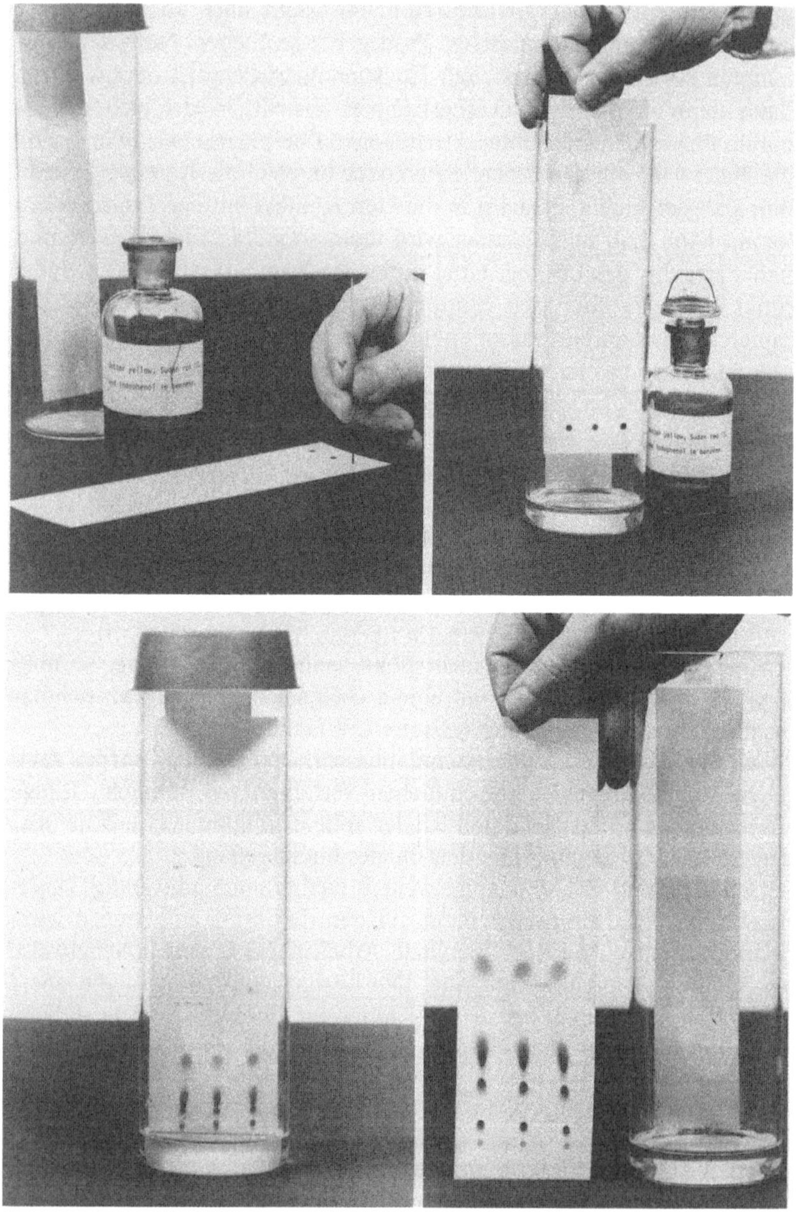

8 Einleitung und theoretische Grundlagen

1.4–1.7

◁ **Abb. 1.4–1.7.** Eine Mischung aus drei Farbstoffen gelöst in Benzol wird auf eine Kieselgel-G-Dünnschicht in drei verschiedenen Konzentrationen aufgebracht (1.4; links oben), in eine Kammer gestellt, die mit der Entwicklerflüssigkeit Benzol gesättigt ist (1.5; rechts oben), Entwicklung (1.6; links unten), nach der Entwicklung erfolgt die Trocknung der Dünnschichtplatte (1.7; rechts unten)

$$R_f = \frac{A}{B}$$

Abb. 1.8. Idealisiertes Dünnschichtchromatogramm mit Anleitung zur Berechnung des R_f-Wertes

3.2 Säulen-Chromatographie

Die Säulen-Chromatographie ist die älteste der chromatographischen Methoden. Die traditionell benutzte Form war die der Flüssigkeits-Chromatographie. Die stationäre Phase, die ein Adsorptionsmaterial (engl. Liquid-solid Chromatography, LSC) oder ein mit einem Flüssigkeitsfilm beschichteter fester Träger ist (engl. Liquid-liquid Chromatography, LLC), wird in ein zylindrisches Rohr gebracht, das am unteren Ende durch ein Ventil oder einen Absperrhahn verschlossen ist. Die mobile Phase bewegt sich unter dem Einfluß der Schwerkraft durch die stationäre Phase. Die chromatographische Säule wird gewöhnlich hergestellt, indem man eine Suspension der stationären Phase in einem geeigneten Lösungsmittel in die Säule gießt und sich absetzen läßt. Als nächstes verringert man die Füllhöhe des Lösungsmittels in der Säule soweit, daß die Flüssigkeitsoberfläche an der Spitze des Adsorbens steht, bevor man die in einem passenden Lösungsmittel gelöste Probe auf die Säule aufgibt. Ist die Probe in die obere Schicht des Adsorbens eingedrungen, so gibt man aus einem Vorratsgefäß das Lösungsmittel zu mit dem das Chromatogramm entwickelt werden soll (Abb. 1.11). Sind die Bedingungen gut gewählt, so werden die gelösten Probebestandteile mit unterschiedlicher Geschwindigkeit in Form von Bändern die Säule hinabwandern und dadurch aufgetrennt. Die getrennten Substanzen werden meist derart isoliert, daß man das Eluat in verschiedenen Fraktionen, oft mit einem Fraktionssammler, auffängt. Sind die aufgetrennten Substanzen

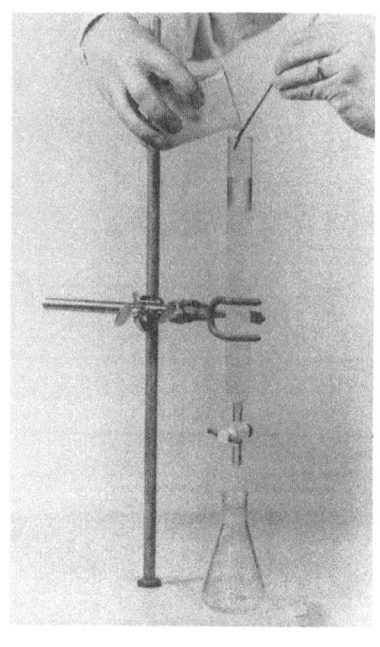
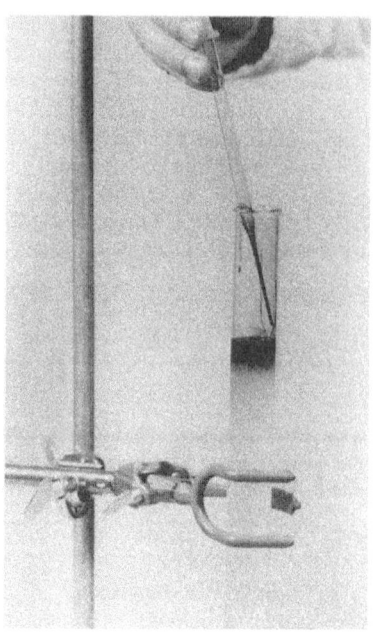

farblos, so muß man durch ständige Kontrolle des Eluenten die Fraktionen ermitteln, die die gewünschten Probenbestandteile enthalten. Dazu kann man den Eluenten mit einem geeigneten Detektor im Durchfluß überprüfen, oder indem man eine Anzahl aufeinander folgender Fraktionen auffängt und diese dann durch DC untersucht. Außerdem kann man die so erhaltenen Fraktionen auch eindampfen und den Rückstand auswiegen. Während PC- und DC-Chromatogramme meist mit reinen Lösungsmitteln oder sich während der Analyse nicht verändernden Lösungsmittelgemischen entwickelt werden, so benutzt man in der Säulen-Chromatographie sehr oft die Technik der Gradientelution.

3.3 Hochleistungs-Flüssigkeits-Chromatographie (HPLC)

Theoretisch wird man die besten chromatographischen Trennungen erwarten, wenn die stationäre Phase eine möglichst große Oberfläche besitzt, weil dadurch eine gute Gleichgewichtseinstellung der Probe an den Phasen ermöglicht wird. Für eine gute Trennung ist weiter nötig, daß die mobile Phase hinreichend schnell strömt, weil dadurch die unerwünschte Diffusion gering gehalten wird. Große Oberflächen der stationären Phase bedeuten aber in den meisten chromatographischen Systemen, daß der Träger oder Adsorbent sehr fein verteilt sein muß. Will man nun den Eluenten schnell durch diese fein verteilte Phase strömen lassen, so muß dazu (hoher) Druck aufgebracht werden. Aus dieser Forderung heraus entstand die neueste und wirkungsvollste Technik der Flüssigkeits-Chromatographie. Zuerst nannte man sie Hochdruck-Flüssigkeits-Chromatographie (engl. High Pressure Liquid Chromatography, HPLC). Heute ist auch der Ausdruck Hochleistungs-Flüssigkeits-Chromatographie gängig, und manchmal liest man auch (fälschlicherweise) einfach Flüssigkeits-Chromatographie. Im weiteren werden wir HPLC benutzen, da wir LC in einem umfassenderen Sinn definiert haben, nämlich als eine Chromatographie mit flüssiger mobiler Phase.

◁ **Abb. 1.9–1.12.** Eine Aufschlämmung von Kieselgel in Benzol wird in eine Säule gegossen (1.9; links oben); das Benzol wird so weit abgelassen, daß es gerade noch die obere Schicht des Adsorbents bedeckt. Auf das obere Ende der so vorbereiteten Säule legt man einen passenden Rundfilter und tropft mit einer Pipette die Farbstofflösung zu (1.10; rechts oben). Als Entwicklerflüssigkeit gibt man weiteres Benzol zu, das auf seinem Weg durch die Säule die Trennung des Farbstoffgemisches bewirkt (1.11; links unten). Die in Zonen oder Banden aufgetrennten Farbstoffe verlassen die Säule am unteren Ende (1.12; rechts unten). Der ganze Entwicklungsvorgang nimmt etwa 30 Minuten in Anspruch

12 Einleitung und theoretische Grundlagen

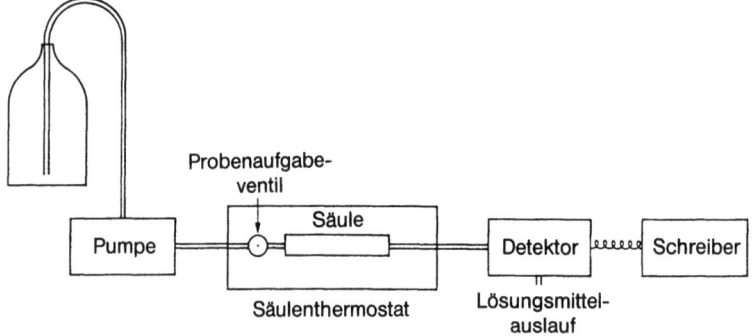

Abb. 1.13. Blockdiagramm einer HPLC-Apparatur

Ein weiteres Merkmal der HPLC ist der Einsatz sehr empfindlicher Detektoren. Diese Detektoren können ständig die Absorption des ultravioletten Lichtes, die Änderung des Brechungsindex oder anderer physikalischer Konstanten des Eluenten messen, vorausgesetzt die Änderung ist groß genug. Als es gelang einige Vorteile der Gaschromatographie auf die klassische Chromatographie zu übertragen war die Technik der HPLC geboren.

Die HPLC wird entweder als flüssig-flüssig (LLC) oder als flüssig-fest (LSC) Methode ausgeführt. In der LLC benutzt man entweder chemisch auf den Träger aufgebundene stationäre Phasen oder - weniger oft - auf dem Träger adsorbierte stationäre Phasen. In beiden Methoden werden jedoch sehr fein verteilte (3-10 µm) stationäre Träger bzw. Phasen verwendet. Für analytische Zwecke füllt man diese Phasen in rostfreie Stahlrohre mit geringem Innendurchmesser (2-6 mm) und geeigneter Länge (5-30 cm). Die mobile Phase wird durch einen Druck zwischen 5-500 bar durch die stationäre Phase gefördert. Für präparative Trennungen benutzt man Säulen mit größerem Durchmesser.

In Abb. 1.13 ist ein Diagramm der Apparatur zu sehen, wie sie in der HPLC benutzt wird. Ungefähr die Hälfte der Bauteile haben eine gewisse Ähnlichkeit mit denen in der GC benutzten. Die Bauteile der Apparatur sind: ein mit Inertgas gespültes Vorratsgefäß für die flüssige Phase, eine Hochdruckflüssigkeitspumpe, ein Probeaufgabesystem oder -ventil, ein Säulenofen (zur exakten Thermostatisierung), die Trennsäule und der Detektor mit angeschlossener Registriereinheit. Alle verbindenden Röhren und Ventilsysteme sind so beschaffen, daß das dadurch entstehende zusätzliche Volumen (Totvolumen) möglichst klein gehalten wird. Die Technik der Gradientelution wird in der HPLC sehr oft

Hochleistungs-Flüssigkeits-Chromatographie (HPLC) 13

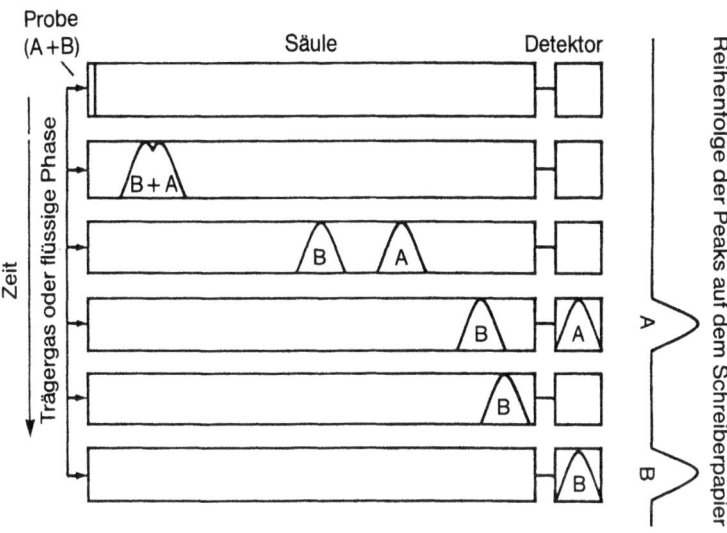

Abb. 1.14. Diagramm einer HPLC- bzw. GC-Trennung. Die gelösten Stoffe A und B werden bei ihrem Weg durch die Säule aufgetrennt. Beim Verlassen der Säule entsteht im Detektor ein Signal, das auf Schreiberpapier aufgezeichnet wird

benutzt. Zusammen mit der Forderung nach einem sehr konstanten, pulsationsfreien Fluß ist das der Grund für den aufwendigen Aufbau der Flüssigkeitspumpe.

Das chromatographische System wird in folgender Weise betrieben (siehe auch Abb. 1.14). Die mobile Phase wird mit dem gewünschten Fluß durch die stationäre Phase gefördert, wodurch die Pumpe einen von der Teilchengröße abhängigen Druck aufbringen muß. Nachdem die Säule mit dem Eluenten im Gleichgewicht ist, wird die in einem passenden Lösungsmittel gelöste Probe mittels einer Spritze durch ein Ventil injiziert. Die gelösten Stoffe werden durch die Säule transportiert, dabei aufgetrennt und verlassen das System durch den Detektor. Die Detektorsignale werden auf Schreiberpapier aufgezeichnet und die dabei erhaltenen Kurven dazu benutzt, analytische Daten zu erhalten oder festzustellen, wo sich die verschiedenen Probebestandteile in Eluat befinden. Man beachte dabei, daß die Proben als Pfropf ins System eingebracht werden, dieser sich aber während der Trennung zu einem Band verbreitert. Die Trennung eines genau festgelegten Probegemisches unter exakt definierten Bedingungen ist gut reproduzierbar, was es ermöglicht, den getrennten Substanzen Zahlenwerte zuzuordnen, die ihr chromatographisches Verhalten beschreiben. Diese Zahlenwerte heißen Retentionsvolumina und sind ein Maß für das benötigte Lösungsmittelvolumen, um eine bestimmte Verbindung durch ein vorgegebenes System zu bewegen. Das Konzept der Retentionsvolumina wird später ausführlicher diskutiert werden.

4 Gas-Chromatographie (GC)

In der Gas-Chromatographie ist die mobile Phase ein inertes Gas, wie z.B. Helium, Stickstoff oder auch Wasserstoff, das unter Druck durch eine Röhre strömt, die die stationäre Phase enthält. Obwohl die gas-fest Chromatographie seit langem bekannt ist, so ist sie doch weniger üblich als die gas-flüssig Chromatographie, bei der die stationäre Phase aus einem Flüssigkeitsfilm besteht. Dieser Flüssigkeitsfilm ist als dünner Überzug auf einem festen Träger adsorbiert oder auch chemisch daran gebunden. Die Phasen werden in Metall-, Glas- oder Plastikröhren mit kleinem Innendurchmesser (2-8 mm) und angepaßter Länge (1-10 m) gepackt und gewendelt. Man nennt dies dann gepackte Säulen. In einem anderen System, genannt Kapillarsäulen oder offene Röhren, ist die stationäre Phase als dünner Film (0.1-2 µm) auf der Innenseite der Glas- oder Metallkapillare aufgebracht. Die Kapillaren haben sehr kleine Durchmesser (0.2-1 mm) und sind 10 bis 100 m lang.

Die Trennsäulen befinden sich in einem thermostatisierbaren Ofen, der aufgeheizt und gekühlt werden kann. Da eine der beiden Schlüsseleigenschaften in der GC mit der Löslichkeit verknüpft ist, und diese Löslichkeit (oder auch Flüchtigkeit) stark von der Temperatur abhängt, ist eine genaue Temperaturkontrolle obligatorisch. Wie früher schon ausgeführt, ist ein Hauptvorteil der LC, daß man die Zusammensetzung der mobilen Phase kontinuierlich ändern kann (Gradientelution), und dadurch Trennungen vereinfacht. In Analogie dazu kann man in der GC während der Analyse die Temperatur ständig steigern, um dadurch die Flüchtigkeit der Proben zu vergrößern und Trennungen zu beschleunigen. In einem solchen Falle wird die Temperatur programmiert und man nennt diese Technik deshalb Temperaturprogrammierung.

Abb. 1.15 zeigt den schematischen Aufbau einer gaschromatographischen Apparatur. Viele der Bauteile sind analog zu den in Abb. 1.14 für die HPLC gezeigten. Die einzelnen Komponenten sind: eine Hochdruckgasversorgung mit einem Reduzierventil, ein Probeaufgabesystem oder Injektor, ein thermostatisierbarer Säulenofen, eine Säule mit geeigneter Phase, ein Detektor mit zugehöriger Elektronik und eine Registriereinheit am Detektor. Wie in der HPLC so ist es auch in der GC wünschenswert, die Totvolumina so gering wie möglich zu halten. Das chromatogra-

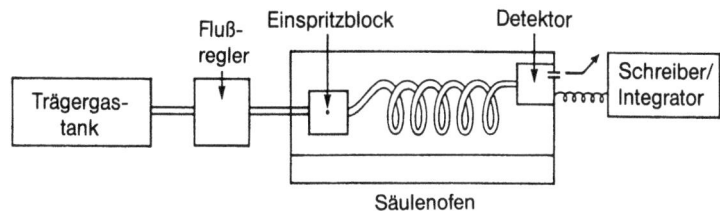

Abb. 1.15. Schematische Darstellung einer GC-Apparatur. Die Probe wird ins Trägergas eingespritzt; auf ihrem Weg durch die Trennsäule verteilt sich die Probe zwischen der Gasphase und der flüssigen stationären Phase. Die aufgetrennten Proben verlassen die Säule und gelangen nacheinander in den Detektor

phische System wird in gleicher Weise betrieben wie in der HPLC, mit Arbeitsschritten, die völlig vergleichbar sind (siehe Abb. 1.14).

Das Verhalten einer spezifischen Verbindung unter festgelegten Bedingungen (Säule, Flußrate, Temperatur) ist ziemlich charakteristisch. Deswegen wird die Verbindung in einer bestimmten Zeit nach der Injektion im Detektor erscheinen. Man nennt diese Zeitspanne Retentionszeit und diese entspricht den in der HPLC definierten Retentionsvolumina. Heute benutzt man Retentionszeiten sowohl in der GC wie auch in der HPLC. Solange man in der HPLC bei konstanten Flußraten arbeitet, beschreiben die Zahlenwerte den gleichen Sachverhalt.

5 Zielsetzung der Chromatographie

Wenn man Chromatographie betreibt, so will man im wesentlichen damit drei Fragen beantworten: Was liegt vor? Wieviel liegt vor? Wie erhält man die Komponenten in reiner Form? In diesen Fällen liefern die qualitative, die quantitative bzw. die präparative Chromatographie die Antworten.

5.1 Qualitative Anwendungen

Die qualitative Anwendung gibt erstens Aufschluß über die An- bzw. Abwesenheit einer Verbindung in einer Probe. In der PC und DC vergleicht man im allgemeinen die reine Verbindung mit dem Probegemisch. In der HPLC und GC vergleicht man die Retentionszeiten und Retentionsvolumina der reinen Verbindungen mit denen des Probegemisches. Um in einer Probe detektiert werden zu können, muß die vermutete Verbindung in einer ausreichenden Menge vorliegen (Detektionsgrenze). Die Retentionszeit bzw. das Retentionsvolumen wird dann einen Hinweis auf die Identität der Verbindung liefern. Auf jeden Fall sollten die so erhaltenen Ergebnisse durch andere chromatographische, oder besser noch spektroskopische, Methoden abgesichert werden.

Die qualitative Chromatographie gibt zweitens Hinweise auf die Zusammensetzung einer Probe. Dazu chromatographiert man das Gemisch unter verschiedenen Bedingungen und ggf. mit verschiedenen chromatographischen Methoden. Die Anzahl der Flecken (PC und DC) oder Peaks (HPLC und GC) zeigt an, wieviele Komponenten sich mindestens im Probegemisch befinden. Die Zahl der Komponenten muß als die minimale Anzahl angesehen werden, da es nicht möglich ist sicherzustellen, ob jeder Fleck oder Peak von einer reinen Komponente verursacht wurde. Umgekehrt kann man die Reinheit einer gegebenen Verbindung überprüfen. In diesem Fall chromatographiert man die Verbindung unter verschiedenen Bedingungen und Konzentrationen (bis zur Belastbarkeitsgrenze des Systems). Die Anwesenheit nur eines Fleckes in der DC bzw. PC und nur eines Peaks in der HPLC oder GC ist ein gutes Kriterium für die Reinheit einer Substanz.

Schließlich kann man die qualitative Chromatographie dazu benutzen, um von einem nur teilweise bekannten, kompliziert zusammengesetzten Probegemisch ein Chromatogramm zu erhalten, das dieses Gemisch wie ein „Fingerabdruck" charakterisiert. Das ist recht sinnvoll für die Analyse von Gewebeextrakten, Urin, Blut, Rohchemikalien oder Medikamenten. Die zu untersuchende Substanz kann chromatographiert, und das Ergebnis mit dem „Fingerabdruck" verglichen werden.

Obwohl alle chromatographischen Methoden, vielleicht mit Ausnahme der Säulen-Chromatographie, zur qualitativen Auswertung herangezogen werden können, haben die verschiedenen Methoden ihre spezifischen Vorteile. Die PC und DC sind die einfachsten und billigsten Methoden und erlauben die Analyse vieler Verbindungen während eines Versuches. Beide liefern aber für flüchtige Verbindungen keine befriedigende Ergebnisse. Die HPLC und GC bedingen komplizierte Apparaturen, haben andererseits aber extrem hohes Auflösungsvermögen. Im allgemeinen benutzt man die GC für die Untersuchung flüssiger und flüchtiger Substanzen (Sdp. bis 400 °C) und die HPLC meistens für lösliche Feststoffe und wenig flüchtige Flüssigkeiten. In manchen Fällen werden flüchtige Verbindungen in nichtflüchtige umgewandelt und durch DC und HPLC getrennt, umgekehrt auch nichtflüchtige Verbindungen für die Trennung mit GC in flüchtige umgewandelt. Die Technik der Wahl ist oft von der verfügbaren Ausstattung abhängig.

Die zwei Hauptvorteile der qualitativen Chromatographie sind die sehr kleinen zur Analyse notwendigen Probemengen und die meist kurzen Analysenzeiten. Die unteren Grenzen der Probengröße werden nur durch die Empfindlichkeit der Detektoren festgelegt und liegen zur Zeit etwa bei 10^{-8} bis 10^{-12} g für die GC, 10^{-6} bis 10^{-10} g für die HPLC und 10^{-4} und 10^{-8} g für die DC. Die meisten Analysen können in weniger als einer halben Stunde durchgeführt werden.

Verschiedene Wissenschaftler werden von der qualitativen Analytik verschiedene Ergebnisse erwarten. Der synthetisch tätige Chemiker, Organiker oder Anorganiker, wird die Reaktionslösungen untersuchen, um festzustellen, welche Bedingungen die saubersten Produkte ergeben, und welche Reaktionen erst gar nicht ablaufen (liefern nur Edukte). Überdies kann er zu verschiedenen Zeiten aus der Reaktionslösung Proben zur chromatographischen Untersuchung herausziehen. Aus diesen Experimenten wird er Informationen über mögliche Zwischenprodukte und optimale Reaktionszeiten gewinnen. Ein Chromatogramm, das aus einem solchen Versuch stammen könnte, ist in Abb. 1.16 zu sehen.

Nachdem die Reaktion abgeschlossen ist, kann man die Reaktionslösung durch eine Vielzahl von Trenntechniken (einschließlich der Chromatographie) in verschiedene Fraktionen auftrennen und sie auf das gewünschte Produkt hin untersuchen.

Der Naturstoffchemiker, pharmazeutische Chemiker, klinische Chemiker oder Biologe kann mit chromatographischen Methoden ein komple-

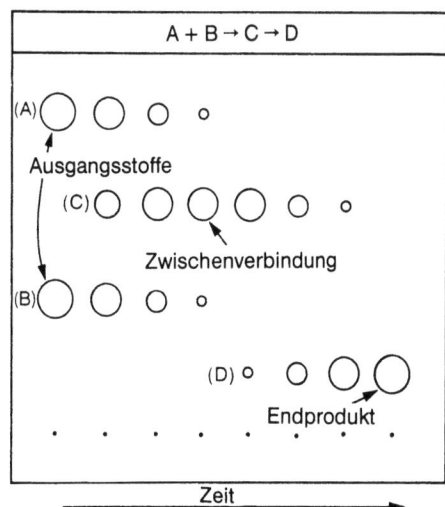

Abb. 1.16. Bestimmung der Reaktionskinetik der Stoffe A und B mittels Dünnschichtchromatographie. Das Zwischenprodukt C wandelt sich nach einiger Zeit in das Endprodukt D um

xes Trennschema erarbeiten, das bis zur endgültigen Reinigung der Substanz führt. Die qualitative (und quantitative) Untersuchung von Geweben, Blut und Urin auf die Anwesenheit verschiedener Gifte oder Medikamente ist ein wichtiger Gesichtspunkt der Toxikologie und der Gerichtsmedizin. Die oben beschriebenen Chromatogramme, die dem „Fingerabdruck" eines Probegemisches entsprechen, werden intensiv in der Industrie für die Qualitätskontrolle benutzt, und in der Medizin studiert man damit den Abbau eines Medikamentes im Körper. Solche Chromatogramme werden ebenfalls benutzt, um die Anwesenheit seltener Metaboliten zu prüfen, die bei bestimmten Krankheiten auftreten.

Die qualitative Chromatographie wird vom Analytiker intensiv bei der Untersuchung folgender Probleme angewandt: landwirtschaftliche Chemikalien (Herbizide, Insektizide, Fungizide und Dünger) und ihre Rückstände, Lebensmittel und Lebensmittelzusätze, Industriechemikalien und deren Verunreinigungen, Pharmazeutika, ätherische Öle, Kohlenwasserstoffe (das Chromatogramm einer Probe Rohöl gibt Hinweise auf die Herkunft), Polymere und deren Zersetzungsprodukte, krebserzeugende Stoffe und eine große Anzahl weiterer Substanzen. Die Chromatographie ist ein Zweig der analytischen Chemie und es waren die analytischen Chemiker, die die verschiedenen Techniken verbesserten.

5.2 Quantitative Anwendungen

Die quantitative Chromatographie beschreibt die relativen Mengenverhältnisse einer jeden Verbindung, oder, wenn geeignete Standards zur Verfügung stehen, auch den absoluten Gehalt einer Verbindung in einer Probe. Die Methoden der Wahl in der quantitativen Chromatographie sind sicherlich die HPLC und GC, da die Ergebnisse dort auf Schreiberpapier dokumentiert werden. In den so erhaltenen Diagrammen können die Peakflächen, je nach Ausstattung und geforderter Genauigkeit, durch eine Vielzahl von Methoden ermittelt werden (Abb. 1.14). Genaueres zu diesen Methoden ist in den Kapiteln 2 und 6 zu lesen. Die DC hat zwar den Vorteil geringerer Kosten und eines einfacheren apparativen Aufbaus, ist aber wegen ihrer geringeren Genauigkeit für die quantitative Analyse nicht so vorteilhaft.

In der Industrie werden quantitative Methoden in der Routineanalytik benutzt, und zwar im allgemeinen zur Qualitätskontrolle, aber auch besonders bei der Analyse der Verschmutzung von Luft und Wasser. In der klinischen Chemie ist das vorrangige Ziel den Gehalt mancher Stoffe in Körpergeweben oder Körperflüssigkeiten festzustellen.

In der organischen Chemie hat die GC und neuerdings auch die HPLC seit Mitte der fünfziger Jahre eine wahre Revolution ausgelöst. Durch diese Methoden werden die genauen Messungen von Produktverteilungen sehr vereinfacht. Mit solchen Daten wurde dem präparativen Chemiker sehr geholfen, aber der Hauptnutzen lag im Studium der Reaktionsmechanismen und auf dem Gebiet der physikalischen organischen Chemie. Der spezielle Vorteil der Chromatographie in diesem Zusammenhang ist, daß man die Reaktionslösungen oft ohne weitere, die Genauigkeit der Ergebnisse beeinflussende, Vorbereitungen analysieren kann.

5.3 Präparative Anwendungen

Die präparative Chromatographie wird zur Gewinnung angemessener Mengen (mg bis g) reiner Substanzen benutzt, so daß man die Substanzen weiter charakterisieren oder in Folgereaktionen einsetzen kann. Die Säulen-Chromatographie wurde ursprünglich zu diesem Zwecke entwickelt und auch viele Jahre intensiv in dieser Art genutzt. Die präparative DC wird mit bis zu einem cm dicken Schichten (Dickschicht-Chromatographie) durchgeführt und hat dabei die üblichen Vorteile der niedrigen Kosten und der einfachen Verfahrensweise beibehalten. Die flüssig-flüssig Trennsäulen, die normalerweise in der GC und HPLC benutzt werden, haben ziemlich kleine Trennkapazitäten, und man kann deshalb nur geringe Substanzmengen in einem Chromatogramm erhalten. Es wurden jedoch geistreiche Probenaufgaben für Mehrfachinjektionen entwickelt, die es erlauben, dieses Problem teilweise zu umgehen; überdies sind auch größere Kolonnen verfügbar.

Den größten Fortschritt erfuhr die präparative Chromatographie jedoch parallel zur Entwicklung der verschiedenen Techniken der Säulen-Chromatographie, die schließlich zur präparativen HPLC führten. Diese Techniken, wie z.B. kleinere, homogene Teilchengrößen, chemisch gebundene Phasen und die kontinuierliche Kontrolle des Eluenten werden nach Abschluß der Entwicklungen sicherlich dazu führen, daß die HPLC als universelle präparative Technik akzeptiert wird (solange es keine bessere gibt).

Präparative Trennungen werden heute täglich in der Chemie, Biologie, Pharmazie und Medizin durchgeführt. Man kann sicher annehmen, daß fast jedes Trennproblem, das heute angegangen wird, in irgendeiner Weise mit Hilfe chromatographischer Methoden gelöst wird.

6 Theoretische Grundlagen

Zur Theorie der Chromatographie gibt es eine Reihe von Ansätzen. Wir werden hier das Konzept der theoretischen Böden vorstellen. Martin und Synge [1] benutzten diese grundlegende Annahme für die Entwicklung der flüssig Verteilungschromatographie, für die sie den Nobelpreis erhielten. Unsere Behandlung des Themas ist allerdings recht vereinfachend; eine genauere Diskussion ist in einigen Hauptwerken der Chromatographie zu finden, die am Ende dieses Kapitels in der Bibliographie aufgeführt sind (besonders im Buch von Kirkland und Snyder [2]). Einen etwas anderen Ansatz schlägt Laitinen [3] in seiner Abhandlung vor.

6.1 Die statische Verteilung

In der Einführung dieses Buches besprachen wir die verschiedenen Verteilungen, die man erhält, wenn man einen gelösten Stoff in ein Zweiphasensystem einbringt (Abb. 1.1). Zur Chromatographie gelangten wir, als wir eine solche statische Situation in ein dynamisches System umwandelten, indem wir eine Phase relativ zur anderen bewegten. Bevor wir die Details dieses Prozesses näher betrachten, müssen wir uns mit einem weiteren Aspekt der statischen Verteilung beschäftigen. Dies hat mit dem Verhalten eines statischen Gleichgewichtssystems zu tun, wenn man die Menge des gelösten Stoffes vergrößert. Um dieses Verhalten zu messen, können wir folgenden Versuch durchführen: angenommen, wir geben eine geringe Menge eines Stoffes in das System (dargestellt in Abb. 1.1), warten die Gleichgewichtseinstellung ab, und bestimmen dann die Konzentration in den beiden Phasen. Anschließend erhöhen wir die Menge gelösten Stoffes, warten erneut die Gleichgewichtseinstellung ab, und bestimmen wieder die Konzentration in den beiden Phasen. Dieser Vorgang wird noch mehrmals wiederholt und daraus ein Diagramm gezeichnet, in dem die Konzentrationen in den beiden Phasen gegeneinander aufgetragen sind (Abb. 1.17). Verbindet man die einzelnen Meßpunkte, so erhält man eine Adsorptionsisotherme. Natürlich muß man voraussetzen, daß die Menge an gelöstem Stoff die Kapazitäten der Phasen beim Lösevorgang bzw. der Adsorption nicht überschreiten darf.

Man könnte nun annehmen, daß das Verhalten eines Systems bei steigendem Gehalt an gelöstem Stoff zu einer linearen Adsorptionsisotherme führen wird, wie das in Abb. 1.17a gezeigt ist. Das trifft auch in den meisten flüssig-flüssig Systemen zu insbesondere, wenn nur geringe Mengen an gelöstem Stoff vorliegen. Flüssig-fest Systeme werden meist durch die

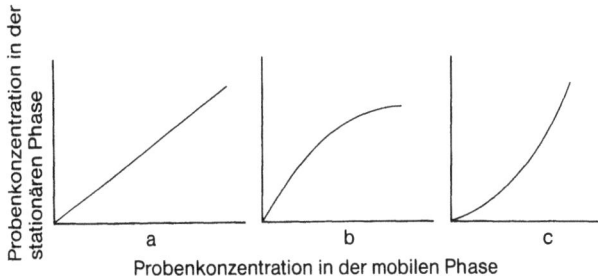

Abb. 1.17 a–c. Verschiedene Formen der Adsorptionsisothermen: **a** lineare Adsorptionsisotherme, die das ideale Verhalten eines gelösten Stoffes bei zunehmender Konzentration wiedergibt, **b** nicht lineare konvexe isotherme, **c** nicht lineare konkave Adsorptionsisotherme

Tatsache kompliziert, daß die Adsorptionsisotherme nicht linear verläuft. Es kann sich eine konvexe Adsorptionsisotherme (Abb. 1.17b) oder eine konkave Adsorptionsisotherme (Abb. 1.17c) ergeben, und es ist nicht möglich vorauszusagen, wie sich eine gewisse Substanz in einem bestimmten System verhalten wird. Es kann durchaus sein, daß eine Substanz eine konkave Adsorptionsisotherme hat, während eine andere Substanz im gleichen System eine konvexe Adsorptionsisotherme aufweist. Wegen dieser Schwierigkeit wird sich unsere Diskussion nur auf flüssig-flüssig Systeme mit linearer Isotherme beschränken. Der Effekt dieser Abweichung auf die Peakform wird in einem der folgenden Kapitel betrachtet, hauptsächlich in Verbindung mit der Diskussion spezifischer Techniken.

6.2 Modell der diskontinuierlichen Verteilung

In unserer theoretischen Diskussion kann man sich die Umwandlung des statischen in ein dynamisches System verdeutlichen, indem man eine Serie aufeinanderfolgender einzelner Verteilungsschritte annimmt, wie das auf der linken Seite der Abb. 1.18 gezeigt ist. In dieser Abfolge der Verteilungsschritte kommt es bei jeder Stufe zur Gleichgewichtseinstellung zwischen mobiler und stationärer Phase. Die Ventile werden anschließend geöffnet, und die mobile Phase strömt zum nächsten Verteilungsschritt. In Abb. 1.19 sind beide Phasen Flüssigkeiten, die bei jedem Verteilungsschritt in gleichen Mengen vorliegen. In dieser Anordnung stellt die obere Phase die mobile Phase vor. Werden nun die verschiedenen Gleichgewichtseinstellungen übereinandergestapelt (siehe rechte

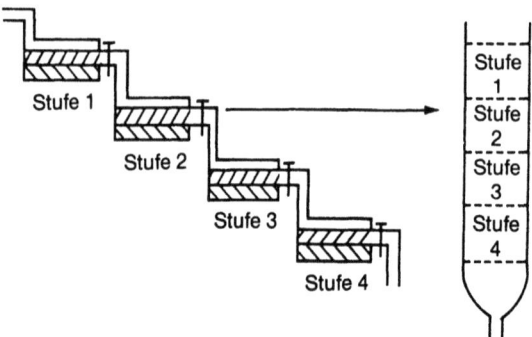

Abb. 1.18. Übergang eines diskontinuierlichen Verteilungssystems in ein kontinuierliches Säulenchromatogramm

Seite der Abb. 1.18), ohne daß Ventile zwischen den Stufen sind, so ergibt sich ein kontinuierlicher Fluß der mobilen Phase und wir erhalten ein einleuchtendes Modell einer chromatographischen Säule. Eine Apparatur, die analog zu dem beschriebenen Modell arbeitet (diskrete Verteilung und Überführung der flüssigen Phasen), wurde von Craig entwickelt. Diese Craig'sche Gegenstromapparatur ist kommerziell erhältlich und wird in manchen Laboratorien eingesetzt.

Das Verhalten eines gelösten Stoffes in einem solchen flüssig-flüssig System wird von der relativen Löslichkeit des Stoffes in den beteiligten Flüssigkeiten abhängen. In der physikalischen Chemie beschreibt man dieses Verhalten durch den Verteilungskoeffizienten, den wir mit K bezeichnen wollen. Der Verteilungskoeffizient ist definiert als die Konzentration des Stoffes in der einen Phase dividiert durch die Konzentration des Stoffes in der zweiten Phase und zwar unter Gleichgewichtsbedingungen. Die experimentelle Bestimmung von K ist nach Phasentrennung im Scheidetrichter nach den üblichen naßchemischen Methoden leicht möglich. Für eine gegebene Temperatur sollte der Verteilungskoeffizient konstant sein. In der Chromatographie ist K als das Verhältnis der Konzentrationen des gelösten Stoffes [S] in der stationären und in der mobilen Phase definiert, wie das in Gleichung 1.1 gezeigt ist:

$$K = \frac{[S_{\text{stat. Phase}}]}{[S_{\text{mob. Phase}}]} \tag{1.1}$$

Nehmen wir an, wir betrachten in unserem Modellsystem das Verhalten einer Substanz mit dem Verteilungskoeffizienten eins, so bedeutet das, daß sich der gelöste Stoff zu gleichen Teilen zwischen den Phasen ver-

Modell der diskontinuierlichen Verteilung 23

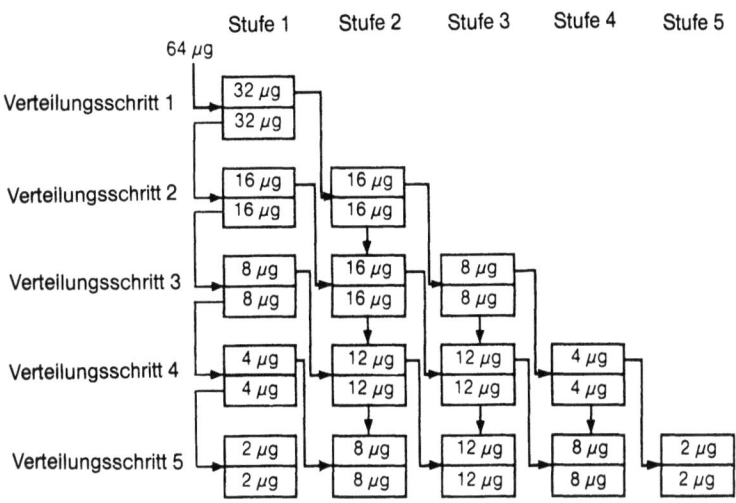

Abb. 1.19. Verteilung eines gelösten Stoffes durch verschiedene Anzahl von Gleichgewichtseinstellungen bei einem Verteilungskoeffizienten $K = 1.0$

teilt, sofern die Phasen gleiche Volumina haben. Nehmen wir weiter an, daß wir 64 μg des Stoffes in Stufe 1 unseres Systems einbringen (siehe Abb. 1.19; 64 erleichtert die Rechnung und μg ist eine typische Probengröße in der HPLC und GC). Nach Gleichgewichtseinstellung werden 32 μg in jeder Phase sein (Schritt 1 Abb. 1.19). Nach Öffnen des Ventils strömt die mobile Phase zur Stufe 2 (siehe Pfeile in der Abb. 1.19). Gleichzeitig wird frische mobile Phase zur Stufe 1 gegeben.

Nach der Gleichgewichtseinstellung werden die Mengenverhältnisse so wie in Stufe 2 sein. Führt man den Vorgang in der gleichen Weise über 5 Stufen fort, so wird sich der gelöste Stoff wie gezeigt verteilen, mit einem maximalen Gehalt in der mittleren Stufe. Man beachte dabei, daß im Prozeß jeder Verteilungsschritt Substanz aus zwei Quellen bezieht (vergl. die Pfeile). Die Gesamtmenge des gelösten Stoffes wird dann entsprechend dem K-Wert verteilt. In Abb. 1.20 ist die Gesamtmenge gelösten Stoffes in jeder Stufe (aus beiden Phasen) gegen die Nummer der Stufen aufgetragen. Die Daten aus Abb. 1.19 erscheinen als durchgezogene Linien. Weitet man das System auf neun bzw. siebzehn Verteilungsschritte aus, so erhält man zwei weitere Kurven, die punktiert bzw. gestrichelt dargestellt sind.

Aus den Abb. 1.19 und 1.20 kann man vier wichtige Schlüsse ziehen. Erstens muß ein zu trennender Stoff über mehreren Stufen in einem System verteilt werden. Zweitens wird die Verteilung eines Stoffes in den

24 Einleitung und theoretische Grundlagen

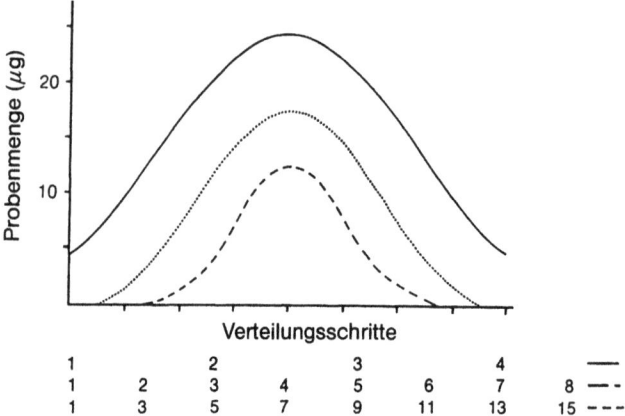

Abb. 1.20. Die Verteilung eines Stoffes nach fünf (durchgezogene Linien), neun (punktierte Linie) und siebzehn (gestrichelte Linie) Gleichgewichtseinstellungen bei einem Verteilungskoeffizienten von $K = 1.0$

Stufen einer klassischen Gauß-Verteilung entsprechen (man beachte die Form der Peaks in Abb. 1.14). Tatsächlich lassen sich chromatographische Eigenschaften mathematisch mit Hilfe der Gauß-Funktion voraussagen. Drittens wird sich ein Stoff mit dem Verteilungskoeffizienten 1 in der Mitte des Systems konzentrieren. Der letzte, und wahrscheinlich auch wichtigste Gesichtspunkt ist aber, daß bei Vergrößerung der Trennstufenzahl sich der gelöste Stoff in einem schmäleren Bereich des Gesamtsystems befindet.

Nehmen wir nun an, daß wir das Verhalten eines Gemisches zweier Substanzen in einem ähnlichen System diskreter Gleichgewichtseinstellungen betrachten. Dabei geben wir K-Werte von 0,33 bzw. 3,0 für die Substanzen A und B vor, und berücksichtigen keine weiteren Wechselwirkungen der Substanzen untereinander. Beginnen wir mit den gleichen fünf (durchgezogen), neun (punktiert) und siebzehn (gestrichelt) Gleichgewichtseinstellungen, so erhalten wir das in Abb. 1.21 abgebildete Ergebnis. Man sieht, daß fünf Gleichgewichtseinstellungen im wesentlichen nur in den ersten und letzten Verteilungsschritten reine Substanzen ergeben, und daß man von jeder Reinsubstanz nur 21 µg erhält. Nach siebzehn Verteilungsschritten ist die Trennung deutlich verbessert und man erhält ungefähr 61 µg der im wesentlichen reinen Verbindungen in den Verteilungsschritten 1–8. Eine ähnliche Menge der fast reinen Verbindung B findet sich in den Verteilungsschritten 10–17. Auf diese Weise kann man, wenigstens theoretisch, chromatographische Trennungen genau voraussagen.

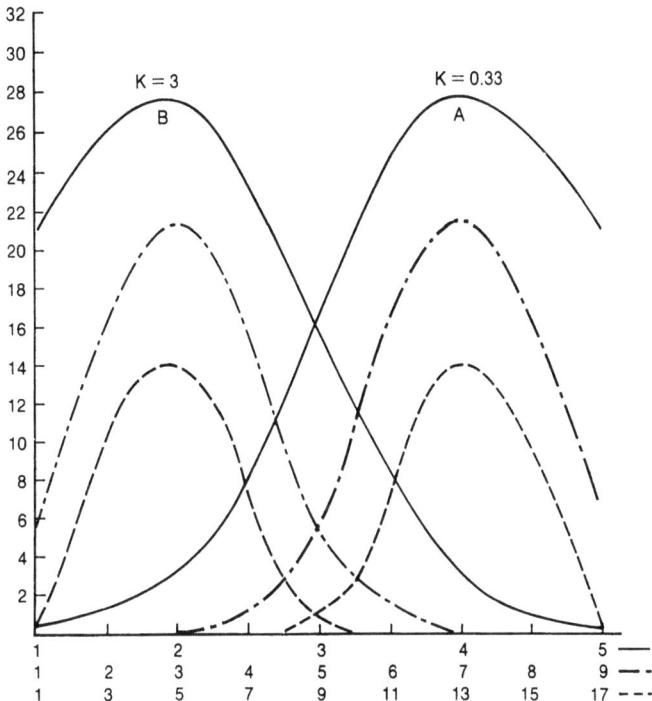

Abb. 1.21. Die Verteilung zweier Stoffe A und B mit den Verteilungskoeffizienten $K = 0.33$ bzw. $K = 3.0$ nach fünf (durchgezogene Linie), neun (strichpunktierte Linie) und siebzehn (unterbrochene Linie) Gleichgewichtseinstellungen. Das Probengemisch enthält jeweils 64 µg eines gelösten Stoffes, so daß insgesamt 128 µg Probe getrennt werden

Die in Abb. 1.20 und 1.21 wiedergegebenen experimentellen Daten zeigen deutlich, wie eine genügende Anzahl diskreter Gleichgewichtseinstellungen zu einer Trennung zweier Substanzen mit unterschiedlichen K-Werten führt. Wie schon früher gesagt, kann man die reale Chromatographie als kontinuierlichen Prozeß mit einer Serie theoretischer Gleichgewichtseinstellungen ansehen. Diese Gleichgewichtseinstellungen heißen „theoretische Böden", ein Begriff, der aus der Theorie der Destillation entliehen ist. Danach kann eine bestimmte Säule oder Dünnschicht mit einer bestimmten Länge eine Trennung bewirken, die äquivalent einer gewissen Anzahl Gleichgewichtseinstellungen oder theoretischer Böden ist. Teilt man die Länge der Säule oder Schicht durch die Anzahl der theoretischen Böden, so erhält man die nützliche Angabe des Höhenäquivalentes eines theoretischen Bodens (eng. *H*ight *E*quivalent to a

26 Einleitung und theoretische Grundlagen

*t*heoretical *P*late, HETP), den sogenannten H-Wert[1]. Der H-Wert ist ein Maß für die Effizienz eines Systems, in dem kleine H-Werte ein wirksames System auszeichnen. Eine gute GC Säule hat einen H-Wert von 0,5 mm pro theoretischem Boden, was bedeutet, daß eine 1 m lange Säule Trennungen bewirkt, die 2000 Gleichgewichtseinstellungen gleichkommt. Eine entsprechende HPLC Säule mit einem typischen H-Wert von 0,05 mm hätte demnach 20000 theoretische Böden.

6.3 Theoretisches Modell der Chromatogramme

Die reale Chromatographie unterscheidet sich von unserem Modell in mehreren Punkten. Erstens ist die Chromatographie ein kontinuierlicher Vorgang, in dem es keine diskreten Gleichgewichtseinstellungen als solche gibt. Das bedeutet, daß ein gelöster Stoff von einem angenommenen Standpunkt aus sowohl vor wie auch zurück diffundieren kann. Diese Diffusion führt zur Substanzzonen-Verbreiterung oder Peakverbreiterung. Das Problem der Diffusion wird qualitativ im folgenden Abschnitt betrachtet.

Ein weiterer Unterschied zwischen dem Modell und der tatsächlichen Chromatographie hat mit dem Mengenverhältnis der stationären Phase zur mobilen Phase zu tun. In unserem Modell nahmen wir an, daß die Menge an mobiler Phase bei jeder Gleichgewichtseinstellung gleich der Menge an stationärer Phase war. In der Chromatographie tritt diese Situation nur sehr selten auf, denn die Menge an mobiler Phase in jedem Querschnitt einer Säule oder Schicht ist viel größer als die Menge an stationärer Phase. Deshalb muß man die K-Werte korrigieren, wenn man sie für unsere Diskussion heranziehen will. Der Korrekturfaktor ist das Verhältnis der Volumina der mobilen Phase und der stationären Phase und wird als Phasenverhältnis bezeichnet (Gl. 1.2).

$$\beta = \frac{V_{\text{mobile Phase}}}{V_{\text{stationäre Phase}}} \tag{1.2}$$

Der Zahlenwert des Phasenverhältnisses ist ein Maß für die Durchgängigkeit des Systems. So bedeutet ein großes Phasenverhältnis, daß eine relativ große Menge an mobiler Phase vorliegt.

---

[1] Anmerkung der Übersetzer: Diese Definition von H scheint zwar sehr einleuchtend, ist aber nicht korrekt. H ist definiert als das auf die Säulenlänge normierte Maß für die Bandenverbreiterung einer *einzigen* Substanzzone im chromatographischen System. Folglich macht H *keine* direkte Aussage über die Trennung zweier Substanzen voneinander." (Lit: H. Engelhardt, Hochdruck-Flüssigkeits-Chromatographie, Springer, Berlin Heidelberg New York (1977)).

Theoretisches Modell der Chromatogramme 27

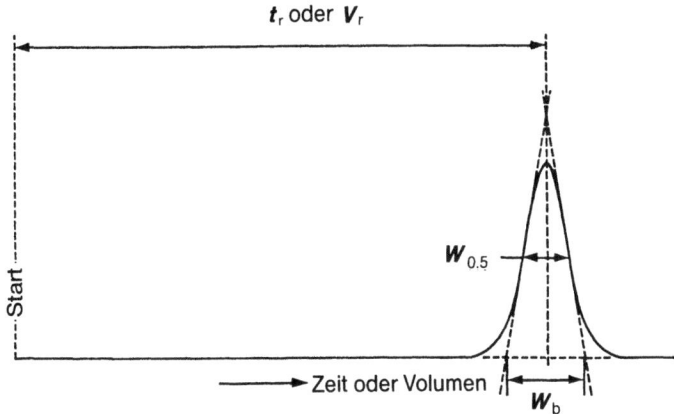

Abb. 1.22. Modell eines GC- bzw. HPLC-Peaks mit den entsprechenden Parametern

Deshalb steht der mobilen Phase zum Durchfluß dann viel Platz zur Verfügung und die Säule ist relativ offen. Der β-Wert schwankt für eine gepackte GC- bzw. HPLC Säule zwischen 5 und 35. Für GC-Kapillarkolonnen liegt der Wert für β zwischen 50 und 1000. Für ein bestimmtes System errechnet man den β-Wert, indem man die zur Herstellung der Säule benötigten Mengen an stationärer und mobiler Phase mißt.

Die Retention eines Stoffes in einem System ist ebenfalls noch ein Unterschied zwischen unserem Modell und der Chromatographie. In einigen chromatographischen Varianten wird der gelöste Stoff aus dem System entfernt oder, wie man sagt, eluiert. In dem in den Abb. 1.20 und 1.22 dargestellten System wird jedesmal genügend frische mobile Phase zugegeben, unabhängig von der Anzahl der Gleichgewichtseinstellungen, und der gelöste Stoff bleibt im System. Diese Annahme trifft im wesentlichen für die Papier- und Dünnschicht-Chromatographie zu. In der Gas-, Säulen- und Hochleistungs-Flüssigkeits-Chromatographie liegen die Verhältnisse anders. Bei diesen Methoden wird kontinuierlich frische mobile Phase hinzugegeben, während die gelösten Stoffe am Ende der Säule eluiert werden.

Betrachten wir zuerst die Verhältnisse in der PC und der DC. In der vorausgegangenen Diskussion definierten wir den R_f-Wert (Abb. 1.8) und stellten fest, daß er zur Beschreibung der Eigenschaften eines gelösten Stoffes benutzt werden kann. In der Abbildung war R_f durch die Messung von Abständen definiert. Exakter ist der R_f durch die Wanderungsgeschwindigkeit des gelösten Stoffes dividiert durch die Wanderungsgeschwindigkeit der mobilen Phase bezeichnet. In der PC und DC wandern die mobile Phase und der gelöste Stoff gleich lange; die Abstände sind den Wanderungsgeschwindigkeiten proportional und die beiden Definitionen sind äquivalent. Der R_f-Wert ist mit dem K-Wert eines Stoffes durch Gl. 1.3 verknüpft:

$$R_f = \frac{1}{1+K/\beta} \tag{1.3}$$

In dem in Abb. 1.20 und 1.22 beschriebenen Modell waren die Mengen an mobiler und stationärer Phase gleich, deshalb hatte β den Wert 1. Für den gelösten Stoff in Abb. 1.20 ergibt sich für $K=1$:

$$R_f = \frac{1}{1+1} = 0,5$$

Wie aus der Abbildung klar hervorgeht, befindet sich das Maximum der Substanzmenge in den mittleren Verteilungsschritten, was auch einem R_f-Wert von 0,5 entspricht. Im realen Fall ist β ungleich 1 und die Verhältnisse in der DC und PC sind schwieriger zu bestimmen.

Beschäftigen wir uns nun mit der Situation, in der die gelösten Stoffe als Zonen aus der Säule eluiert werden, wie das in der GC, HPLC und der Säulen-Chromatographie der Fall ist. Hier spricht man von Elutions-Chromatogrammen.

Bevor wir die Diskussion beginnen, müssen wir noch einige Begriffe festlegen. Der erste neue Term ist das sogenannte Totvolumen. Das ist die Menge an mobiler Phase, die zum Umspülen des Packungsmaterials und zum Füllen der Poren des Säulenmaterials benötigt wird. Oder anders gesagt entspricht das Totvolumen der Menge an mobiler Phase, die nötig ist um eine nicht retardierte Probe durch die Säule zu bewegen. Das Totvolumen wird mit V_m bezeichnet und kann auf mehrere Arten bestimmt werden. Wird die Säule naß gepackt (Abb. 1.19), so ist V_m gleich der zur Herstellung der Suspension benutzten Flüssigkeitsmenge, abzüglich der Flüssigkeitsmenge, die die Säule beim Absetzen der Suspension verlassen hat und in der die Flüssigkeit am oberen Ende des Packungsmaterials steht. Der sicherlich einfachste Weg V_m zu bestimmen ist, einen Farbstoff ins System zu bringen, der sich nicht in der stationären Phase löst, und der sich deshalb mit der gleichen Geschwindigkeit wie die mobile Phase bewegt. Das Volumen, das benötigt wird um den Farbstoff durchs System zu spülen, ist gleich V_m.

Wie wir schon in der Diskussion der Abb. 1.20 und 1.22 feststellten, ergibt sich im Zuge des chromatographischen Prozesses eine Aufteilung des gelösten Stoffes in mehrere Verteilungsstufen, wobei die Verteilung einer Gauß-Funktion folgt. Die Gauß-Verteilung bleibt natürlich auch bei der Elution der Stoffe aus der Säule erhalten. In der GC und der HPLC ist es üblich, den Eluenten im Durchfluß einen Detektor passieren zu lassen, der beim Durchgang des Eluenten die Menge an gelöstem Stoff mißt. Diese Meßwerte werden durch einen Schreiber gegen die Zeit aufgetragen, und diese Signal/Zeit-Auftragung wird als Chromatogramm bezeichnet (siehe Abb. 1.14). Die dabei auftretenden Substanzzonen heißen Peaks und man spricht, je nach dem Aussehen der Peaks, von scharfen oder breiten Peaks.

Zwei weitere, schon früher definierte Größen, müssen wir in der GC und der HPLC in Betracht ziehen, nämlich die Retentionszeit und das Retentionsvolumen. Die Retentionszeit wird als t_r bezeichnet, und wird sowohl in der GC wie auch in der HPLC verwendet. Das Retentionsvolumen V_r ist eine Maßzahl in der HPLC und der Säulenchromatographie. Sowohl die Retentionszeit wie auch das Retentionsvolumen werden bis zur Mitte der auf den Chromatogrammen erscheinenden Substanzzonen gemessen. Im folgenden werden wir die Volumina für unsere Diskussion verwenden.

Die Größe von V_r in einem gegebenen System ist für jeden Stoff bezeichnend und kann aus dem K-Wert berechnet werden, wenn V_m bekannt ist (Gl. 1.4). Ebenso kann V_r als V_{stat} in Einheiten des Volumens der stationären Phase definiert werden:

$$V_r = V_m (1 + K/\beta) = V_m + K \cdot V_{stat} \tag{1.4}$$

Man könnte nun annehmen, daß Stoffe mit unterschiedlichen Retentionsvolumina getrennt werden können, und daß eine Aussage möglich wäre, wie gut diese Trennung ist. Unglücklicherweise ist die Situation aber nicht ganz so einfach.

Retentionsvolumina werden zwischen den Spitzen der Substanzpeaks gemessen. Unterscheiden sich die Retentionsvolumina nicht sehr stark, oder sind die Peaks sehr breit, so überlappen die Substanzzonen und eine schlechte Trennung ist die Folge. Dieser Fall ist in Abb. 1.21 für fünf Verteilungsschritte zu erkennen. Die Antwort auf dieses Problem ist aber in der gleichen Abbildung gegeben. Enthält die Säule oder allgemein das chromatographische System mehr Verteilungsschritte oder theoretische Böden, so werden die Peaks schärfer und die Trennung wird verbessert. Das bedeutet, daß ein effizienteres System (mehr theoretische Böden = kleinerer H-Wert) bessere Trennungen ermöglicht (höheres Auflösungsvermögen). Will man also die Trennleistung eines Systems beurteilen, so braucht man nur die Anzahl der theoretischen Böden zu betrachten. Die Anzahl der theoretischen Böden ist von der Peakbreite und dem Retentionsvolumen der Substanz abhängig und wird mit N bezeichnet. Ausgehend von der mathematischen Behandlung einer Gauß-Verteilung, kann N nach Gl. 1.5 mit den Parametern der Peakbreite an der Basislinie, W_b, oder der Peakbreite in halber Peakhöhe, $W_{0,5}$, definiert werden. Diese Parameter sind in Abb. 1.22 erläutert. Für einen Peak, wie er sich in einem GC- oder HPLC-Experiment auf dem Schreiberpapier darstellt, gilt also:

$$N = 16 \left(\frac{V_r}{W_b}\right)^2 = 5.54 \left(\frac{V_r}{W_{0,05}}\right)^2 \tag{1.5}$$

Die unterbrochene Linie steht stellvertretend für das Dreieck, das sich aus der rechnerischen Behandlung des Problems ergibt, wohingegen die durchgezogene Linie die realen Verhältnisse (durch Diffusion bedingt) zeigt. Dabei beachte man, daß die Bestimmung der Peakbreite in halber Peakhöhe die Verhältnisse genauer trifft, weil dort der Schnittpunkt zwischen theoretischer und realer Kurve liegt. Man berechnet N aus einem Chromatogramm mit der Peakbreite in halber Peakhöhe. Auf der anderen Seite ist W_b nützlicher, wenn man ein Chromatogramm deuten will, in dem K und N bekannt sind. Die Schreibergeschwindigkeit ist normalerweise an die Flußgeschwindigkeit der mobilen Phase angepaßt, so daß die Peaks nacheinander auf dem Schreiberpapier erscheinen. Die Parameter der horizontalen Schreiberachse (V_r, t_r, V_R, W_b, $W_{0,5}$) kann man deshalb in Zeit- oder Volumeneinheiten angeben. Im folgenden werden wir die Volumeneinheiten benutzen.

Jetzt sind wir so weit, daß wir die grundlegenden Eigenschaften eines gelösten Stoffes mit seinem chromatographischen Verhalten in Verbindung bringen und einige wichtige Berechnungen anstellen können. Angenommen, wir führen unsere Messungen auf einer HPLC-Säule mit einem Verteilungssystem durch, d.h. der feste Träger ist mit einem Flüssigkeitsfilm beschichtet, der entweder adsorbiert oder chemisch aufgebunden ist. *Per definitionem* geben wir ein Phasenverhältnis von 5 (Gl. 1.2) und ein Totvolumen von 0,40 ml vor. Diese Größen könnte man während der Herstellung der Säule mittels eines Markierungsfarbstoffs bestimmen. Die Säule soll ein 10 cm langer Stahlzylinder mit einem Innendurchmesser von 4 mm sein.

Zunächst wollen wir die Anzahl der theoretischen Böden in der Säule bestimmen. Man kann dies auf chromatographischem Weg tun, indem man eine Substanz mit geeignetem chromatographischen Verhalten (lineare Adsorptionsisotherme, keine Retention) ins System gibt. Aus

Theoretisches Modell der Chromatogramme 31

Tabelle 1.1. Berechnungen zu einem idealen flüssig-flüssig Verteilungschromatogramm[a]

	Verteilungs-koeffizient, K	Phasen-verhältnis	Tot-volumen, V_m	Retentions-volumen, V_r	W_b	$W_{0.5}$	Theoretische Böden, N
Berechnung von N				4.0		0.50	554
Vorausgesagte Werte für die Stoffe C und D (vgl. Abb. 1.24)	C *100* D *50*	5.0 5.0	0.40 0.40	8.4 4.4	1.4 0.75	0.84 0.44	554 554

[a] Werte für V_m, V_r, $W_{0.5}$ und W_b sind in ml angegeben. Die unterstrichenen Werte sind gemessen, die kursiven Werte werden berechnet.

dem Chromatogramm auf dem Schreiberpapier bestimmen wir jetzt V_r und $W_{0,5}$. Unsere Substanz soll dabei ein Retentionsvolumen von 4 ml und eine Basisbreite von 0.4 ml haben. Diese Daten erscheinen in Tab. 1.1 im Fettdruck, da sie experimentell ermittelt wurden. N kann dann nach Gl. 1.5 berechnet werden (kursiv in Tab. 1.1, da der Wert berechnet wurde):

$$N = 5{,}54 \cdot \frac{(4{,}0)^2}{(0{,}40)^2} = 554$$

Benutzt man den so erhaltenen Wert zusammen mit dem gemessenen Phasenverhältnis β, dem gemessenen Totvolumen V_m und den bekannten Verteilungskoeffizienten K_C und K_D (100 bzw. 50), so läßt sich nun das exakte Aussehen des Chromatogramms auf dem Schreiberpapier voraussagen und vorausberechnen.

Aus Gl. 1.4 erhalten wir die Retentionsvolumina

$$V_r^C = V_m (1 + K_C/\beta) = 0{,}4 (1 + 100/5) = 8{,}4$$

$$V_r^D = V_m (1 + K_D/\beta) = 0{,}4 (1 + 50/5) = 4{,}4$$

Nach der ungeformten Gl. 1.5 berechnen wir nun die Basisbreite der Peaks:

$$W_b^C = \sqrt{\frac{16\,(V_r^C)^2}{N}} = \sqrt{\frac{16\,(8{,}4)^2}{554}} = 1{,}4$$

$$W_b^D = \sqrt{\frac{16\,(V_r^D)^2}{N}} = \sqrt{\frac{16\,(4{,}4)^2}{554}} = 0{,}75$$

Diese Daten ermöglichen uns nun die Mitte der Peaks und die Basislinienbreiten festzulegen, wie das in Abb. 1.23 gezeigt ist. Allerdings können wir nichts über die Höhe der Peaks für Substanz C bzw. Substanz D sagen. Für die Voraussage dieser Peakhöhen brauchen wir weitere Daten.

Genauer gesagt brauchen wir die relativen Mengenverhältnisse der beiden aufgetrennten Substanzen. Die Meßwerte, die zum Aufzeichnen eines Peaks benutzt werden, stammen vom Detektor, der am Ende der Säule die Konzentration der eluierten Substanz mißt. In erster Näherung sind die Detektorsignale in diesem Bereich der Probemenge proportional, und die Fläche unter einem Peak ist ein Maß für die Gesamtmenge der vorliegenden Substanz. Diese Zusammenhänge sind sehr bedeutsam und werden deshalb als quantitative GC bzw. HPLC in den Kap. 2 und 6 genauer behandelt. Auch kann man in erster Näherung annehmen, daß die Detektorsignale für chemisch ähnliche Substanzen fast identisch sind. In unserem Fall nehmen wir an, daß C und D sich ideal verhalten und ausreichend ähnlich sind und obige Voraussetzungen zutreffen. Wir können nun eine Aussage über die Mengenverhältnisse machen, denn eine Substanz ergibt eine ihrer Konzentration entsprechende Peakfläche. Durch Eichung, d.h. Injektion bekannter Probenmengen und Auswertung der sich daraus ergebenden Peakflächen, lassen sich die Stoffmengen auch absolut bestimmen. Offensichtlich hängen die tatsächlichen Peakflächen aber nicht nur von der Probenmenge sondern auch von dem chromatographischen System und vom Detektor ab. Wenn wir dem Peak der Substanz D die willkürliche Höhe $H_D = 10$ zuordnen, können wir die Fläche des Peaks C, F_C nach Gl. 1.6 berechnen. Denn die Dreiecksflächen müssen ja gleich sein, weil wir gleiche Mengen getrennt haben:

$$F_C = \tfrac{1}{2} (W_b)_C \cdot H_C = F_D = \tfrac{1}{2} (W_b)_D \cdot H_D \tag{1.6}$$

$$F_C = \tfrac{1}{2} \cdot 1{,}4 \cdot H_C = F_D = \tfrac{1}{2} \cdot 0{,}75 \cdot 10$$

$$H_C = \frac{0{,}75 \cdot 10}{1{,}4} = 5{,}4$$

Mit den relativen Peakhöhen von $H_D = 10$ und $H_C = 5{,}4$ und den Basispeakbreiten $W_C = 1{,}4$ und $W_D = 0{,}75$ können wir die Dreiecke errichten, die in Abb. 1.23 gezeigt sind (durchgezogene Linien). Ebenso kann man daraus die Peakbreite in halber Peakhöhe errechnen oder ausmessen. Unsere theoretische Voraussage der Trennung zweier in gleicher Menge vorliegender Substanzen C und D mit den jeweiligen Verteilungskoeffizienten 100 bzw. 50 auf einer Säule mit 554 theoretischen Böden, einem

Totvolumen von 0,4 ml und einem Phasenverhältnis von 5,0 ist nun vollständig.

Betrachtet man die in Abb. 1.23 wiedergegebenen Daten vom streng praktischen Standpunkt aus, so sieht man, daß die Verbindung D die Säule verläßt, nachdem vorher 4 ml Eluent die Säule passierten. Der Hauptanteil der Komponente D wird mit den folgenden 0,5 ml eluiert. Die Verbindung C wird zwischen 8 und 9 ml eluiert. Die hier beschriebenen Berechnungen werden so in der chromatographischen Praxis benutzt, zeigen uns aber überdies wichtige qualitative Modellvorstellungen und Beziehungen auf. Die wichtigsten Grundlagen noch einmal zusammengefaßt:

1. Die chromatographische Wirksamkeit einer Säule (Effizienz) ist in erster Näherung unabhängig von zu trennenden Stoffen, d. h. der H-Wert ist konstant.
2. Je länger eine Substanz in der Säule ist, umso breiter wird die eluierte Substanzzone sein. Diese Banden- oder Peakverbreiterung ist eine Funktion des chromatographischen Verteilungsprozesses und kein Diffusionsphänomen. Die Peakverbreiterung kann jedoch durch Temperaturprogrammierung in der GC und durch Gradientelution in der HPLC in Grenzen gehalten werden.
3. Es existiert ein direkter Zusammenhang zwischen der statischen Situation eines gelösten Stoffes (ausgedrückt durch K) und dessen Verhalten in einem chromatographischen System.

Als weiterer wichtiger Term in der chromatographischen Theorie soll noch die Auflösung R (engl. Resolution) eingeführt werden. Die Auflösung entspricht dem Abstand, den zwei Peaks in einem beliebigen System haben. Die Auflösung wird mit R bezeichnet und ist nach Gl. 1.7 für die Trennung zwischen C und D definiert:

$$R = \frac{2\,(V_r^C - V_r^D)}{W_b^C - W_b^D} \tag{1.7}$$

Mit anderen Worten ist R (oder α) der Abstand zweier Peakmaxima dividiert durch das arithmetische Mittel der Basisbreiten der Peaks. Für die Abb. 1.23 ergibt sich demnach

$$R = \frac{2\,(8{,}4 - 4{,}4)}{1{,}4 + 0{,}75} = 3{,}72$$

Ein R-Wert von mindestens 1,5 beschreibt eine befriedigende Trennung.

6.4 Die Gleichgewichtseinstellung und das Problem der Diffusion

Die Daten und die quantitativen Beziehungen in den vorhergehenden Abschnitten sind theoretischer Natur und basieren auf zwei Grundvoraussetzungen, die in realen chromatographischen Systemen nie vorliegen. Zum einen nimmt man die vollständige Gleichgewichtseinstellung in allen Teilen des chromatographischen Systems an, und zum zweiten vernachlässigt man jegliche Diffusion der gelösten Stoffe. Zu einer vollständigen Gleichgewichtseinstellung könnte es nur kommen, wenn kein Fluß der mobilen Phase stattfinden würde, d. h. das System bis zur Gleichgewichtseinstellung in Ruhe wäre. Diffusion tritt immer dann auf, wenn sich ein gelöster Stoff im System befindet. Die Diffusion wird allerdings umso kleiner, je höher die Geschwindigkeit u ist, mit der die mobile Phase durch das System bewegt wird. Durch eine hohe Flußgeschwindigkeit wird aber, wie schon gesagt, die Gleichgewichtseinstellung behindert. Die beobachtbaren Anzeichen dieser Schwierigkeiten sind die Verbreiterung der Substanzflecken in der PC und DC und die Peakverbreiterung in der GC und der HPLC. Da die beiden Forderungen gerade gegenläufig sind, muß man einen Kompromiß zwischen möglichst hoher Flußrate

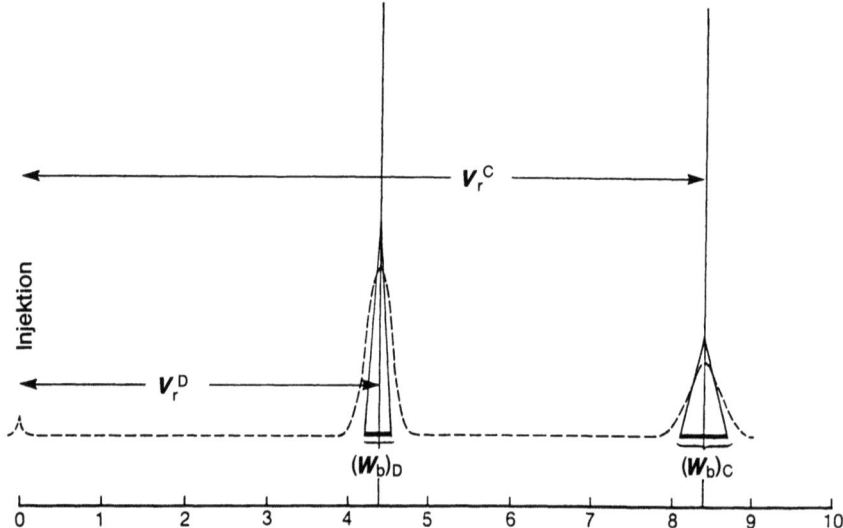

Abb. 1.23. Idealisierte chromatographische Trennung gleicher Mengen der Stoffe C und D. Die durchgezogenen Linien stehen für die theoretisch berechneten Peaks, und die unterbrochenen Linien geben die durch Diffusion verbreiterten realen Peaks wieder

Die Gleichgewichtseinstellung und das Problem der Diffusion

und bestmöglichster Gleichgewichtseinstellung suchen. Die Verknüpfung zwischen Diffusion, Gleichgewichtseinstellung und Flußrate wird durch die Van Deemter Gleichung (Gl. 1.8) beschrieben. In dieser Gleichung ist H ein Maß für die Trennleistung der Säule und ū die zeit- oder ortsgemittelte lineare Geschwindigkeit:

$$H = A + \frac{B}{\bar{u}} + C\bar{u} \qquad (1.8)$$

Kleine H-Werte bezeichnen effiziente Systeme. Der A Term ist ein Maß für die Bandenverbreiterung, die durch das Umströmen der stationären Phase verursacht wird. A ist abhängig von der Güte der Packung und der Art der Säule, aber unabhängig von der Flußrate. Der B Term beschreibt die Bandenverbreiterung durch die Diffusion und ist, wie wir oben schon sahen, der Flußrate umgekehrt proportional. ū ist die mittlere Geschwindigkeit der mobilen Phase. Der C Term beschreibt die endliche Geschwindigkeit der Gleichgewichtseinstellung und ist der Flußgeschwindigkeit direkt proportional. Eine quantitative Beschreibung dieser wichtigen Faktoren würde über den Rahmen dieses Buches hinausgehen, ist aber in den meisten der im Register aufgeführten Bücher nachzulesen.

Literatur

1. Dieses Konzept ist sehr gut dargestellt in dem Buch von L.S. Ettre und A. Zlatkis (Herausg.): 75 Years of Chromatography, Elsevier Publishing Co., New York (1975), Seite 285-296
2. L.R. Snyder und J.J. Kirkland, Introduction to Modern Liquid Chromatography, 2. Auflage, Wiley-Interscience, New York (1979)
3. H.A. Laitinen, Chemical Analysis, McGraw-Hill, New York (1960), Seite 492

Kapitel 2

Gas-Chromatographie

1 Einführung

Die Gas-Chromatographie, oder GC, war die erste chromatographische Technik, die instrumentell und elektronisch so weit entwickelt wurde, daß innerhalb der letzten 30 Jahre eine Revolution in der Wissenschaft möglich war. Heute wird sie routinemäßig in den meisten Industrie- und Forschungslabors benutzt. Obwohl die Technik und Geräte z.T. aufwendig wurden, gilt doch der in Kap. 1 beschriebene grundlegende chromatographische Prozeß, und in vielen Fällen reicht eine einfache Apparatur aus. In den letzten Jahren hat sich jedoch die Tendenz „mehr gleich besser" gerade in der GC durchgesetzt. Die Anwendung von Kleinrechnern in der GC hat die Bedienung der immer komplexer werdenden Geräte vereinfacht und zu einer schnelleren Auswertung der Ergebnisse geführt. Außerdem ist eine sinnvollere Interpretation der Analyse dadurch oft einfacher.

Die Entwicklung der GC hatte auch einen wesentlichen Einfluß auf die Entwicklung der flüssig-chromatographischen Methoden (LC). Die Methoden zur Optimierung der GC, die Grundlagen der Detektion und elektronischen Integration der Detektorsignale haben die klassische Methode der LC zur Hochleistungs-Flüssigkeits-Chromatographie (HPLC) geführt. In den letzten vier Kapiteln dieses Buches werden die verschiedenen LC-Techniken beschrieben und deren zeitliche Entwicklung nachgezeichnet.

Die GC kann bei allen Gemischen angewendet werden, deren Bestandteile bei der jeweiligen Temperatur, bei der die Trennung durchgeführt wird, einen ausreichenden Dampfdruck aufweisen. Der Dampfdruck oder die Flüchtigkeit ermöglicht einem Stoff den Übergang in die Gasphase, so daß diese Komponente in der gasförmigen mobilen Phase wandern kann. In der LC ist die entsprechende Einschränkung, daß die Proben eine gewisse Löslichkeit in der mobilen Phase haben müssen. Auf den ersten Blick könnte man annehmen, daß die Bedingung eines hinreichend hohen Dampfdrucks in der GC einschneidender ist als die Löslichkeitsbedingung in der LC. Berücksichtigt man jedoch, daß in der GC Temperaturen bis zu 400° üblich sind, und daß die chromatographische Trennung zur Vermeidung unerwünschter Zersetzungsprodukte sehr schnell durchgeführt werden kann, so wird die Einschränkung weniger ernst. Außerdem können in der GC nichtflüchtige zu flüchtigen und thermisch stabilen Verbindungen derivatisiert werden, bevor sie chromatographisch getrennt werden.

Die GC ist eine schnelle und genaue Methode zur Trennung extrem kompliziert zusammengesetzter Gemische. Die zur Trennung benötigte Zeit variiert zwischen einigen Sekunden für einfach Gemische und Stunden für Proben, die 500-1000 Bestandteile enthalten. Unter genau definierten äußeren Bedingungen können die Proben anhand ihrer charakteristischen Retentionszeiten identifiziert werden. Die Retentionszeit ist die Zeitspanne, die ein bestimmter Stoff auf der Säule zurückgehalten wird. Sie wird aus der Lage des Peaks im Chromatogramm ermittelt und ist analog zu den Retentionsvolumina in der HPLC und dem R_f-Wert in der DC. Durch eine Kalibrierung kann auch der quantitative Gehalt eines Stoffes in der Probe bestimmt werden. Der Hauptnachteil der GC ist, daß sie nicht zur präparativen Trennung größerer Substanzmengen benutzt werden kann. Trennungen im Milligrammbereich sind üblich; Trennungen im Grammbereich auch noch technisch realisierbar, aber in Kilogrammbereich hat man kaum noch Möglichkeiten.

Sowohl in der GC wie auch in der HPLC werden die Säulen mehrmals benutzt und halten, mit der nötigen Sorgfalt, auch sehr lange. Diese Sorgfalt ist auch angebracht, denn Trennsäulen können sehr teuer sein. Dies ist ein Unterschied zur Dünnschicht- oder Säulenchromatographie, in der die stationären Phasen üblicherweise nur einmal benutzt werden, dafür aber billig sind.

Die stationäre Phase in der GC ist normalerweise eine auf einem Träger fixierte Flüssigkeit. In diesem Fall spricht man von gas-flüssig Chromatographie im Gegensatz zur gas-fest Chromatographie, in der die stationäre Phase eine Festkörperoberfläche ist. Im ersten Fall dient der Festkörper nur zur Fixierung der Trennflüssigkeit, im zweiten Fall erfolgt die Trennung an den aktiven Zentren des Festkörpers. Gas-fest Systeme finden breite Anwendung bei der Reinigung von Gasen und der Entfernung von Abgasen aus Gasgemischen, aber in der Chromatographie sind sie weniger nützlich. Der Einsatz flüssiger Phasen erlaubt eine Auswahl aus einer gewaltigen Vielfalt verschiedener Phasen, die eine Trennung fast aller Probegemische ermöglicht. Die einzige Beschränkung ist, daß die Trennflüssigkeiten unter den Bedingungen der Chromatographie stabil und nicht flüchtig sein dürfen. Durch die Entwicklung gebundener Phasen und den Einsatz hocheffizienter Kapillarsäulen wurde dieses Problem aber weitgehend gelöst. Bei gebundenen Phasen ist die Trennflüssigkeit durch chemische Bindungen in der Säule fixiert. Eine genaue Beschreibung dieser Phasen ist in Kap. 6 zu finden, obwohl die Pakkungsmaterialien für die HPLC sich in mancher Hinsicht von der Chemie der gebundenen GC-Phasen unterscheiden. Mit diesen neueren Entwicklungen scheint es ziemlich sicher, daß immer weniger Typen von stationären Phasen zur Lösung der meisten Trennprobleme ausreichen.

Erst die Entwicklung von Detektoren, die den Eluenten kontinuierlich analysieren (d. h. Durchflußzellen), hat die GC und die HPLC möglich gemacht. In der GC erlaubt die Vielfalt der einsetzbaren Detektoren, ihre universelle Anwendbarkeit und ihre hohe Empfindlichkeit die genaue Bestimmung einer großen Anzahl von Stoffklassen, auch wenn die Probemengen extrem klein sind. Die Verfügbarkeit selektiver Detektoren, z. B. solcher die nur auf die Elemente P, N oder S ansprechen, ist ebenfalls sehr wichtig. Dies ist ein weiterer Gegensatz zur HPLC, wo weit weniger Detektoren einsetzbar sind, die meist auch noch weniger empfindlich sind.

In den nächsten drei Abschnitten dieses Kapitels werden wir die typischen Bauteile eines Gaschromatographen abhandeln, sowie auf die Variablen eines GC-Systems eingehen. Im letzten Abschnitt beschreiben wir spezielle Techniken und Möglichkeiten Trennungen zu verbessern. In manchen Fällen wird die Information unvollständig sein, besonders beim Packen und Belegen von Trennsäulen. In diesen Fällen werden solche Verfahren nur der Vollständigkeit halber erwähnt.

2 Hinweise zur Bedienung

Obwohl manche GC-Geräte ziemlich kompliziert sind, funktionieren sie doch in einheitlicher Weise. Die Funktionsweise wird als eine Abfolge mehrerer Schritte dargestellt, und im folgenden Abschnitt werden diese Schritte näher beschrieben. Bei einem fertig installierten GC-System ist (siehe Abb. 2.1) ist folgendes zu überprüfen:

1. Das Gerät muß ständig gewartet werden, insbesondere wenn es nicht dauernd im Einsatz ist. Als erstes ist zu überprüfen, ob die richtige Säule eingebaut ist, ob das Septum in der Probeaufgabe dicht ist (das Septum wird oft nach einigen Injektionen undicht), ob die Trägergasverschraubungen angezogen sind, ob die Tür des Säulenofens dicht schließt, ob die

40 Gas-Chromatographie

Abb. 2.1. Handelsüblicher Gaschromatograph der Firma IBM

gesamten elektrischen Bauteile des Gerätes korrekt arbeiten und ob der geeignete Detektor eingebaut ist.

2. Der Trägergasstrom durch die Säule wird eingestellt. Dazu wird das Hauptventil an der Trägergasflasche geöffnet und das Reduzierventil an der Druckmindereinheit bis zu einem Druck von einem bar geregelt. Anschließend wird vorsichtig das Nadelventil aufgedreht. Dadurch wird sich ein schwacher Gasstrom (2-5 ml/min in gepackten Säulen und ungefähr 0,5 ml/min in Kapillarsäulen) im System einstellen, wodurch die Säulen und der Detektor vor Schäden durch Oxidation geschützt werden. In modernen Geräten wird der Gasstrom durch ein Rotameter oder durch einen automatischen Druck- und Flußregler geleitet oder durch ein Mikroprozessor gesteuertes entsprechendes Bauteil geregelt. Auf jeden Fall müssen die Verschraubungen im System (besonders die Verschraubungen an der Säule) mit Seifenschaum auf Lecks hin untersucht werden. Oft werden dazu auch käufliche Leckdetektoren benutzt.

3. Der Säulenofen wird bis zur Starttemperatur aufgeheizt. In älteren Geräten wird dazu ein Transformator geregelt, der die Heizdrähte im Säulenofen mit einer Spannung bis zu 90 Volt versorgt. Ist die Tem-

peratur 10-15 °C unter der gewünschten Temperatur, so wird der Transformator auf eine Spannung zwischen 10 und 50 Volt eingestellt, so daß gerade genug Energie zugeführt wird um den Wärmeverlust auszugleichen.

In neueren Geräten mit direkt einstellbarer Solltemperatur ist die Temperaturkontrolle einfacher, und man hat weniger Probleme mit dem unerwünschten Überhitzen des Säulenofens. Am genauesten ist die Temperaturkontrolle mit rechnergesteuerten Geräten möglich. In Abschn. 2.4 sind die entsprechenden Angaben über die geeigneten Säulentemperaturen, Temperaturprogramme und die maximalen Betriebstemperaturen zu finden.

4. Die getrennten Heizungen für die Probenaufgabe und den Detektor werden eingeschaltet und eingeregelt. Ihre Temperaturen sollen dabei 10-25° über der maximalen Säulentemperatur liegen. Die Temperatur des Detektors muß höher als 100 °C sein, so daß ggf. gebildetes oder in der Probe enthaltenes Wasser nicht kondensiert (siehe auch Abschn. 2.4).

5. Der Trägergasstrom wird auf 25-30 ml/min für gepackte Säulen mit 3 mm Innendurchmesser gesteigert, bzw. auf die jeweilige optimale Flußrate, falls diese bekannt ist. Das Diaphragmaventil wird dazu bis zu einem Druck von 4 bar geöffnet. Die Flußrate läßt sich derart bestimmen, daß man die Säule abschraubt und an anderer Stelle einen Blasenflußmesser einbaut. Steht kein Flußmesser zur Verfügung, so siehe auch Abschn. 2.3 „Trägergas".

6. Die Stromversorgung des Detektors darf nur eingeschaltet werden, wenn Trägergas durch die Detektorzelle strömt, da sonst der Detektor beschädigt werden könnte. Im Falle eines Wärmeleitfähigkeitsdetektors (WLD), der in der Handhabung am unproblematischsten ist, wird ein Strom von 150-250 mA eingestellt. Nachdem sich die Temperatur im Detektor stabilisiert hat (2-3 min), wird der Strom so eingestellt, daß die Schreiberfeder auf der Grundlinie des Schreiberpapiers läuft. Ist der GC mit einem Flammenionisationsdetektor (FID) ausgestattet (der FID ist der gängigste Detektor in der GC), so sind einige zusätzliche Überprüfungen notwendig. Der FID benötigt für die Flamme Wasserstoff und deshalb muß die Wasserstoffversorgung bis zu einem Fluß eingeregelt werden, der gleich groß wie der Trägergasstrom ist. Die Luftversorgung (Sauerstoff-) wird geöffnet und bis zu einem Fluß geregelt, der dem vierfachen des Trägergasstromes entspricht (Der optimale Fluß sollte für jedes System ermittelt werden). Die Flamme des FID wird durch Betätigen des Knopfes „Ignition" gezündet. Ein leises „Plopp" zeigt an, ob die Flamme gezündet hat. Nach 2-3 min brennt die Flamme stabil und der Schreiber läßt sich auf die Grundlinie einstellen.

7. Injizieren der Proben. Eine kleine Menge der Flüssigkeit (Überladung vermeiden!) oder eine Lösung der Probe in einem flüchtigen Lösungsmittel wird zusammen mit einer kleinen Menge Luft (dient beim WLD zur Totzeitmarkierung) in einer Mikroliterspritze mit langer Nadel aufgezogen. Beim FID wird die Totzeit öfters durch eine leichte Änderung des Flusses (und damit auch des Detektorsignals) bei der Injektion der Probe markiert. Die Probe wird auf die Säule gebracht, indem die Nadel langsam in ihrer ganzen Länge durch das Septum eingeführt und der Kolben der Spritze möglichst schnell durchgedrückt wird.

Die Spritze wird anschließend schnell aus dem Einspritzblock zurückgezogen und mit Lösungsmittel gereinigt. Ein GC, der mit einer normalen WLD-Zelle ausgestattet ist, benötigt wenigstens 10 µl Probe und ein FID ungefähr 1-5 µl. In Tabelle 2.1 sind diese Angaben zusammengestellt. Für eine Kapillar-GC-Säule braucht man spezielle Injektionstechniken (Splitting), um die aufgebrachte Probe auf ein Volumen kleiner 1 µl zu vermindern. Genaueres darüber in Abschn. 2.4.

8. Aufzeichnung der Peaks im Chromatogramm. Dazu wird ein X/Y Schreiber benutzt oder, wie in neueren Datenverarbeitungssystemen, ein vollständiger Ausdruck aller Analysendaten mit Chromatogramm.

Die Abb. 2.2 zeigt Chromatogramme, die man bei der Trennung von C8-C14 unverzweigten Alkoholen und C5 bis C22 gradkettigen Kohlenwasserstoffen an einer 3 mm × 2 m Glassäule erhält. Die Säule war mit 150-200 µm Chromosorb W-HP gepackt, das mit 3% Methylsiliconöl (S_E 30) belegt war. Die Trennungen erfolgten bei konstanter Temperatur (isotherm); als Trägergas wurde Stickstoff benutzt. In Abb. 2.3 wurden die gleichen Proben an einer 0.25 mm × 30 m Fused-Silica-Kapillarsäule getrennt, die mit 1 µm der gleichen stationären Phase belegt war, wobei das gleiche Trägergas und der gleiche GC benutzt wurden. Verschiedene

Tabelle 2.1. Probengröße und Detektionstyp

Probengröße	Detektor
10-100 µL	WLD (Standardzelle)
1-10 µL	WLD (Mikrozelle)
1-10 µL	FID
0.1-5 µL	ECD

WLD: Wärmeleitfähigkeitsdetektor (engl.: TCD)
FID: Flammenionisationsdetektor
ECD: Elektroneneinfangdetektor (engl.: electron capture detector)

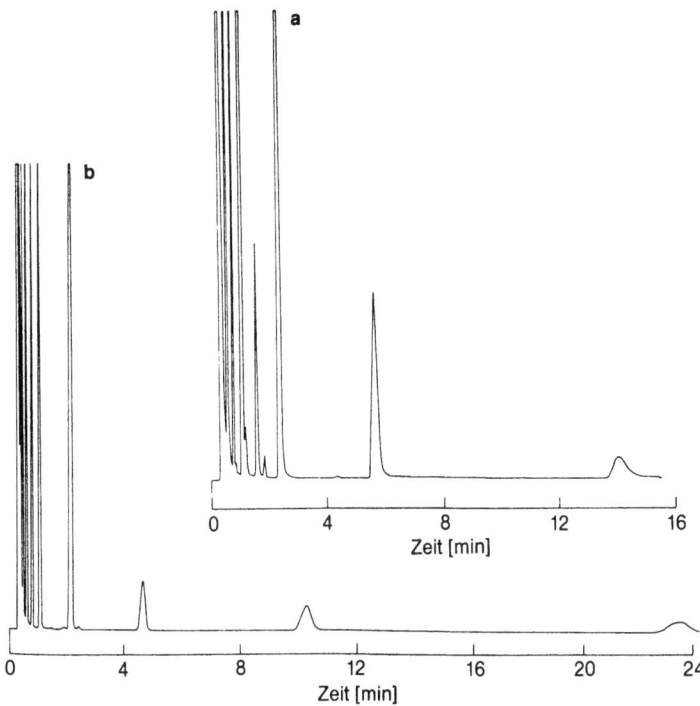

Abb. 2.2. a Chromatogramm auf einer gepackten Säule, an der Proben von C8- bis C14-Alkoholen unter isothermen Bedingungen (150 °C) aufgetrennt wurden. Die Säule bestand aus Glas, 3 mm × 2 m, die stationäre Phase war ein Methylsiliconöl (SE 30). **b** Chromatogramm auf einer gepackten Säule, an der C5-C22-Kohlenwasserstoffe bei 170 °C aufgetrennt wurden. Säule wie **a**

Temperaturen waren wegen den unterschiedlichen Siedepunkten der Proben und den unterschiedlichen Effizienzen von gepackten- bzw. Kapillarsäulen notwendig.

Die hohe Effizienz und Qualität der Trennung an beiden Säulen wird durch die Basislinientrennung der Komponenten und der symmetrischen Form der Peaks offensichtlich. Die gesteigerte Effizienz der Kapillarsäule ist an den schmäleren Peaks zu erkennen. Alle vier Chromatogramme der Abb. 2.2 und 2.3 wurden mit einem mikroprozessorgesteuerten Datenverarbeitungssystem aufgezeichnet, wobei ein FID als Detektor diente. Die kompletten Ausdrucke der Trennungen auf der Kapillarsäule sind in Abb. 2.4 gezeigt. Mit der Computerauswertung der Ergebnisse wird die Interpretation der Analyse im Vergleich zu der Methode der manuellen Auswertung vom Schreiberpapier offensichtlich sehr verein-

44 Gas-Chromatographie

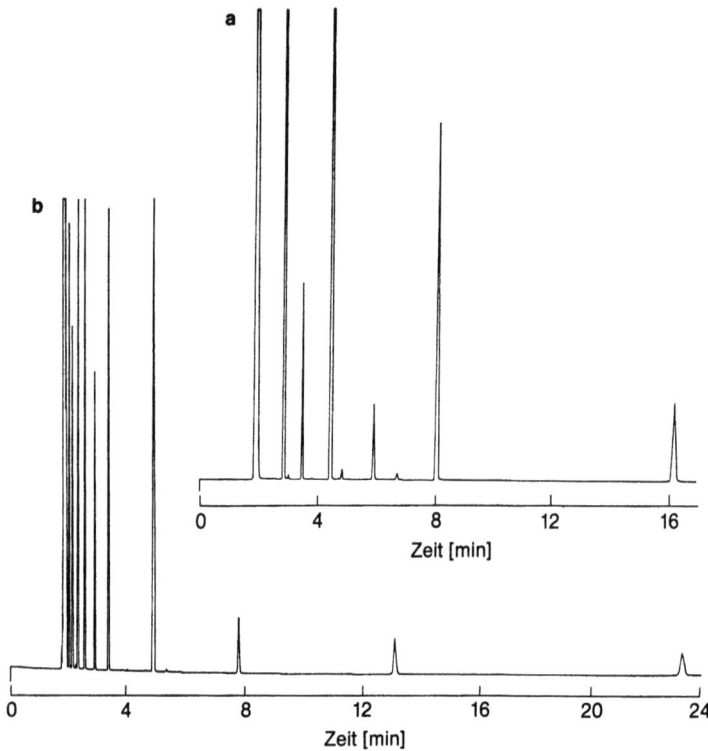

Abb. 2.3. a Chromatogramm auf einer Kapillarsäule (0.25 mm × 30 m fused silica mit 1 μm Filmdicke), an der Proben von C8- bis C14-Alkoholen unter isothermen Bedingungen (180 °C) getrennt wurden. Die Peaks sind deutlich schmäler als in Abb. 2.2 (gepackte Säule). **b** Chromatogramm auf einer Kapillarsäule (Bedingungen und Säule wie Abb. 2.3 a), an der Kohlenwasserstoffe (C5-C22) aufgetrennt wurden. Zum Vergleich siehe Abb. 2.2 b

facht. Die Retentionszeiten liefern die zur Identifizierung der Verbindungen notwendigen Daten, während die Peakflächen die benötigten Informationen zur quantitativen Auswertung ergeben. Diese Chromatogramme können ebenfalls zur Verdeutlichung einiger kritischer Punkte in der GC herangezogen werden.

Die Trennleistung einer Kapillarsäule für eine Probe mit vielen Komponenten, z. B. Zitronenöl, im Vergleich mit der identischen Trennung an einer gepackten Säule ist in den beiden Chromatogrammen Abb. 2.5 dargestellt. In diesem Fall weist die Kapillarsäule 3400 Böden/m ($3400 \times 15 = 51\,000$ zur Verfügung stehende theoretische Böden auf), während die gepackte Säule 15 200 Böden/m hat ($15\,200 \times 2 = 30\,400$ Böden).

RT	AREA	TYPE	AREA %	RT	AREA	TYPE	AREA %
2.35	20.53	BV	0.005	1.70	25.78	BB	0.005
2.40	61.66	VV	0.015	1.97	119.65	PB	0.025
2.54	406686.00	VV	98.140	2.26	22.83	BV	0.005
2.63	397.91	VV	0.096	2.32	69.97	VV	0.015
2.67	283.64	VV	0.068	2.45	464568.00	VV	98.250
2.76	565.11	VV	0.136	2.66	809.87	VV	0.171
2.94	26.00	VV	0.006	2.84	34.51	VV	0.007
3.03	17.34	VB	0.004	2.92	20.33	VB	0.004
6.58	2265.89	BB	0.547	3.21	694.10	BB	0.147
8.12	236.68	BB	0.057	4.30	629.25	PB	0.133
9.70	2397.09	BB	0.578	5.65	480.52	BB	0.102
10.15	16.45	BB	0.004	7.15	763.43	BB	0.161
11.18	131.21	BB	0.032	8.68	1095.93	BB	0.232
11.81	14.35	BB	0.003	10.18	478.57	BB	0.101
12.64	820.69	BB	0.198	11.64	821.03	BB	0.174
15.31	350.19	BB	0.085	14.34	1515.73	BB	0.321
17.95	101.98	BB	0.025	16.77	217.41	BB	0.046
				18.99	232.05	BB	0.049
				21.51	241.58	BB	0.051

TOTAL AREA = 414393.00
MULTIPLIER = 1

TOTAL AREA = 472840.00
MULTIPLIER = 1

Abb. 2.4. Integrator-Ausdruck des Kapillarsäulen-Chromatogramms aus der Abb. 2.3. Links sind die Alkohole und rechts die Kohlenwasserstoffe aufgeführt. RT ist die Retentionszeit in Minuten, Area die Peakfläche in willkürlichen relativen Einheiten

Im Vergleich dazu haben die besten HPLC Säulen weit über 100000 Böden/m.

3 Auswahl des Trennsystems

In der GC gibt es vier wichtige Variablen. Nach steigender Komplexität geordnet sind dies:

das Trägergas,
die Art des Detektors,
die Art der Säule und der stationären Phase und
Temperatur oder die Temperaturbedingungen während der Trennung.

Die Parameter werden im folgenden auch in dieser Reihenfolge diskutiert. Es ist in diesem Zusammenhang interessant, den Unterschied zwischen der GC und der HPLC festzuhalten, denn in der HPLC ist es am einfachsten den Detektor auszuwählen, gefolgt von der Temperatur (gewöhnlich Raumtemperatur) und der Trennsäule, während die Auswahl der mobilen Phase am schwierigsten ist.

46 Gas-Chromatographie

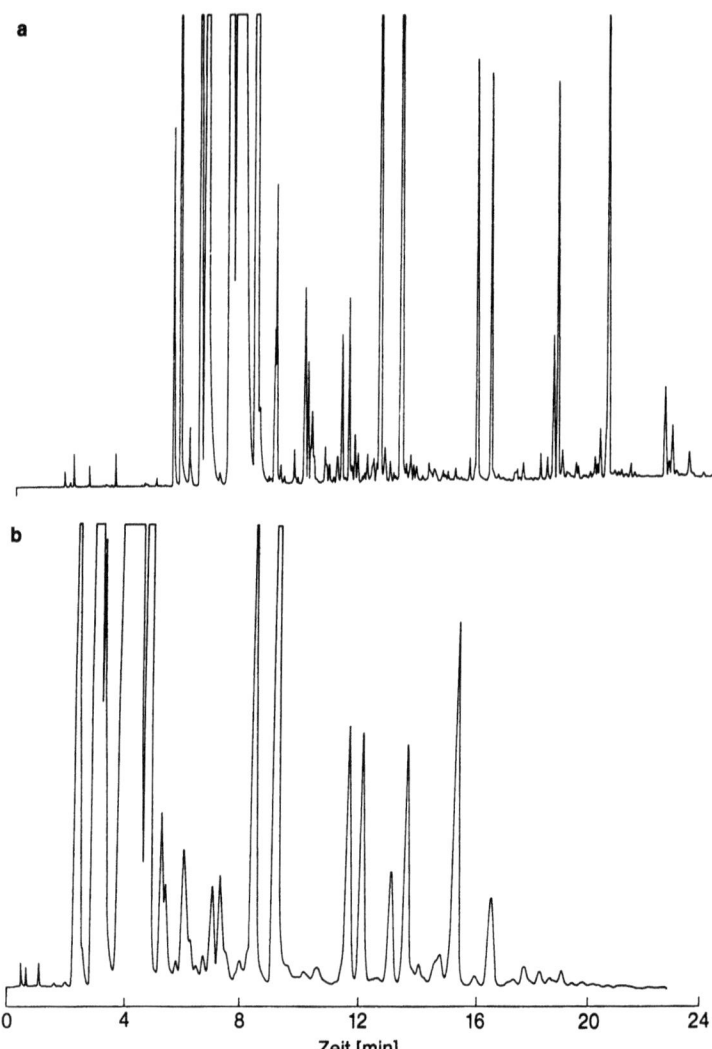

Abb. 2.5. a Kapillarsäulen-Trennung einer Probe Zitronenöl. Die Säule war eine 0.25 mm × 15 m mit Siliconöl (SE-30) belegte fused-silica-Kapillarsäule. Die Temperatur wurde während der Trennung mit einer Rate von 5°C/min von 100°C auf 200°C gesteigert. **b** Trennung von Zitronenöl an einer gepackten Säule. Es handelt sich hier um die gleiche Säule wie in Abb. 2.2. Die Temperatur wurde mit einer Rate von 5°C/min von 70°C auf 170°C erhöht. Auffallend sind die deutlich breiteren Peaks bei der gepackten Säule

3.1 Das Trägergas

Die Faktoren, die den Transport einer Substanz durch eine GC-Säule bewirken, sind die der Substanz eigene Flüchtigkeit, sowie der Trägergasstrom durch die Säule. Der Trägergasstrom durch die Säule läßt sich mit zwei Variablen beschreiben, dem Fluß gemessen in ml/min und dem Druckabfall zwischen Anfang und Ende der Säule. Soweit es die Trennung betrifft, ist die genaue Natur des Trägergases meistens von untergeordneter Bedeutung, aber geringe Einflüsse im Bezug auf die Auflösung sind möglich. Bis zu einem gewissen Punkt hängt die Wahl des Trägergases von der Art des benutzten Detektors ab: Wärmeleitfähigkeits-, Flammenionisations-, Elektroneneinfang- und elementspezifischer Detektor.

Als Trägergase dienen die wenig reaktiven Gase Stickstoff, Helium, Argon, Wasserstoff und Kohlendioxid, die in Hochdruckstahlflaschen verfügbar sind. Kritisch ist allerdings, daß man zur Vermeidung des Detektorrauschens immer das reinste (aber auch teuerste) Trägergas verwenden sollte. In den meisten Fällen sollte das Trägergas zusätzlich noch durch eine Trockenpatrone (Molekularsieb) von den letzten Wasserspuren befreit werden. In manchen Fällen ist es auch notwendig den Sauerstoff in einer Sauerstoffalle zurückzuhalten. Glücklicherweise entfernt jedes dieser Adsorptionsmaterialien, die oft auch gemeinsam in einer Patrone sind, die aus der Gasflasche stammenden Ölspuren. Will man Kapillar-GC betreiben, so sind die Anforderungen an die Reinheit des Gases noch strenger. In diesem Fall müssen selbst die Ventile und Flußregler an den Gasflaschen daraufhin überprüft werden, ob das Diaphragma aus rostfreiem Stahl besteht. Ein Diaphragma aus Kunststoff kann „bluten" und so zusätzliches Detektorrauschen verursachen.

Obwohl Helium und Wasserstoff bei einem WLD die größte Empfindlichkeit ergeben (die Wärmeleitfähigkeit ist von der Molmasse des Gases abhängig), so sind sie doch dem Stickstoff etwas unterlegen, denn die Diffusion der Proben im etwas dichteren Stickstoff ist geringer. Trotz dieses kleinen Nachteils wird meist Helium benutzt. Eine Anlage wird meist nur mit einer Trägergasversorgung aufgebaut, denn ein Wechsel des Trägergases ist nur selten notwendig. Gewisse Ionisationsdetektoren benötigen Argon, das beträchtlich dichter ist, wodurch ein geringerer Fluß resultiert (höherer Druckabfall). Für einen FID wird meist Stickstoff verwandt, obwohl auch jedes der obengenannten anderen Trägergase verwendet werden könnte. Im nächsten Abschnitt wird gezeigt, daß das Detektorsignal und somit auch die resultierende Empfindlichkeit schwach von der Wahl der mobilen Phase abhängen.

Tabelle 2.2. Trägergase und deren Anwendung in den verschiedenen Detektoren

Trägergas	Detektor
Wasserstoff	Wärmeleitfähigkeit Photoionisation
Helium	Wärmeleitfähigkeit Flammenionisation Photoionisation Flammenphotometer Thermoionisation Hall elektrolytisch
Stickstoff	Flammenionisation Elektroneneinfang Photoionisation Flammenphotometer Thermoionisation Hall elektrolytisch
Argon	Flammenionisation
Argon + 5% Methan	Elektroneneinfang
Kohlendioxid	Wärmeleitfähigkeit Photoionisation

Ein Elektroneneinfangdetektor (ECD) für Halogene benötigt entweder Stickstoff oder Argon mit 5% Methanzusatz. Die elementspezifischen Detektoren für P, N und S arbeiten mit Helium oder Stickstoff.

Bei Kapillarsäulen mit ihren sehr kleinen Flußraten von 0,1–2 ml/min wird meist Stickstoff, Helium oder Wasserstoff benutzt. Um die maximale Empfindlichkeit zu erreichen, sollte das Trägergas dem Detektor angepaßt sein. Auch ein WLD kann mit einer Kapillarsäule benutzt werden, wenn seine Empfindlichkeit ausreicht. Diese Vorschläge sind in noch einmal in der Tabelle 2.2 zusammengefaßt. Druckluft kann nicht als mobile Phase verwandt werden, da ihr Gehalt an Sauerstoff sowohl die stationäre Phase wie auch den Detektor oxidieren würde. Es ist jedoch möglich bei einfacheren GC Geräten (mit einem WLD als Detektor) Erdgas aus der Gasversorgung des Labors als mobile Phase zu benutzen.

Tabelle 2.3. Empfindlichkeit der wichtigsten GC Detektoren

Detektor	Empfindlichkeit [g]
Wärmeleitfähigkeit	
Standardzelle	10^{-6}-10^{-7}
Mikrozelle	10^{-8}-10^{-9}
Flammenionisation	10^{-10}
Elektroneneinfang	10^{-12}-10^{-13}
Photoionisation	10^{-12}
Flammenphotometer	10^{-11}-10^{-12}
S, P Verbindungen	
Thermoionisch	10^{-12}-10^{-13}
P, N, S Verbindungen	
Hall elektrolytisch	10^{-10}
N, Halogene	

3.2 Der Detektor

Die erste Wahl für einen GC-Detektor sollte stets auf einen FID fallen. Früher benutzte man meist einen WLD, weil er einfach, stabil und vielseitig ist. Ist der GC jedoch nicht mit einem WLD ausgestattet, oder ist der eingebaute WLD für die Spurenanalyse oder die Kapillar-GC nicht empfindlich genug, so sollte wegen seiner hohen Empfindlichkeit für alle Arten organischer Verbindungen ein FID (Wasserstoff/Sauerstoff) benutzt werden.

Ein wichtiger Gesichtspunkt bei einem WLD ist, daß die detektierte Substanz nicht zerstört wird, wodurch eine nachträgliche Isolierung möglich wird. Diese zerstörungsfreie Detektion wird in der präparativen GC benutzt. Wir empfehlen deshalb den FID, weil er für eines der meistbenutzten Lösungsmittel in der GC, nämlich Kohlenstoffdisulfid, nicht empfindlich ist. Weitere Informationen über die Optimierung und den Betrieb dieses Detektors sind in den folgenden Abschnitten zu finden.

Betrachtet man die Empfindlichkeiten der Hauptdetektoren (siehe Tabelle 2.3) so fällt auf, daß der ECD, der für die Analyse halogenierter Verbindungen eingesetzt wird, empfindlicher als der FID auf diese Verbindungen anspricht. Der Photoionisationsdetektor, PID, ist ungefähr so empfindlich wie der FID. Die elementspezifischen Detektoren für P, N, S und Halogene werden zur selektiven Detektion bestimmter Verbindungen in Substanzgemischen herangezogen.

3.3 Die flüssige stationäre Phase

Bei der Diskussion über stationäre Phasen sind zwei Dinge zu beachten: erstens die Art, in der die Flüssigkeit in der Säule gehalten wird und zweitens die chemische Natur der Flüssigkeit. Früher wurde die Flüssigkeit auf der Oberfläche eines feinverteilten Festkörpers (z. B. Kieselgur) adsorbiert. Beispiele solcher Trennungen sind in Abb. 2.2a und 2.2b zu sehen. Die stationäre Phase kann auch auf der Wand einer langen, dünnen Kapillare aufgebracht werden (30 m lang mit einem Innendurchmesser von 0.25 mm), wie das bei den in Abb. 2.3a und 2.3b gezeigten Trennungen zu sehen ist.

Für die GC wurden mehrere hundert Phasen entwickelt und fast scheint es, daß die Wahl der richtigen Phase für ein vorgegebenes Trennproblem sehr schwierig ist. Es sind jedoch nur relativ wenig Phasen im Routinegebrauch, die nach bestimmten Eigenschaftskategorien eingeteilt werden. Dadurch gelingt es rasch die richtige Phase für ein Trennproblem zu finden. In Tabelle 2.4 sind einige der Phasen aufgelistet, die sich

Tabelle 2.4. Wahl der stationären Phase für die Trennung häufig vorkommender Proben

Art der Probe	Stationäre Phase[a]
Gase	Molekularsiebe, poröse Träger
Aliphatische KW, Treibstoffe	Apiezon L, Methylisiliconöle
Aromatische KW	Phenyl/Methylsilicone
Alkohole/Polyalkohole	Carbowaxe (Polyethylenglykole)
Kohlenhydrate	Cyanosilicone
Säuren	Carbowaxe (Polyethylenglykole)
Ester von Fettsäuren	Cyanosilicone
Aldehyde/Ketone	Alkylphthalate
Ester/Polyether	Methylsiliconwaxe
Phenole	Methylsiliconöle
Amine	Carbowax + KOH
Medikamente	Phenyl/Methylsilicone
Pflanzenschutzmittel	Phenyl/Methylsilicone
Steroide	Methylsiliconwaxe, Dexile (Polycarboranylensiloxane)
Hochsiedende Verbindungen	Dexile
Gemische	Carbonwaxester

[a] Die fused-silica Kapillaren sind mit Methylsiliconwaxen, Cyanosiliconen und Polyethylenglykolen belegt (zur Trennung von Aminen zusätzlich mit KOH modifiziert). Die Phasen sind entweder als Flüssigkeiten oder chemisch gebunden als dünner Film in der Kapillare. Diese vier stationären Phasen erlauben die Trennung fast aller Probengemische.

die Lösung spezieller Trennprobleme bewährt haben. In der weiterführenden Literatur (siehe auch Literaturverzeichnis am Ende des Buches) sind sehr viel mehr Arten stationärer Phasen zu finden.

Das wesentliche Kennzeichen einer flüssigen stationären Phase ist, daß sich die zu trennenden Substanzen in ihr lösen. Da sich die Komponenten auch hinsichtlich ihrer Flüchtigkeit unterscheiden, werden sie sich in charakteristischer Weise (siehe Kap. 1) zwischen der flüssigen und der gasförmigen Phase verteilen. Einen wichtigen Grundsatz, den es bei der Auswahl der stationären Phase zu beachten gilt, lautet: „Gleiches löst sich in Gleichem". Deshalb sollte die flüssige Phase ähnliche funktionelle Gruppen enthalten, wie sie auch in den Probemolekülen vorhanden sind. So werden z. B. die wenig funktionellen Gruppen tragenden unpolaren Kohlenwasserstoffe, Ether und Alkylhalogenide am besten an hochmolekularen, flüssigen Kohlenwasserstoffen, wie z. B. Apiezonöl, getrennt. Das andere Extrem ist, daß polare Komponenten, wie z. B. Alkohole oder Amine am günstigsten an einem hochmolekularen Polyethylenglykol (Carbowax) aufgetrennt werden.

Viele Proben bestehen jedoch aus Komponenten, die in ihrer Polarität sehr stark variieren. Für solche Trennungen kann man Phasen mittlerer Polarität und mehrfacher Funktionalität benutzen. So hat Nonylphthalat eine lange Kohlenwasserstoffkette (Nonylgruppe) für wenig polare Substanzen, Carbonylgruppen für sauerstoffhaltige Verbindungen und Phenylgruppen für aromatische Verbindungen. Tatsächlich gibt es eine breite Überschneidung in den Trenneigenschaften der verschiedenen Phasen. Es gibt auch die Möglichkeit das Verhalten einer stationären Phase zu berechnen und deren Trenneigenschaften vorauszusagen, wenn man die McReynolds-Zahlen oder die Fensterdiagrammtechnik benutzt.

Manche flüssige stationäre Phasen enthalten anorganische Ionen, die mit den Probekomponenten reversibel Komplexe bilden können. Ein klassisches Beispiel dieser Technik ist die Trennung von Alkenen an silberhaltigen flüssigen Phasen. Die Stärke der Komplexbildung zwischen Silberionen und der Doppelbindung ist von der Natur und der Stereochemie (cis oder trans) des Alkens abhängig, was eine sehr gute Trennung isomerer Verbindungen ermöglicht. Diese Trenntechnik wird auch in der DC und anderen Methoden der LC verwendet.

Die Verwendung gebundener Phasen, in denen die Flüssigkeit kovalent auf die Oberfläche gebunden ist, scheint zur Zeit für die HPLC wichtiger als in der GC zu sein.

Die Tatsache, daß gebundene Phasen nicht bluten, verleiht ihnen einen deutlichen Vorteil, wenn der GC mit weiteren Detektoren gekoppelt wird (siehe auch Abschn. 2.5).

Zusammenfassend läßt sich festhalten, daß eine sehr große Anzahl verschiedener stationärer Phasen zur Verfügung stehen, die meisten Proben aber mit wenigen Grundtypen getrennt werden können.

4 Das System

4.1 Die Säulentemperatur

Die GC beruht auf zwei Eigenschaften der zu trennenden Substanzen: ihrer Löslichkeit in einer vorgegebenen Flüssigkeit und ihrem Dampfdruck, bzw. der Flüchtigkeit. Da der Dampfdruck direkt von der Temperatur abhängt folgt daraus, daß die Temperatur ein wesentlicher Faktor in der GC ist. Die Trennung kann bei konstanter Temperatur (isotherm) oder mit einem variablen oder fest programmierten Temperaturanstieg durchgeführt werden.

Obwohl die Säulentemperaturen in einem Bereich von $-100\,°C$ bis $400\,°C$ eingestellt werden können, so müssen doch praktische Begrenzungen berücksichtigt werden. Einige stationäre Phasen sind bei niedrigen Temperaturen fest, z. B. sind Carbowaxe bei $50\,°C$ Festkörper und einige Silicone (Methylsiliconwaxe) erstarren unterhalb $100\,°C$. Auch werden die maximalen Arbeitstemperaturen durch die thermische Stabilität der Phasen begrenzt. Bei höheren Temperaturen können sich die Phasen langsam zersetzen („bluten"), wodurch kleine Bruchstücke entstehen, die im Detektor zu einem hohen Rauschen führen. Bei noch höheren Temperaturen (überhalb $400\,°C$) wird die Phase vollkommen zerstört. Die empfohlenen minimalen bzw. maximalen Arbeitstemperaturen sind in Tabelle 2.5 zusammengefaßt. Typisch ist ein Temperaturbereich zwischen $50-300\,°C$.

Tabelle 2.5. Temperaturbereiche für Standard GC-Säulen

Stationäre Phase	Minimale Temp. [°C]	Maximale Temp.[a] [°C]
Apiezon	50	225
Methylsilicone	0 (Waxe: 100)	300–350
Phenyl/methylsilicone	0	300
Carbowaxe (Polyethylenglykole)	10–30	225
Cyanosilicone	0	275
Alkylphthalate	20	225
Dexile (Polycarboranylensiloxane)	50	450

[a] Fused-silica-Kapillaren haben eine Arbeitstemperatur von $350\,°C$ für gebundene Phasen und $250\,°C$ bei der flüssigen Carbowaxphase.

Im allgemeinen erhält man bei niedrigeren Temperaturen bessere Trennungen, denn dort kann die flüssige Phase besser als Lösungsmittel fungieren und bereits geringe Unterschiede in den Löslichkeitseigenschaften resultieren in guten Trennungen. Ist die Temperatur zu hoch, so befinden sich alle Komponenten in der Gasphase; die Löslichkeit in der stationären Phase ist gering und das Ergebnis ist eine schlechte Trennung. Eine nützliche Daumenregel ist, daß eine Temperaturerhöhung um 30° zu einer Halbierung der Retentionszeiten führt.

GC unter isothermen Bedingungen. In der Routineanalytik, oder wenn der ungefähre Gehalt der zu bestimmenden Substanzen bekannt ist, arbeitet man am besten unter isothermen Bedingungen. Am günstigsten ist es, einige Grad unterhalb des Siedepunktes der Hauptkomponente zu arbeiten. Allerdings ist eine Trennung unter isothermen Bedingungen nicht ganz unproblematisch.

Da ist zunächst einmal die Auswahl der günstigsten Arbeitstemperaturen zu nennen. Ist sie zu hoch, so werden die Verbindungen ungetrennt eluiert. Ist sie zu niedrig, so werden hochsiedende Verbindungen nur sehr langsam oder gar nicht von der Säule gespült, was nachfolgende Trennungen unmöglich machen kann. Vermutet man letzteres, so läßt sich die Säule oft dadurch reinigen, daß man die Richtung des Gasstromes umdreht (Backflushing) und die Säule einige Zeit aufheizt.

Ein weiteres Problem bei der isothermen Arbeitsweise liegt im chromatographischen Prozeß begründet, und wird nur deshalb hier aufgeführt, weil es sich durch die Temperaturprogrammierung lösen läßt. Je länger eine Probe in der Säule ist, umso breiter wird der entsprechende Peak sein. Die Erklärung dafür ist in Kap. 1 zu finden; dieser Sachverhalt ist auch in den Abbildungen 2.2a und 2.2b dargestellt. Die Verbreiterung des Peaks ist aber vermeidbar. Wird die Temperatur während der Trennung erhöht, wie das bei der Temperaturprogrammierung geschieht, so werden die höher siedenden Materialien eher aus der Säule eluiert, wodurch eine geringere Bandenverbreiterung zustande kommt.

Diese Technik wird oft auch als Peakkompression bezeichnet. Die entsprechende Arbeitsweise in der HPLC ist die Gradientelution (Kap. 6).

GC mit Temperaturprogrammierung. Bei dieser Art der GC wird die Temperatur von einem gegebenen Startwert aus mit einer bestimmten vorgegebenen Heizrate oder innerhalb einer vorgegebenen Zeit auf die Endtemperatur gesteigert. Diesen Vorgang kann man auf sehr viele Arten bewerkstelligen. Der Temperaturanstieg kann mit einer bestimmten Rate linear (1), stufenweise (2), isotherm mit anschließendem linearen Anstieg (3), linear gefolgt von einer isothermen Trennung (4) oder multilinear (5)

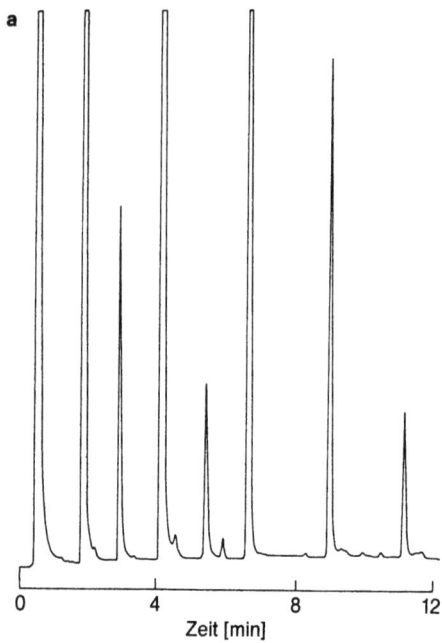

Abb. 2.6a. Temperaturprogrammiertes (100–200 °C mit 10 °C/min) Chromatogramm derjenigen Alkohole, die in Abb. 2.2a unter isothermen Bedingungen getrennt wurden. Auffallend ist die günstige zeitliche Abfolge der Peaks

(d. h. verschiedene Raten zu verschiedenen Zeiten) sein. In Abb. 2.7 ist dies gezeigt. Die Änderung der Temperatur könnte manuell erfolgen, wird aber üblicherweise von einem Mikroprozessor gesteuert.

Die Temperaturprogrammierung ist ideal zur Bestimmung der Eigenschaften einer völlig unbekannten Probe und kann außerdem zur Festlegung der besten Arbeitstemperatur bei der isothermen Analyse benutzt werden. So kann man z. B. die unbekannte Probe zwischen 50 und 250 °C mit einer Zeitrate von 8 °C/min chromatographieren und so die ungefähren Siedepunkte der Substanzen erhalten. Dies ist auch eine gute Vorprobe auf die Anwesenheit hochsiedender Substanzen.

Nach einer derartigen Voruntersuchung läßt sich oft ein engerer Temperaturbereich auswählen, im allgemeinen beginnend mit einer Temperatur einige Grade unter dem Siedepunkt bis zu einer Temperatur wenige Grade über dem Siedepunkt der Komponenten, wobei der Temperaturanstieg z. B. auf 1-2 °C/min verlangsamt werden kann. Die Temperaturen bewegen sich also in einem Bereich, der auch für die isotherme Arbeitsweise geeignet wäre.

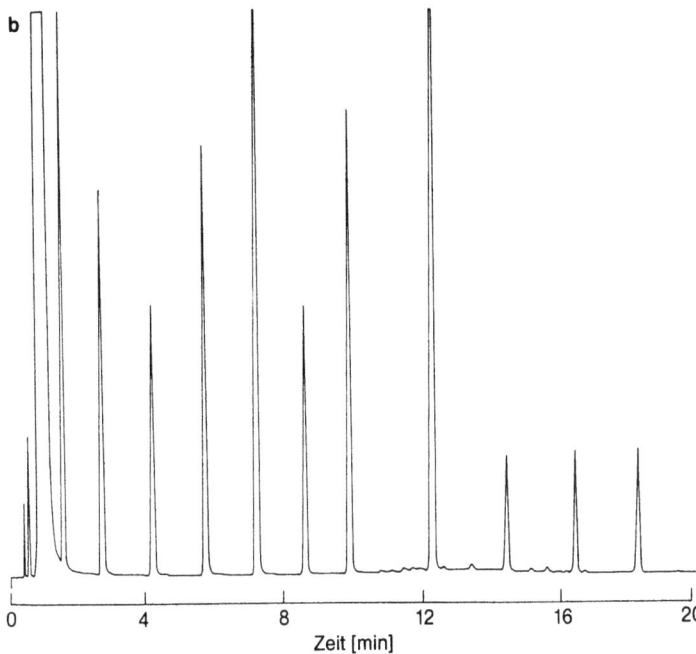

Abb. 2.6 b. Temperaturprogrammiertes Chromatogramm (100–200 °C mit 10 °C/min) derjenigen Kohlenwasserstoffe, die in Abb. 2.2 b unter isothermen Bedingungen getrennt wurden

Mit temperaturprogrammierten Systemen gibt es aber auch einige Probleme. Die exakte Temperatur ist bei älteren Geräten ohne Computersteuerung, Präzisionsheizung, oder optimal gestalteter Luftzirkulation im Säulenofen nur ungenau zu ermitteln. Überdies ändert sich bei steigender Temperatur auch der Gasfluß. All diese Faktoren tragen dazu bei, daß diese Art der Chromatographie weniger reproduzierbar ist. Die Hauptschwierigkeit liegt in der Reproduzierbarkeit der Retentionszeiten und daher ist sie für Routinereihenanalysen nur mit Einschränkungen anwendbar.

Ein weiteres ernstzunehmendes Problem bei der Temperaturprogrammierung ergibt sich durch die Aufheizung des Detektors während der Analyse. Beim FID mit seiner sehr heißen Wasserstoff/Sauerstoffflamme ist das weniger bedeutend, kann aber beim WLD, der am besten bei konstanter Temperatur arbeitet, große Abweichungen in den Analysenergebnissen verursachen. Man muß daher mit einem Zweisäulengerät arbeiten, das in einer Referenzsäule das Trägergas unter den gleichen Bedingungen wie in der Analysensäule aufheizt.

Der Säulenofen. Die Temperaturkontrolle in der GC wird dadurch gewährleistet, daß sich die Säule in einem sogenannten Säulenofen befindet. Ein solcher Ofen muß mit einer exakt angepaßten, gut isolierten Ofentür versehen sein. Die Heizung sollte so konstant sein, daß sie eine genaue und über den ganzen Temperaturbereich einheitliche Temperatureinstellung ermöglicht. Desweiteren sollte der Ofen eine geringe Masse haben, so daß er schnell aufgeheizt bzw. gekühlt werden kann.

4.2 Das Trägergas

Trägergase oder gasförmige mobile Phasen wurden im vorhergehenden Abschnitt besprochen. In Tabelle 2.2 sind sie zusammen mit den Einsatzmöglichkeiten in den verschiedenen Detektoren zusammengefaßt.

Für jede Trennung gibt es eine bestimmte optimale Flußrate des Trägergases. Diese ist zuerst einmal vom Durchmesser der Säule abhängig. Die Größenordnung reicht von ungefähr 50-70 ml/min bei 6 mm (i. D.) Säulen über 25-30 ml/min für eine 3 mm Säule bis zu 0.2-2 ml/min bei einer Kapillarsäule. Da die lineare Geschwindigkeit vom Querschnitt der Säule abhängig ist, und der Querschnitt eine quadratische Funktion des Radius darstellt, würde eine Verdoppelung des Säulendurchmessers eine viermal höhere Flußrate nötig machen um identische lineare Geschwindigkeiten zu erhalten. Erreicht man auf einer 2 mm Säule eine gute Tren-

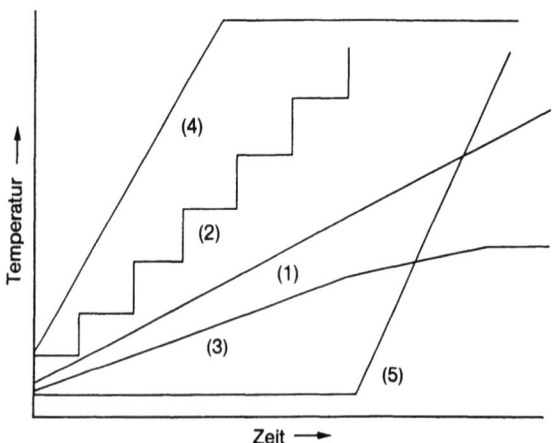

Abb. 2.7. Fünf Arten der Temperaturprogrammierung: (1) linear, (2) stufenweise, (3) multilinear, (4) linear-isotherm und (5) isotherm-linear

nung bei 20 ml/min, so muß man auf einer 4 mm Säule einen Fluß von 80 ml/min um vergleichbare Ergebnisse zu erhalten. Es ist offensichtlich, daß mit kleineren Säulen eine beträchtliche Menge an Trägergas eingespart werden kann.

Die Flußrate kann bequem mit einem Blasenflußmesser bestimmt werden, falls das Gerät nicht mit einem eingebauten Flußmesser ausgestattet ist. Ein Blasenflußmesser kann einfach durch eine in 10 ml Schritten eingeteilte Bürette und Seifenlösung aufgebaut werden. Die Bürette wird 1 cm noch mit Seifenlösung gefüllt und von unten her mit dem Ausgang der Säule verbunden. Es ist dann sehr einfach möglich mit einer Stoppuhr die Zeit zu ermitteln, die eine Seifenblase braucht um ein bestimmtes Volumen zu passieren.

Innerhalb des oben schon erwähnten großen Flußbereiches gibt es für jedes Säulensystem eine optimale Flußrate. Diese Größe läßt sich folgendermaßen ermitteln: Identische Probemengen werden bei unterschiedlichen Flußraten chromatographiert, wobei derjenige Fluß am besten ist, der die maximale Peakhöhe ergibt. Die Erklärung dieses Sachverhaltes ist gar nicht so einfach zu verstehen. Bei der optimalen Flußrate wird die Bandenverbreiterung am geringsten sein, weil im System die maximale Anzahl an theoretischen Böden zur Verfügung steht (diese Grundlagen sind in Kap. 1 erläutert). Die Bandenverbreiterung (oder der H-Wert) kann aus dem Peak auf dem Schreiberpapier ermittelt werden, aber diese Methode ist meist nicht sehr genau. Da bei konstanter Probemenge die Fläche unter einem Peak konstant sein sollte, muß eine Verringerung der Bandenverbreiterung zu einem höheren Peak führen, was einfach zu sehen und auch zu messen ist. Deshalb ist die Peakhöhe ein Maß für die Effizienz, wenn identische Proben unter verschiedenen Bedingungen chromatographiert werden.

Bei der Verwendung eines Flammenionisationsdetektors ist die Festlegung der optimalen Flußrate komplizierter, da es in diesem Fall um die Einstellung von drei verschiedenen Gasflüssen geht. Dies sind neben der Flußrate für das Trägergas auch noch die Volumenströme des Wasserstoffs und des Sauerstoffs. Der Wasserstofffluß sollte zuerst nach der oben für das Trägergas beschriebenen Methode optimiert werden. Die Sauerstoffzufuhr ist weniger problematisch. Dieser Fluß beträgt etwa das zehnfache des Wasserstoffdurchsatzes und ist gewöhnlich in der Größenordnung des Trägergasstromes. Anschließend wird der Trägergasstrom auf die maximale Peakhöhe optimiert. Um die besten Ergebnisse zu erhalten, muß der gesamte Vorgang ggf. öfters wiederholt werden. Ein Hinweis darauf, daß das Verhältnis zwischen Trägergas und Wasserstoff nicht exakt eingestellt wurde, ist die dann auftretende Schwierigkeit die

Flamme zu zünden und am Brennen zu halten. Eine unruhige Flamme wird auf dem Schreiberpapier eine wandernde Grundlinie ergeben. Auch die Anwesenheit von Wasser in einem der Gase führt zu einer unruhigen Flamme.

Kapillarsäulen betreibt man bei sehr kleinen Flüssen, 0,2-2 ml/min, und dies wird meist durch einen konstanten Vordruck als durch einen konstanten Fluß erreicht. Bei konstantem Vordruck wird die Geschwindigkeit des Trägergases mit steigender Temperatur abnehmen (wichtig bei der Temperaturprogrammierung!). Bei den neueren (computergesteuerten) Geräten werden die Änderungen des Flusses mit der Temperatur automatisch kompensiert. Oft ist es nötig, mehrere Gasdrücke zu versuchen, um zu sehen, welcher Druck die maximale Peakhöhe (maximale Effizienz) ergibt. Bei den sehr kleinen in Kapillarsäulen benutzten Flußraten, ist es normalerweise üblich, dem Detektor zusätzlich ein Schönungsgas (eng. make-up gas) zuzuführen, um im optimalen Flußbereich des verwendeten Detektors zu arbeiten. Dieser Gasstrom wird dem Eluenten nach dem Verlassen der Säule zugemischt noch bevor das Gas in den Detektor gelangt. Im allgemeinen benutzt man das gleiche Gas mit dem auch das Chromatogramm gefahren wird öfters aber auch Helium.

Alle die hier aufgeführten Bemerkungen sind dann von Bedeutung, wenn bei einem vorgegebenen Trägergas die optimalen Trennbedingungen ermittelt werden sollen. Problematisch wird es allerdings, wenn die Trägergase ausgetauscht werden sollen, denn die verschiedenen Gase ergeben bei unterschiedlichen Flußraten die größten Empfindlichkeiten (siehe Abb. 2.8). So läßt sich mit Stickstoff bei einem Fluß von 0,17 ml/sec (10 ml/min) am empfindlichsten arbeiten, während man mit Helium

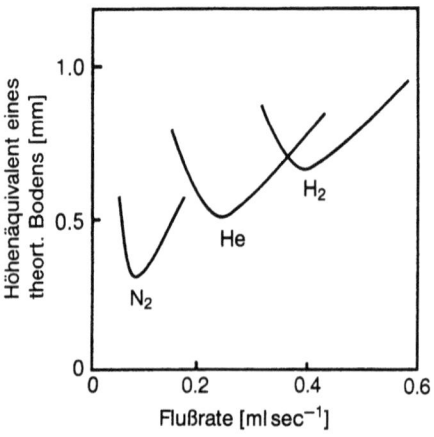

Abb. 2.8. Änderung der Effizienzen (angegeben in der Änderung des H-Wertes) mit der Variation der Flußraten bei den drei wichtigsten Trägergasen für Kapillarsäulen

bei einem Fluß von 0,67 ml/sec (40 ml/min) die besten Ergebnisse erzielt. Die hängt damit zusammen, daß die Diffusion in Gasen mit geringerer Molmasse (geringere Dichte) größer ist. Deshalb muß die Chromatographie bei diesen mobilen Phasen mit höheren Flußraten durchgeführt werden um die Bandenverbreiterung durch unerwünschte Diffusion gering zu halten. Oft sind aber auch Kostengründe entscheidend, denn Gasflaschen mit reinem Stickstoff sind sehr viel billiger als die entsprechenden Flaschenfüllungen mit Helium oder Wasserstoff.

In den letzten Jahren wurde durch die Entwicklung besser kontrollierbarer Systeme auch die Flußprogrammierung möglich, d.h. eine Änderung des Flusses mit der Zeit. Mit solchen Programmen läßt sich die Analysenzeit verkürzen, sowie manchmal auch die Trennung bestimmter Proben in einem Chromatogramm verbessern.

4.3 Probenaufgabe und Gasstromteilung (Splitdosierung)

Die zu untersuchende Probe wird mittels einer Spritze ins chromatographische System gebracht. Dabei wird eine Gummischeibe, das sogenannte Septum, das sich am Anfang der Einführhülse befindet, durchstochen (siehe Abb. 2.9). Der Einspritzblock muß mit einer von der Säulenheizung unabhängigen Heizung ausgestattet sein, die es ermöglicht eine Temperatur 10-15 °C über der maximalen Säulentemperatur einzustellen. Dadurch wird die ganze Probe sofort nach dem Einspritzen verdampft und als Gas auf die Säule gespült. Bei den Injektoren gibt es zwei Hauptprobleme: erstens die Zersetzung der Proben und zweitens nichtflüchtige Rückstände, die nach unvollständiger Verdampfung der Probe zurückbleiben.

Zur Zersetzung der Proben kann es kommen, wenn sich der Einspritzblock insgesamt auf zu hoher Temperatur befindet, wenn es durch ungleichmäßiges Aufheizen besonders heiße Stellen im Block gibt oder wenn Proben mit heißen Metalloberflächen in Berührung kommen. Vermutet man solche Erscheinungen im Injektionssystem, so sollte die Temperatur dieses Bauteils gesenkt und die Analyse wiederholt werden. Ein Vergleich der dann erhaltenen Ergebnisse verschafft in dieser Frage oft Klarheit. Die Zersetzung von Proben wird sich durch zusätzlich auftretende Peaks oder Schultern in Peaks bemerkbar machen. In modernen Injektoren sind die Teile, die mit den Proben in Berührung kommen, gewöhnlich aus Glas oder aus glasüberzogenem Metall und überhitzte Stellen kommen höchst selten vor.

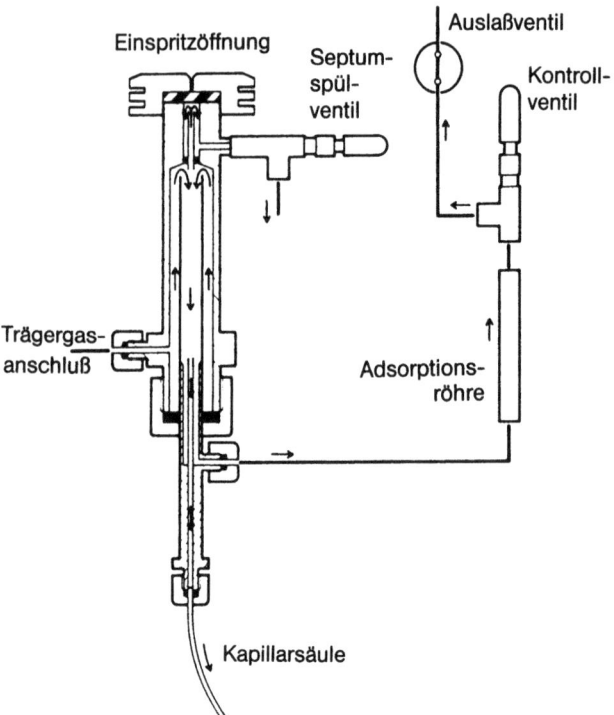

Abb. 2.9. Schematischer Aufbau eines GC-Einspritzblockes

Die Glasbeschichtung verhindert auch die Adsorption der Proben (siehe unten).

Der Injektor kann durch unvollständiges Verdampfen der Proben, Zersetzung oder beides verschmutzen. In nachfolgenden Chromatogrammen tauchen dann „Geisterpeaks" auf, wenn diese Rückstände langsam verdampfen oder sich zersetzen oder aber auch, weil die Rückstände einen Teil der Proben adsorbieren und Teile davon langsam wieder abgeben. Die Probenaufgabe kann durch Auskratzen der Rückstände, Waschen mit Lösungsmittel oder heißem Wasser oder einer Kombination aus beiden nachträglich wieder gereinigt werden. Noch einfacher ist es eine größere Menge Wasser und/oder Lösungsmittel zur Reinigung des Injektors einzuspritzen, wenn vorher die Säule abgeschraubt wurde. Bei der Konstruktion des Injektors ist es wichtig, alle Teile so klein wie möglich zu halten, um das Totvolumen des Systems zu verringern. Auch sollten keine Stellen im Injektor sein, an denen das Gas aufgehalten wird oder sogar steht.

Das Septum (Abb. 2.9) besteht meist aus Silicongummi, der einseitig mit Teflon oder einem hitzebeständigen Kunststoff überzogen ist. Das Hauptproblem bei den Septa ist das „Bluten", das durch Zersetzung oder Leckbildung zustande kommt. Für sehr genaue Analysen sollte das Septum nur für etwa zehn Chromatogramme benutzt werden. Außerdem sollte darauf geachtet werden, daß die Nadel immer nur durch die gleiche Öffnung des Septums eingeführt wird.

Bei Kapillaren ist es nötig, sehr kleine Probevolumina zu benutzen, vielleicht 0.01 µl im Gegensatz zu 1-100 ul bei gepackten Säulen. Diese Volumina kann man mit einer normalen Spritze nicht mehr genau abmessen, so daß das die Menge nach der Injektion reduziert werden muß. Es gibt dazu mehrere Alternativen, aber die einfachste Lösung ist die Verwendung eines Strömungsteilers (Split). In einem solchen Gerät wird die Probe in der herkömmlichen Weise aufgegeben und bevor sie auf die Säule kommt in zwei Gasströme aufgeteilt. Einer der Gasströme wird abgelassen der andere geht auf die Säule. Das Verhältnis der Gasströme wird durch ein Nadelventil im Ablaßkanal kontrolliert. Durch Messung der Flußraten der Gasströme läßt sich auch das Splitverhältnis angeben. Spritzt man 1 µl ein, so gelangen bei einem Teilungsverhältnis (Splitverhältnis) von 1:100 nur 0.01 µl der Probe auf die Säule. Diese sogenannte Splitinjektion läßt sich in computergesteuerten Geräten automatisch einstellen und kontrollieren.

Das gleiche Ergebnis erreicht man auch mit einer anderen Arbeitstechnik, der splitlosen oder „on-column" Injektion. Dabei wird eine kleine, aber bekannte Menge der Probe in einem niedrig siedenden Lösungsmittel mit einer Kolbenspritze mit langer Nadel über ein normal geheiztes Injektionssystem auf eine gekühlte Säule aufgebracht. Wird der Säulenofen nun schnell auf die gewünschte Temperatur aufgeheizt (isotherm oder temperaturprogrammiert), so wird das niedrig siedende Lösungsmittel vom Trägergas ausgespült und die Probe bleibt am Säulenkopf zurück. Durch weiteres Aufheizen wird die Probe verdampft, so daß die Trennung stattfinden kann. Dabei tritt ein Lösungsmittelpeak auf, der zu einer Peakschärfung führt.

Eine weitere Diskussion komplizierterer Injektoren liegt nicht im Sinne dieses Buches. Weitere Informationen sind aber in den im Anhang aufgeführten Büchern zu finden.

4.4 Probenvorbereitung und Injektion

Die ideale GC Probe sollte nur aus einem flüchtigen Lösungsmittel und den zu trennenden Substanzen bestehen. In einer GC Apparatur lassen sich sowohl Flüssigkeiten (nicht in Lösung) als auch Festkörper untersuchen, jedoch werden die meisten Proben als Lösungen von Stoffen in reinen, trockenen Lösungsmitteln eingespritzt. Die Stoffkonzentrationen reichen dabei von 1 bis 10%. Nichtflüchtige Materialien oder solche mit wesentlich geringerem Dampfdruck als die Probe sollten nicht anwesend sein, da sie sich im Injektor oder der Säule abscheiden und dadurch die Effizienz des Systems beeinträchtigen. Die gängigsten Lösungsmittel sind niedrigsiedende Kohlenwasserstoffe, Ethylether, Alkohole und Ketone. Wird ein Lösungsmittel benutzt, so wird natürlich ein zusätzliches Signal im Chromatogramm erscheinen. Deshalb sollte das Lösungsmittel deutlich unterschiedliche chromatographische Eigenschaften von den Probesubstanzen haben. Ist die Probe in Kohlenstoffdisulfid gelöst und dient ein FID als Detektor, so liegt der spezielle Fall vor, daß der Detektor auf das Lösungsmittel nicht anspricht und deshalb auch kein weiterer Peak im Chromatogramm auftaucht. Allerdings sollte ein wesentlicher Nachteil von Kohlenstoffdisulfid nicht übersehen werden: seine extreme Giftigkeit und der sehr niedrige Flammpunkt.

Die Injektion von Gasen kann mit einer gasdichten Spritze oder einem speziell konstruierten Gaseinlaß erfolgen.

Die Aufbereitung geeigneter GC Proben hängt von der Bezugsquelle und dem Zustand der Rohmaterialien ab, und kann deshalb eine Extraktion, vorreinigende Destillation oder eine andere der üblichen Reinigungsmethoden der organischen Chemie sein.

Den GC Proben werden manchmal gewisse Fremdstoffe zugesetzt. Es handelt sich dabei meist um Luft oder Methan. Diese Stoffe werden in fast allen Säulen nicht zurückgehalten, und so ist ihre Durchgangszeit durch das chromatographische System ein Maß für das Volumen der mobilen Phase. Der entstehende Peak wird Totzeitpeak genannt. Auch der durch das Lösungsmittel erzeugte Peak kann ein Anhaltspunkt zur Messung der Totzeit sein.

Gelegentlich werden auch bekannte Substanzen eingebracht, um dadurch unbekannte Verbindungen zu identifizieren (diese Technik nennt man Aufstocken, engl. „spiking") oder als interner Standard bei der quantitativen Analyse. Dazu später Genaueres.

Eine erfolgreiche GC Analyse setzt voraus, daß die zu untersuchenden Substanzen eine gewisse Flüchtigkeit haben. Häufig werden deshalb nichtflüchtige Proben in flüchtige Derivate der Verbindungen umgewandelt, die dann leicht chromatographiert werden können. Ein bekanntes Beispiel dafür ist die Umwandlung von nicht-flüchtigen Kohlenhydraten in ihre Trimethylsilylether, die sich dann ziemlich einfach untersuchen lassen. Es ist auch möglich, die Proben in solche Derivate umzuwandeln, die anschließend mit einem elementspezifischen Detektor (stickstoff- oder sauerstoffempfindlich) analysiert werden können. Die Verwendung solcher Reaktionen in heizbaren Injektoren ist als Reaktionsgaschromatographie bekannt.

In der GC werden die meisten Proben mit Mikrospritzen (siehe Abb. 2.10) injiziert. In der Abbildung fällt die metallene Führungshülse

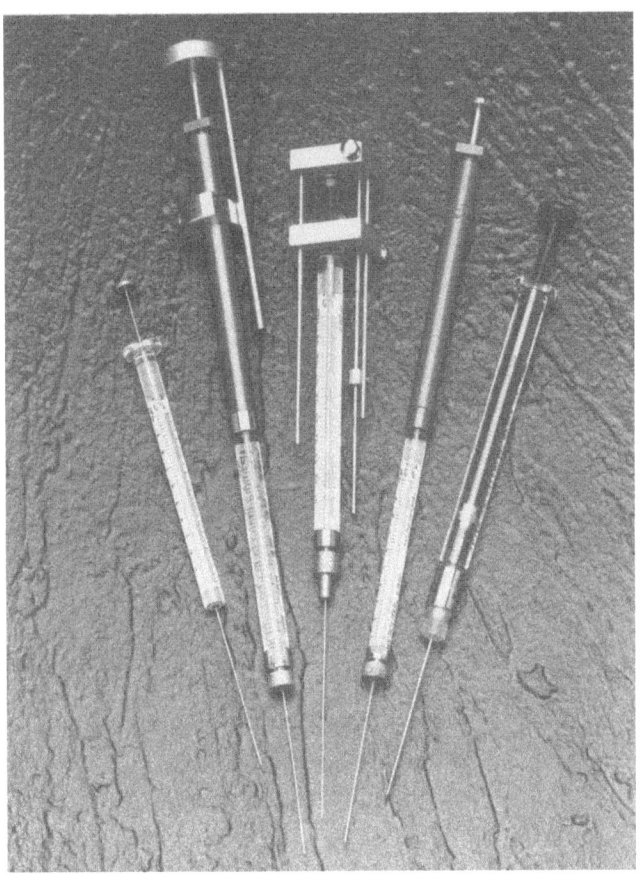

Abb. 2.10. Abbildungen verschiedener Spritzentypen. Bei einer Spritze dient die Führungshülse dem Schutz des empfindlichen Spritzenkolbens. (Hamilton)

einer Spritze auf. Dadurch läßt sich der Spritzenkolben gerade eindrücken, ohne die Gefahr ihn beim Eindrücken zu verbiegen. Dies führt auch zu einer besser reproduzierbaren Einspritzung. Zu erwähnen bleiben noch die automatischen Probenaufgaben, die hier aber nicht vorgestellt werden.

Die Anforderungen an ein Injektionssystem lassen sich wie folgt zusammenfassen: Eine genau definierte Probenmenge soll an der richtigen Stelle in möglichst kurzer Zeit injiziert werden. Es stehen hier die Möglichkeiten der Injektion in einem heizbaren Einspritzblock oder der direkten Probeaufgabe auf den Säulenkopf zur Verfügung (s. o.). Wird die Probe nicht richtig injiziert, wenn z. B. die Nadel nicht vollständig eingeführt ist, so werden breite, teilende Peaks die Folge sein (siehe

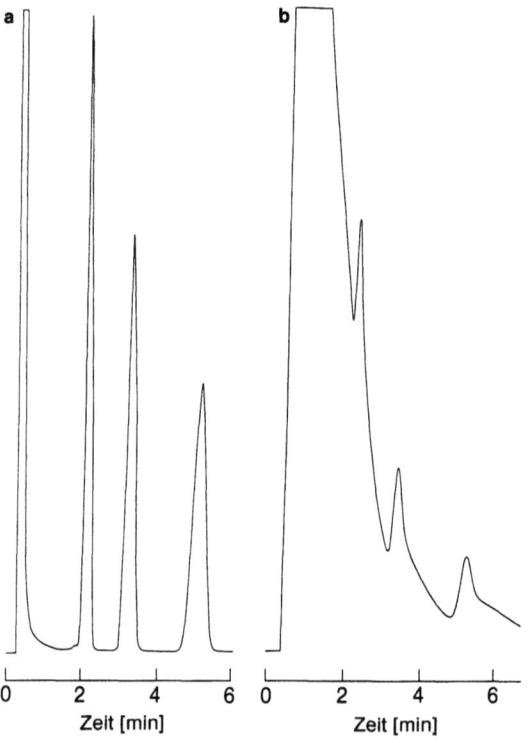

Abb. 2.11. a Gut aufgelöstes Chromatogramm von C14- bis C16-Kohlenwasserstoffen (gelöst in Isooktan), **b** Chromatogramm der gleichen Proben mit zu breitem Lösungsmittelpeak und tailenden Kohlenwasserstoffpeaks. Die Nadel der Spritze wurde bei der Injektion nicht weit genug eingeführt, wodurch die Probe teilweise am Septum adsorbiert wurde und nachfolgend diese unerwünschten Erscheinungen verursachte

Abb. 2.11). Mit der geistreichen Technik des „Solvent-flush" kann man sicher sein, daß die gesamte Probe aus der Spritze ins System gelangt. Dabei wird zunächst ein Teil Lösungsmittel in der Spritze aufgezogen, bevor die Probe angezogen wird. Beim Einspritzen wird die Probe vollständig von dem nachfolgenden Lösungsmittelpfropfen ausgespült und die Spritze gleichzeitig gereinigt.

Werden Methan oder Luft zugesetzt, so werden diese meist nach der Probe aufgezogen. Die Funktionsweise eines Injektionssystems läßt sich auf zwei Arten überprüfen. Dazu werden Proben mit bekanntem Substanzverhältnis eingespritzt. Weisen die dann eluierten Peaks nicht das gleiche Verhältnis auf, so wird eine der Proben diskriminiert. Dies kann durch ungleichmäßige Verdampfung der Probe bei zu niedriger Temperatur, durch selektive Adsorption an der Wand des Einspritzblocks, durch Rückstände im System oder viele andere Dinge verursacht werden. Überdies kann das Injektionssystem dadurch überprüft werden, daß bei normalem Trägergasstrom und ohne Probe der Einspritzblock langsam aufgeheizt wird. Erscheinen Peaks, so stammen diese von Rückständen auf dem Septum oder im Einspritzblock.

4.5 Säulen

In der GC gibt es zwei grundsätzlich verschiedene Säulentypen: gepackte Säulen und Kapillarsäulen. Eine gepackte Säule besteht aus einer (wenigstens bei der Arbeitstemperatur) flüssigen Phase, die auf der Oberfläche eines innerten Trägers aufgebracht ist und sich im Innern einer relativ dicken Röhre befindet (Durchmesser 1-3 mm). Die stationäre Phase haftet entweder durch Adsorption auf der Oberfläche des Trägers oder ist durch kovalente Bindung auf ihr fixiert. Eine Kapillarsäule ist wesentlich dünner (0.25 mm i. D.) und die Kapillarwände dienen in diesem Fall als Träger der stationären Phase. Die stationäre Phase sollte die Wände völlig bedecken. Um die Oberfläche zu vergrößern kann sich in der Kapillare zusätzlich sehr fein verteilter Träger befinden.

Eines der Hauptprobleme in der GC ist die Adsorption der Substanzen an der Oberfläche des chromatographischen Systems. Im idealen Fall sollten die Probemoleküle keine Affinität zu einer Oberfläche im Gerät haben. Die Moleküle sollten bei ihrem Weg durch die Säule allein dadurch retardiert werden, daß sie sich teilweise in der stationären Phase lösen. Unglücklicherweise ist aber, wie schon in Kap. 1 erläutert, eine der elementaren Eigenschaften der Moleküle die Adsorptionsneigung an verschiedenen Oberflächen. In einer GC Apparatur ist das insofern ein Problem, da die Oberfläche des Säulenrohres, des Injektionssystems, sowie der nicht abgedeckte Teil des inerten Trägers als Adsorptionsfläche wirksam werden können. Im Chromatogramm erscheinen in einem solchen Fall tailende Peaks. Das Tailing wird in einem der folgenden Abschnitte noch näher diskutiert.

Säulenmaterial. Als ideales Material gilt Quarz (fused-silica) oder auch Glas, aus dem durch Auslaugen die Verunreinigungen (z. B. Metallionen) entfernt wurden, und das zur Verminderung der Oberflächenadsorption sorgfältig silanisiert wurde. Die unbehandelte Glasoberfläche ist ähnlich wie die Oberfläche von Kieselgel mit Hydroxylgruppen bedeckt und deshalb eine sehr gute Adsorptionsfläche. Diese Materialien sind nur dann als GC Säulen zu benutzen, wenn sie mit Trimethylchlorsilan (siehe Abb. 2.9) behandelt wurden, weil dadurch die Siloxangruppen durch die Bildung von Silylethern blockiert werden. Die belegten Glassäulen haben trotz ihrer Zerbrechlichkeit die Säulen aus rostfreiem Stahl oder Nickel fast völlig verdrängt. Aluminium- und Kupfersäulen haben unerwünschte katalytische Eigenschaften. Teflon- und andere Kunststoffsäulen werden für einige Spezialanwendungen gebraucht, besonders wenn die Analysenlösung Wasser enthält.

Kapillarsäulen werden entweder aus fused-silica (reiner als Quarz) oder aus Glas hergestellt. Durch sorgsam ausgewählte Verfahren werden auch die letzten Metallspuren aus der Oberfläche der Glaskapillaren entfernt. Kapillarsäulen aus Stahl werden seltener benutzt, da sie im Vergleich zu Quarz stärkere Adsorption zeigen.

Säulendimensionen. Genau wie in jedem chromatographischen System ist auch in diesem Fall die Säulenlänge ein Kompromiß. Die durch den chromatographischen Prozeß bedingte Bandenverbreiterung, wie auch die Verbreiterung der Peaks durch unerwünschte Diffusion und auch andere Probleme werden umso größer, je länger die Probe im System ist. Zwei Komponenten mit sehr ähnlichen Eigenschaften können aber nur auf einer sehr langen Säule getrennt werden, denn dort stehen genügend Böden zur Verfügung. In diesen sehr langen Säulen kann die Trennung jedoch durch Peakverbreiterung wieder zerstört werden, obwohl in effizienten Systemen die Bandenverbreiterung sehr stark reduziert ist. In den Anfangstagen der GC wurden relativ lange (4-6 m) gepackte Säulen benutzt. Mit der Entwicklung besserer Packungsmaterialien (engere Teilchengrößenverteilung, besser desaktivierte Träger) konnten die Säulen auf zwei Meter verkürzt werden. Die Kapillarsäulen waren anfangs 100 m lang, sind heute jedoch wesentlich kürzer (15-50 m). In der Praxis ist der Druckabfall über die Säule die bestimmende Größe für die Säu-

Tabelle 2.6. Säulentypen, Säulendimensionen und Probengrößen

Säulentyp	Innerer Durchmesser [mm]	Stationäre Phase	Normale Probengröße [µl]
gepackt	6	1-10%	1-100
gepackt	3	1-10%	0.5-20
gepackt	1	1-10%	0.01-0.1
Kapillare	0.25	0.25 µm	0.05
Kapillare	0.35	0.10 µm	0.1
		0.25 µm	0.1
		1.0 µm	0.5

lenlänge. Werden die verwendeten Teilchen zu klein, oder ist ihre Größenverteilung zu breit, so wird es unmöglich das Trägergas durch eine lange gepackte Säule strömen zu lassen. Die Säulen sind meist gewendelt, so daß sie gut in den Säulenofen hineinpassen (siehe auch Tabelle 2.6).

Trägermaterial. Der Zweck eines Trägers ist es, eine inerte nicht adsorbierende Oberfläche zu liefern, auf der die flüssige stationäre Phase aufgebracht werden kann. Solche Träger sind z. B. feinverteilte Festkörper (125-200 µm), die in zwei Klassen eingeteilt werden können: Kieselgur (Diatomeenerde) und Polymere aus Fluorkohlenwasserstoffen. Bei Kieselgur unterscheidet man wieder zwei Arten: Träger aus synthetischem körnigem Material, ähnlich dem Material aus dem Backsteine bestehen, zur Trennung von unpolaren Substanzen und filterähnliche Materialien zur Trennung polarer Proben.

Bevor die Materialien als Träger verwendet werden können, müssen sie gereinigt und desaktiviert werden. Da sie dem Kieselgel verwandt sind, gibt es auch auf ihrer Oberfläche Hydroxylgruppen, die auf die gleiche Art, wie oben beim Glas beschrieben, desaktiviert werden müssen. Vor diesem Prozeß werden sie mit verdünnter Salzsäure und Wasser gereinigt und anschließend mit Trimethylchlorsilan oder Hexamethyldisilazan desaktiviert. Diese desaktivierten und gewaschenen Träger sind natürlich im Handel erhältlich (Tabelle 2.7). Bei unvollständiger Desaktivierung bleiben noch Adsorptionszentren auf dem Träger zurück, wodurch Tailing entsteht. Aus diesem Grund ist eine sorgfältige Desaktivierung unbedingt notwendig. Es ist auch möglich, die noch verbliebenen aktiven Zentren zu blockieren, indem man mehrere Proben nacheinander einspritzt, so daß die polarsten Substanzen auf den polaren Zentren (nicht desaktivierte Silanolgruppen) adsorbiert werden (Priming). Nach dieser Belegung werden einheitliche symmetrische Peaks erscheinen. Danach lassen sich mit der gewünschten Probe die erforderlichen Messungen durchführen.

Die Träger aus Fluorkohlenwasserstoffen oder Teflon (ggf. auch in Teflonsäulen) werden dann eingesetzt, wenn man es mit korrosiven oder sehr polaren Verbindungen (z. B. Wasser) zu tun hat. In diesem Fall wird auch oft eine flüssige stationäre Phase aus Fluorkohlenwasserstoffen benutzt.

Die gas-fest-Chromatographie, in der es keine flüssige stationäre Phase gibt, wird zur Trennung von Gasen, wie etwa Luft, herangezogen. In diesem Fall bestehen die stationären Phasen aus Molekularsieben, porösen Kunststoffen, Kieselgelen, aktiviertem Kohlenstoff oder Graphit.

Die absolute Teilchengröße ist, wie schon erwähnt, weniger wichtig. Günstig sind aber stationäre Phasen mit einer möglichst engen Größenverteilung bei geringem Druckabfall. Mögliche Teilchengrößen sind 200-250 µm für 2 mm Säulen, 125-200 µm für 3 mm Säulen und 100 µm für größere Säulen.

Die stationäre Phase. Die wichtigsten stationären Phasen wurden schon in den vorhergehenden Kapiteln behandelt (siehe auch Tabelle 2.4). Die Belegung der Phasen (angegeben in Gewichtsprozenten) und die empfohlenen Probengrößen sind in Tabelle 2.6 zu finden. All dem braucht nur wenig hinzugefügt zu werden, außer die Diskussion der Belastbarkeit einer stationären Phase, d.h. den relativen Mengenverhältnissen zwischen anwesender stationärer Phase und der aufgegebenen Probe.

Tabelle 2.7. Träger in gepackten GC Säulen

Typ	Name	Hersteller	Verwendung
Schamotte[a] (five-brick)	Chromosorb P GAS Chrom R	Johns-Manville Alltech Associates	unpolare Verbindungen
Kieselgur ähnlich[a]	Chromosorb W Gaschrom Q Supelcoport Anakron ABS	Johns-Manville Alltech Associates Supelco Analabs	polare Verbindungen
Molekularsiebe[b]	Carbosiebe Type 5A Sieb	Supelco Linde Co.	Gasanalyse
Poröse Polymere[b]	Poropak Chromosorb 104	Waters Associates Johns-Manville	sehr polare Verbindungen

[a] Erhältlich als (1) säuregewaschene, (2) nicht säuregewaschene, (3) säuregewaschene und mit Chlorsilan behandelte und (4) mit Chlorsilan behandelte Träger.
[b] Werden normalerweise ohne Träger benutzt.

Es ist offensichtlich, daß soviel stationäre Phase vorhanden sein muß, um die Oberfläche des Trägers völlig abzudecken und eine komplette Lösung der Probe in der stationären Phase zu ermöglichen. Desweiteren hat die Menge an stationärer Phase auch einen Einfluß auf die Retentionszeiten, wie das auch in Gl. 1.4 gezeigt ist. Für qualitatives Arbeiten sind bei gepackten Säulen Belegungen zwischen 2-5% üblich. Die Filmdicken bei Kapillarsäulen betragen in diesem Fall zwischen 0,1-1 µm, wenn man voraussetzt, daß in beiden Fällen der Träger sorgfältig desaktiviert wurde. Für präparative Zwecke muß genügend Phase zur Lösung einer relativ großen Probemenge zur Verfügung stehen und deshalb sind Belegungen bis zu 20% üblich.

Herstellen und Packen der Säule. Fast alle stationären Phasen (Träger plus Phase) sowie Kolonnen jeder Dimension sind im Handel erhältlich. Sollte es jedoch notwendig werden, spezielle Säulen zu packen, so muß dies in zwei Schritten geschehen: Belegen des Trägers mit der stationären Phase und das eigentliche Säulenpacken, d. h. das Einbringen des Pakkungsmaterials in das Säulenrohr.

Das Belegen geht derart von statten, daß die Phase in einem geeigneten Lösungsmittel gelöst wird, diese Lösung mit dem vorbereiteten Träger zusammengebracht wird und man anschließend das Lösungsmittel abzieht. Die Phase scheidet sich dabei als feiner Film auf dem Träger ab. Zum Beispiel werden 0,2 g einer unpolaren Phase wie Methylsilicononöl in Hexan gelöst (die Menge ist unwichtig, allerdings sollte es so rein wie möglich sein) und mit 10 g des Trägers vermischt. Das Lösungsmittel wird im Rotationsverdampfer langsam abgezogen, ohne daß die Teilchen dabei zerrieben werden. Bei diesen Mengenverhältnissen resultiert dann eine zweiprozentige Belegung. Weitere Hinweise sind in den einschlägigen Büchern der Bibliographie zu finden.

Das Säulenpacken läuft in etwa folgendermaßen ab: Das untere Ende der Säule wird mit einem Pfropf silanisierter Glaswolle verschlossen und das Packungsmaterial langsam von oben in die Säule eingefüllt bis das Säulenrohr vollständig gefüllt ist (ggf. Anlegen eines Vakuums oder Überdrucks um diesen Vorgang zu beschleunigen). Das obere Ende der Säule wird ebenfalls mit Glaswolle verschlossen. Im allgemeinen bringt man die Metall- bzw. Glassäulen schon vor dem Packen in die geeignete Form. Nur bei sehr langen Säulen sollte diese Verformung erst nach dem Packen erfolgen.

Bei Kapillarsäulen gibt es noch weitere Probleme. Da die Kapillarwände als Träger der stationären Phase dienen, müssen diese extrem sauber sein. Dazu wird durch ein Vakuum eine verdünnte Lösung von Salzsäure durch die Kapillare gezogen, mit Wasser nachgewaschen und mit einem inerten Gasstrom getrocknet. Die Wände der Glas- bzw. fused-silica Kapillaren werden anschließend meist mit einer polaren stationären Phase vorbereitet. Carbowax (Polyethylenglykol) ist hier die Phase der Wahl, obwohl auch Kapillaren aus Glas und Metall silanisiert werden (Trimethylchlorsilan). Das eigentliche Belegen der Kapillare geschieht durch Einpressen (Überdruck eines Inertgases) der in einem flüchtigen Lösungsmittel gelösten Phase in die Säule, oder indem diese Lösung durch ein angelegtes Vakuum durch die Kapillare gesogen wird. Die Konzentration der Lösung wird die Filmdicke bestimmen. Bei ungenügender Vorbereitung der Oberfläche in der Kapillare wird sich die Phase nicht als einheitlicher Film in der Kapillare ausbilden, sondern sich zu Tröpfchen zusammenziehen, mit dem Ergebnis, daß die Adsorption während der gaschromatographischen Trennung merklich zunimmt und die Effizienz der Säule entsprechend zurückgeht.

Manchmal wird die Wand einer etwas dickeren Kapillare mit einer Schicht aus fein verteiltem Träger belegt, wie er auch in gepackten Säulen verwendet wird. Die Phase wird dann in dieser veränderten Kapillare fixiert, wodurch eine größere Oberfläche resultiert und die Menge an stationärer Phase in der Säule zunimmt. Ein solches System vereinigt die Vorteile einer gepackten mit denen einer Kapillarsäule.

Konditionierung. Nach dem Packen muß die Säule zunächst konditioniert werden, d.h. eventuell verbliebene Lösungsmittelreste oder nicht fixierte niedermolekulare Teile der stationären Phase müssen aus der Säule entfernt werden. Letztere entstehen durch langsame Zersetzung der stationären Phase und sind die Hauptursache für das Säulenbluten. In jedem Fall wird die Säule in einem GC-Ofen mit einer geringen Steigerungsrate (bei normalem Trägergasstrom) bis zur oberen Temperaturgrenze der stationären Phase aufgeheizt, ohne daß die Säule mit dem Detektor verbunden ist. Eine gepackte Säule wird wenigstens 24 Stunden auf dieser Temperatur gehalten. Bei bestimmten stationären Phasen und bei sehr langen Säulen kann diese Temperaturbehandlung auch länger dauern. Tritt bei der Arbeit mit der Säule bei einer bestimmten Temperatur ein sehr starkes Bluten auf (unruhige, stark erhöhte Grundlinie), so sollte diese Säule nur bis zu einer Temperatur 25° unterhalb dieser Temperatur betrieben werden. Nachdem die Nachbehandlung abgeschlossen ist, wird die Säule zunächst auf Raumtemperatur abgekühlt, bevor sie aus dem Ofen entfernt wird. Es ist ratsam, die Säulen stets unter Schutzgas zu lagern.

Außer einer neuen Säule sollte man bei jedem Wechsel auch die neueingebaute, gebrauchte Säule konditionieren. Durch eingedrungene Sauerstoff- oder Feuchtigkeitsspuren zersetzt sich beim Lagern immer ein geringer Teil der flüssigen stationären Phase. Die angeschlossene Säule wird im Trägergasstrom etwa 15 min lang auf etwa 25° über der vorgesehenen Arbeitstemperatur erhitzt, wodurch sie sich stabilisiert.

Reinigen und Regenerieren von Säulen. Werden Säulen eine gewisse Zeit lang betrieben, so sinkt oft ihre Effizienz (z. B. erkennbar durch starkes Tailing). Diese unerwünschten Erscheinungen lassen sich oft durch umgekehrtes Spülen (Backflushing) der Säulen, Einspritzen einer kleinen Menge Wasser (steaming) oder nochmaliges Silanisieren der Säule zurückdrängen. Bei gepackten Säulen reichern sich am Kolonnenkopf oft nicht flüchtige Substanzen an, weswegen die ersten Zentimeter der Phase ausgetauscht werden sollten. Eine Kapillarsäule verliert an den Enden einen Teil der stationären Phase; in diesem Fall schneidet man die letzten 10 cm der Kapillare vorsichtig ab. Die rechnergesteuerten GC-Geräte können z. T. so programmiert werden, daß nach jeder Injektion die Säule rückwärts gespült wird, was der Lebensdauer der Kolonnen zugute kommt.

Wie schon erwähnt, sollten nicht gebrauchte Säulen an beiden Enden gut verschlossen unter Schutzgas aufbewahrt werden. Mit der nötigen Vorsicht kann man Säulen über Jahre betreiben, allerdings nimmt die Probenmenge, die optimal getrennt wird, im Laufe der Zeit ab (Abbau der flüssigen stationären Phase und Säulen).

Einteilung und Charakterisierung stationärer Phasen. Es gibt eine Vielzahl von Möglichkeiten die Eigenschaften der Phasen untereinander zu vergleichen oder in systematischer Weise ihr Retentionsverhalten gegenüber bestimmten Proben zu messen. Die bekanntesten dieser Verfahren sind die Kovats-Indizes und die McReynolds Zahlen der verschiedenen Phasen. Diese Methoden sind in den Büchern des Literaturverzeichnisses zusammengefaßt. Für die Charakterisierung von Kapillarsäulen hat Grob eine Testmischung vorgeschlagen, die in neueren Büchern und der Literaturstelle [2] zu finden ist.

Gemischte Phasen. Bisher haben wir nur Phasen betrachtet, die aus einem einzigen Typ von Verbindung oder Polymer bestanden. Es sind aber auch Mischphasen möglich und tatsächlich haben solche Phasen auch einige Vorteile. Der interessanteste Gesichtspunkt bei diesen gemischten Phasen ist eine Trennung nach der Fensterdiagramm-Methode von Laub und Purnell [3] zu optimieren. Bei diesem Verfahren wird die Probe an zwei verschiedenen stationären Phasen chromatographiert, die einmal eine größere bzw. kleinere Polarität als die Probe besitzt. Die Chromatogramme werden mittels eines einfachen Computerprogramms analysiert, das die Voraussage des chromatographischen Verhaltens bestimmter Gemische an den beiden Phasen gestattet und Rückschlüsse auf die günstigsten Trennbedingungen zuläßt. Diese Phasen kann man dann in einer Säule mischen oder in zwei hintereinandergeschalteten Säulen benutzen.

4.6 Detektoren

Der Detektor ist ein Bauteil, das im Anschluß an die Säule die Zusammensetzung des austretenden Gasstromes analysiert, und diese Meßwerte einem Schreiber zuführt, der die Ergebnisse als Chromatogramm graphisch darstellt. Einige dieser Detektoren wurden im vorhergehenden Text schon erwähnt, wie z. B. der Wärmeleitfähigkeitsdetektor (WLD) oder der Flammenionisationsdetektor (FID). In diesem Abschnitt beschreiben wir die Funktionsweise dieser Detektoren und gehen ebenfalls noch auf den Elektroneneinfangdetektor (ECD) näher ein.

Der Wärmeleitfähigkeitsdetektor. Der WLD basiert auf dem Prinzip, daß Wärme von einem heißen Körper mit einer bestimmten Geschwindigkeit abgeführt wird, die von der Zusammensetzung des Gases abhängt, das den heißen Körper umgibt. Jedes Gas besitzt also eine ganz spezifische Wärmeleitfähigkeit. Die Wärmeleitfähigkeit ist von der Geschwindigkeit mit der sich die Gasmoleküle bewegen abhängig und, bei einer konstanten Temperatur, auch eine Funktion der Molmasse des Gases. Gase mit den größten Wärmeleitfähigkeiten haben die niedrigsten Molmassen. Bei der Anwesenheit einer höhermolekularen gasförmigen Substanz (z. B. jeder Probe im Heliumgasstrom eines GC's) verändert sich die Wärmeleitfähigkeit des Gasgemisches und der Körper wird mehr oder weniger abgekühlt.

Der Detektor besteht aus zwei Metalldrähten (meist Platin) mit denen man bei Temperaturen bis zu 400 °C arbeiten kann. Ein Draht befindet sich im Eluentengasstrom und der zweite wird bei der gleichen Temperatur von einem Referenzgasstrom umspült (Trägergas, bevor es in die Säule kommt). Die Drähte werden durch einen konstanten Strom elektrisch beheizt und sind über eine Wheatstone Brückenschaltung abgeglichen. Die Proben im Eluenten verändern die Wärmeleitfähigkeit des Gasgemisches, wordurch ein Draht stärker aufgeheizt und sein Widerstand größer wird. Dadurch fließt in der Wheatstone-Brücke ein Strom, der vom Schreiber oder dem Datensystem erfaßt wird.

Der WLD arbeitet bei konstanter Temperatur am zuverlässigsten. Deshalb ist eine gute thermische Isolation zwischen Säulenofen und Detektor notwendig, vor allem wenn temperaturprogrammierte Analysen durchgeführt werden.

Ein Hauptproblem beim WLD ist der Schutz der heißen Widerstandsdrähte vor Oxidation. Die Heizung der Drähte darf deshalb nie eingeschaltet werden, ohne daß Trägergas durch den Detektor strömt. Moderne Geräte sind mit einer derartigen Schutzschaltung ausgestattet. Nachdem die Säule abgeschraubt wurde, läßt sich der WLD reinigen, indem eine Serie von Lösungsmitteln (Decalin, Methanol, Wasser und Aceton) durch den Detektor gesaugt werden. Nach dem Trocknen wird der Detektor 24 Stunden im Trägergasstrom des Chromatographen geheizt, bevor er erneut benutzt werden kann. Ein wichtiger Vorteil des WLD's ist, daß er die Probe bei der Detektion nicht zerstört. Deshalb ist der WLD vor allem für präparative Arbeiten geeignet oder falls die Probe durch Massenspektrometrie oder Infrarotspektroskopie weiter charakterisiert werden soll (siehe unten). Ein WLD ist ein konzentrationsempfindlicher Detektor, der die Gesamtzahl der durchströmenden Moleküle mißt. Das Meßsignal sollte von der Flußrate unabhängig sein.

Der Flammenionisationsdetektor. Grundlage des FIDs ist die Bildung von positiv geladenen Bruchstücken der organischen Verbindungen, wenn diese in einer Flamme verbrannt werden. Diese geladenen Fragmente erhöhen die (elektrische) Leitfähigkeit im Gebiet um die Flamme, die in einem elektrischen Feld zwischen zwei Hochspannungselektroden (~200 V) brennt. Der zwischen den Elektroden fließende Strom wird verstärkt und vom Schreiber aufgezeichnet.

Ein FID mißt eher die Anzahl der Kohlenstoffatome in einer Probe als die Anzahl der Moleküle, wie das bei einem WLD der Fall ist. Der FID ist universell für fast alle organischen Verbindungen (mit Ausnahme hochfluorierter Verbindungen sowie Kohlenstoffdisulfid und Kohlendioxid) mit sehr hoher Empfindlichkeit einsetzbar. Mit steigender Probemenge wächst das Detektorsignal ziemlich linear (siehe Tabelle 2.8, Linearität), so daß quantitative Messungen leicht und genau durchzuführen sind.

Die meisten Probleme beim FID ergeben sich durch die Wasserstoffflamme. Die Flußraten des Wasserstoffs und des zugeführten Sauerstoffs müssen sehr genau aufeinander abgestimmt sein und außerdem noch mit dem Trägergasfluß korrelieren. Sind die Flußraten nicht gut eingestellt, so wird die Flamme nur schwer zu zünden sein und auch nicht befriedigend brennen. Der Wasserstoff bzw. der Sauerstoff müssen sauber und trocken sein. Wasser in einem der Gase ergibt eine unruhige und driftende Grundlinie.

Probleme kann es auch mit dem geometrischen Aufbau und der Verschmutzung eines FID's geben. Der Detektor kann manchmal durch Einspritzen von Wasser und Freon gesäubert werden. Meistens muß er jedoch zerlegt und in einem Ultraschallbad mit einem geeigneten Lösungsmittel (meist ein Freon) gereinigt werden. Da der Gasstrom in eine sehr heiße Flamme eingeleitet wird, ist dessen absolute Temperatur weniger bedeutend, und deshalb ist der FID unempfindlicher gegen die Änderung der Säulentemperatur.

Der Elektroneneinfangdetektor. Das wesentliche Bauteil eines ECD's ist eine radioaktive Strahlungsquelle, meist ^{63}Ni, die zwischen zwei geladenen Elektroden angebracht ist. Strömt das Trägergas, Stickstoff oder Argon mit Methanzusatz, durch den Detektor, so wird es von den emitierten Elektronen ionisiert und im Feld einer angelegten Gleichspannung fließt dann ein bestimmter Strom. Sobald Probemoleküle im Eluenten sind werden einige der Elektronen von diesen Verbindungen „eingefangen", was eine Abnahme des Gesamtstromes zur Folge hat. Diese Änderung des Stromes wird gemessen, verstärkt und aufgezeichnet. Da einige funktionelle Gruppen organischer Moleküle leicht Elektronen einfangen, reagiert ein ECD empfindlicher auf bestimmte Verbindungsklassen. Deshalb können halogenierte Verbindungen, Nitrile, Nitrate und Verbindungen mit konjugierten Elektronensystemen mit sehr hoher Empfindlichkeit detektiert werden. Bei einfachen, gesättigten Kohlenwasserstoffen, Ketonen und Alkoholen ist die Detektion deutlich weniger empfindlich.

Während der WLD und der FID für fast alle organische Verbindungen ähnlich empfindlich sind, diskriminiert der ECD relativ stark. Das kann allerdings bei der Spurenanalyse bestimmter Verbindungen in verdünnten Lösungen auch ganz nützlich sein. So können z.B. in Umweltproben kleine Mengen chlorierter Pflanzenschutzmittel neben einem großen Überschuß anderer Verbindungen nachgewiesen werden, ohne daß der Verstärker übersteuert (d.h. aus dem linearen Bereich kommt).

Die extreme Empfindlichkeit des ECD's bedeutet aber auch, daß dieser Detektor sehr empfindlich gegen Verschmutzung ist, und daß eine Reinigung recht aufwendig ist. Fast alle ECD's können vom Anwender selbst nicht zerlegt werden, so daß die Detektoren zur Reinigung an den Hersteller zurückgeschickt werden müssen, sofern eine Reinigung durch mehrfache Injektion von Lösungsmitteln (z.B. Aceton) oder Spülen mit Wasserstoff bei der maximalen Arbeitstemperatur nicht erfolgreich ist.

Andere Detektoren. In der GC gibt es eine Vielzahl von Detektoren, die oft nur für bestimmte Elemente empfindlich sind (siehe Tabelle 2.8).

Zweifachdetektion. Eine Zweifachdetektion ist dann möglich, wenn der erste der in Serie geschalteten Detektoren zerstörungsfrei arbeitet (z. B. ein WLD). Falls die Probe in beiden Detektoren zerstört wird, muß der Gasstrom vorher aufgetrennt (gesplittet) werden. Sinnvoll anwendbar sind solche Systeme, wenn ein Detektor universell und der andere elementspezifisch detektiert. Auf diese Art ist es dann möglich die Menge eines Elementes in einer bestimmten Verbindung festzustellen und gleichzeitig die absolute Anzahl der Verbindungen im Probengemisch zu ermitteln. Diese Methode hat sich ebenfalls beim Nachweis von Verunreinigungen im Spurenbereich bewährt.

4.7 Signalverarbeitung

Die verstärkten Detektorsignale werden auf Schreiberpapier aufgezeichnet, wodurch die Chromatogramme entstehen. Beispiele dafür sind in zahlreichen Abbildungen dieses Buches zu sehen. Die wesentliche Anforderung an eine Registriereinheit (Schreiber und/oder Intergrator) ist die kurze Ansprechzeit (kleiner 0,1 sec). Ein kritischer Punkt ist der Signalverstärker. Es ist elektronisch sehr aufwendig, einen linear über einen Bereich von einigen Zehnerpotenzen arbeitenden Verstärker zu bauen.

Tabelle 2.8. Empfindlichkeit und Linarität der wichtigsten Detektoren

Detektor	Linearer Bereich [ng]	Linearität
Wärmeleitfähigkeit	90–700 000	10^4–10^5
Flammenionisation	0.007–500 000	10^7
Elektroneneinfang		
Gleichstrom	0.0007–0.07	10^2
gepulsed	0.0007–7	10^4
Photoionisation	0.001–100 000	10^7
Flammenphotometrisch		
S Verbindungen	0.007–0.07	10^2–10^3
P Verbindungen	0.007 (0.0001)–7 (70)	10^3–10^5
Thermoionisch		
P Verbindungen	0.0007–0.7	10^4
N Verbindungen	0.005–50	10^5
Hall elektrolytisch		
N Verbindungen	0.01–10	10^4
Verbindungen	0.01–10	10^4
Halogene	0.005–500	10^6

Um dennoch einen weiten dynamischen Bereich zu erfassen, ist zwischen dem Detektor und dem Verstärker ein Abschwächer (Attenuator) eingebaut.

Meßbereichsumschaltung. Mit dieser Schaltung wird das Signal aus dem Detektor meist in Schritten, die die Signalintensität jeweils halbiert, abgeschwächt, bevor es registriert wird. Dadurch kann man im optimal auf die Probe abgestimmten Signalbereich und gleichzeitig im linearen Bereich des Verstärkers arbeiten. Am günstigsten ist es, wenn die Probe neben der Hauptkomponente nur Spuren anderer Verbindungen enthält. Der Empfindlichkeitsschalter des Schreibers wird dann so eingestellt, daß die kleinen Peaks Vollausschlag ergeben. Tauchen große Peaks auf, so wird der Schreiber über den Anzeigebereich hinausgehen. In diesem Fall muß das Signal abgeschwächt werden, wobei die Zeit und der Grad der Abschwächung genau festgehalten werden muß. Computergesteuerte Geräte kontrollieren die nötige Abschwächung meist automatisch. Das vollständige Chromatogramm wird nach der Analyse mit allen Trenn- und Geräteparametern ausgedruckt.

Qualitative Aussagen. Meistens bestehen die GC-Daten aus den Retentionszeiten der verschiedenen Verbindungen des untersuchten Gemisches. Die Retentionszeiten werden vom Zeitpunkt der Injektion bis zum Peakmaximum gemessen und sind unter festgelegten Bedingungen (Säule, Temperatur-, Trägergas, Flußrate, usw.) für die jeweilige Verbindung recht charakteristisch. Bei geeigneter Ausrüstung erfolgt auch ein digitaler Ausdruck der Analysendaten (Abb. 2.4).

Die Anwesenheit einer Verbindung in einer Probe kann durch die Technik des Zumischens (Peakerhöhung) abgesichert werden, wenn die entsprechende Komponente rein zur Verfügung steht. Zu der Probe mit der vermuteten Substanz gibt man die reine Komponente zu und führt eine weitere Analyse durch. Vergrößert sich der entsprechende Peak auf Säulen zweier verschiedener Phasen unterschiedlicher Polarität, so ist die Verbindung in der Probe enthalten. Diese Identifizierungstechnik ist in der Abb. 2.12a und 2.12b gezeigt.

Quantitative Auswertung. Sowohl bei der GC wie auch bei der HPLC ist ein wichtiger Aspekt, daß die vom Detektor erhaltenen Daten quantitativ ausgewertet werden können, und deshalb - unter geeigneten Bedingungen - eine genaue quantitative Bestimmung erlauben (siehe auch Kap. 6). Als Meßgröße dient die Fläche unter einem Peak. Bei symmetrischen (Gauß-)Peaks kann auch die Peakhöhe als Maß herangezogen werden. Die Peakfläche/-höhe ist proportional zur Menge der vorliegenden Sub-

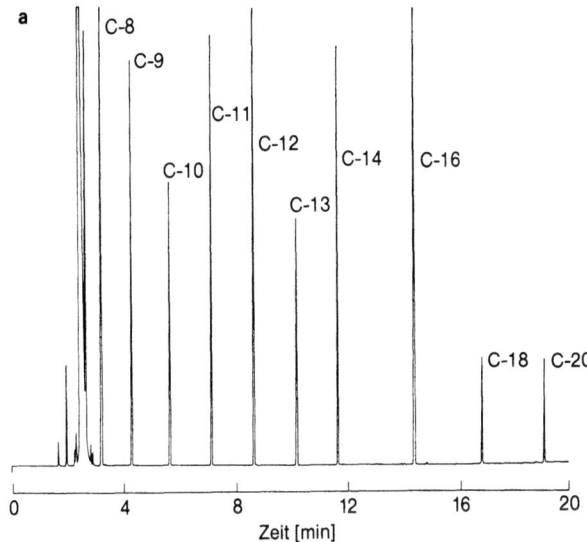

Abb. 2.12a. Chromatogramm einer fused-silica-Kapillarsäule, an der ein Gemisch von C5-C20-Kohlenwasserstoffen aufgetrennt wurde (siehe auch Abb. 2.6b). Die meisten Peaks sind einem bestimmten Kohlenwasserstoff zugeordnet

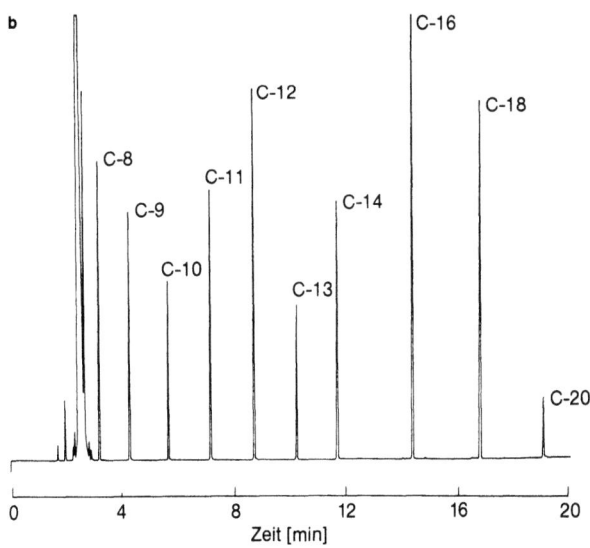

Abb. 2.12b. Chromatogramm wie in Abb. 2.12a. In der Analysenlösung wurde der C18-Kohlenwasserstoff aufgestockt; dabei wird ausschließlich der entsprechende Peak höher

stanz. Unter idealen Bedingungen lassen sich sehr hohe Genauigkeiten erhalten (Abweichungen unter 1%).

Bestimmung der Peakflächen. Die Integration der Peakflächen kann auf mehrere Arten durchgeführt werden. Die einfachste Methode ist das Ausschneiden der Peaks aus dem Schreiberpapier und die anschließende Wägung der Papierausschnitte auf einer analytischen Waage. Die so ermittelten Massen können direkt verwandt werden oder auch noch in Flächen umgerechnet werden. Weiter besteht die Möglichkeit, Flächen mit einem Planimeter zu bestimmen. Drittens kann die Bestimmung der Flächen auch elektronisch erfolgen. Viele GC-Geräte haben einen Integrator, der die Flächen durch Addieren des Schreiberausschlags in sehr kurzen aber gleichen Zeitintervallen bestimmt. Schließlich gibt es Integratoren, die die Analysendaten, wie in Abb. 2.4 und 2.13 gezeigt, ausdrucken.

Kalibrierung. Da die vom Detektor bestimmten Peakflächen nur proportional zur Probemenge sind, muß vor der analytischen Auswertung eine Kalibrierung erfolgen. Die genaue Eichung muß sich über den ganzen in Betracht kommenten Konzentrationsbereich des Detektors erstrecken (siehe dazu auch Tabelle 2.8).

RT	AREA	TYPE	AREA %	RT	AREA	TYPE	AREA %
0.32	4186810.00	8BV	95.988	0.48	5664020.00	8VB	96.966
0.58	61999.40	BB	1.421	1.81	62004.40	BV	1.061
0.77	6459.81	BV	0.148	2.14	396.93	VV	0.007
0.86	69.02	VB	0.002	2.83	6460.85	BV	0.111
1.08	65682.70	BV	1.506	4.07	66208.60	BV	1.133
1.20	757.11	VV	0.017	4.46	709.48	VB	0.012
1.57	3769.08	BV	0.086	5.33	3758.11	BB	0.064
1.85	407.29	VB	0.009	5.83	380.65	BB	0.007
2.35	22788.60	BB	0.522	6.56	22886.80	BB	0.392
5.62	10127.50	BV	0.232	8.20	76.09	PP	0.001
14.03	2918.42	BB	0.067	8.89	10121.90	BV	0.173
				9.22	395.12	VV	0.007
				9.84	76.45	BB	0.001
TOTAL AREA = 4361790.00				10.38	96.43	BV	0.002
MULTIPLIER = 1				11.02	3207.00	BV	0.055
				11.36	161.05	VV	0.003
				11.51	267.90	VB	0.005
				TOTAL AREA = 5841230.00			
				MULTIPLIER = 1			

Abb. 2.13. Computer-Integration eines isothermen (links) und eines temperaturprogrammierten (rechts) Chromatogramms der Alkohole aus Abb. 2.2a bzw. 2.2b. Die Unterschiede in den Integrationsdaten können mit den unterschiedlichen Mengen an Lösungsmittel zusammenhängen. RT steht für die Retentionszeit, Area für die Peakfläche

Die genaueste, aber auch aufwendigste Methode, ist die Erstellung einer Reihe von Proben mit bekanntem Gehalt. Diese Mischungen werden chromatographiert und die Peakflächen gegen den bekannten Gehalt des Stoffes in der Eichlösung aufgetragen. Mit den so erhaltenen Eichkurven ist sowohl die absolute wie auch die relative Konzentrationsbestimmung eines Stoffes möglich. Mit der Technik des Zumischens erhält man nicht so genaue Ergebnisse. Die Vergrößerung der Peakfläche wird durch die bekannte Menge an zugesetzter Substanz bewirkt, falls man noch im linearen Bereich des Detektors arbeitet. Die Methode ist auch unter dem Namen Interner Standard bekannt. Wird das System mit einer anderen als der zu bestimmenden Substanz kalibriert, so spricht man von einem externen Standard. Letztere liefert die ungenauesten Ergebnisse. Für den einfachsten Fall der Messung der prozentualen Zusammensetzung einer Mischung können auch Korrekturfaktoren eingeführt werden. Die Proben werden chromatographiert und in erster Näherung angenommen, daß die Peakflächen ein richtiges Maß für die relativen Mengenverhältnisse der Komponenten darstellen. Durch die chromatographische Untersuchung eines bekannten Testgemisches können dann Korrekturfaktoren ermittelt werden, die eine genauere Bestimmung zulassen.

Probleme. Das Hauptproblem in der quantitativen GC ergibt sich durch die Diskriminierung bestimmter Proben während der Injektion und der anschließenden Trennung der Substanzen. Dies kann durch unvollständige Verdampfung der Probe, durch Adsorption polarer Substanzen oder durch thermische Zersetzung bestimmter Moleküle im System verursacht werden. Eine weitere mögliche Ursache ist die Änderung der Eichkurven oder der Korrekturfaktoren, wenn zu den Proben noch weitere Stoffe hinzukommen (Matrixeffekt). Deshalb ist es notwendig, jede Kalibrierung und anschließende Analyse unter den exakt gleichen Bedingungen durchzuführen.

5 Spezielle Verfahren

5.1 Fraktionensammler

Oft ist es wünschenswert, einige Komponenten der aufgetrennten Probe in die Hand zu bekommen, um mit den gereinigten Verbindungen eine weitere Charakterisierung durchzuführen. Am einfachsten ist es einen WLD zu benutzen (dieser Detektor arbeitet zerstörungsfrei) und die Probe in einer Kühlfalle aufzufangen. Benutzt man jedoch einen FID oder ECD als Detektor, so ist es unumgänglich eine Splittvorrichtung einzubauen, so daß nur ein kleiner Teil der Probe durch den Detektor geht. Die Kühlfalle läßt sich entweder mit flüssigem Stickstoff, Eis oder Trockeneis auf die passende Temperatur bringen. Der Eluent sollte nur in dem Zeitfenster, in dem die gewünschte Komponente die Säule verläßt, durch die Kühlfalle geleitet werden. Zur Gewinnung größerer Substanzmengen kann dieses Verfahren auch mehrmals wiederholt werden.

5.2 Präparative GC

Die Trennleistung eines analytischen GC kann im Hinblick auf die gewinnbaren Mengen gesteigert werden. Dieses Verfahren ist aber nicht einfach. Die Kapazität eines GC kann auf zwei Wegen vergrößert werden: Einsatz einer Trennkolonne mit großem Querschnitt oder mehrfache Wiederholung der Trennung mit einer normalen oder nur etwas vergrößerten Säule. Der Einsatz eines nicht destruktiven Detektors oder eines destruktiven Detektors mit vorgeschaltetem Splitter ist obligatorisch.

Präparative Säulen. Dies ist logischerweise der erste Schritt zur Steigerung der Probenkapazität, denn größere Säulen enthalten mehr stationäre Phase, wodurch eine Trennung größerer Substanzmengen möglich wird. Säulen mit einem Querschnitt von 25 mm erlauben Trennungen, bei denen bis zu einem Gramm Reinsubstanz erhalten werden kann. Zur Aufrechterhaltung einer befriedigenden Flußrate sind sehr große Mengen an Trägergas notwendig. Natürlich sind Säulen mit solchen Dimensionen teuer und das einheitliche Packen ist nicht einfach.

Mehrfachtrennungen. Die Kapazität eines gegebenen Systems läßt sich durch die Trennung vieler kleiner Proben und dem Einsatz eines angeschlossenen Fraktionssammlers steigern. Einige Geräte (Varian Autoprep) injizieren die Proben in festgesetzten Zeitintervallen automatisch und das Detektorsignal steuert den Fraktionssammler.

Die Leistungsfähigkeit der präparativen GC wurde von Guiochon und Mitarbeitern [4] bei der Trennung der stereoisomeren 2,4-Diphenylpentane demonstriert. Eine gepackte Säule (40 cm Durchmesser und 150 cm Länge) wurde zur Trennung von 600 g der Probesubstanz benutzt. Die Proben wurden jeweils alle 100 sec injiziert. Als Trägergas war Wasserstoff (wurde im Kreislauf benutzt) mit einer Flußrate von 60 m^3/h im Einsatz. Insgesamt konnten pro Tag 500 kg getrennt werden.

5.3 Mehrdimensionale GC

Jede der zahlreichen chromatographischen Techniken (GC, LC, DC, HPLC usw.) hat ganz bestimmte Trenneigenschaften und Trennleistungen. Nutzt man diese spezifischen Fähigkeiten einer Methode in Verbindung mit einer anderen geeigneten Technik, so lassen sich auch schwierige Analysenprobleme lösen. In der GC benutzen die Anwender oft zwei in Serie geschaltete Säulen, die unterschiedliche stationäre Phasen enthalten. Eine auf der ersten Säule nur teilweise aufgetrennte Probe, läßt sich auf der zweiten Säule möglicherweise vollständig auflösen. Wesentlich ist dabei, daß die Verbindungen zwischen den Säulen möglichst kurz und vom gleichen Durchmesser wie die Trennkolonnen sein sollten, so daß kein zusätzliches Totvolumen zur Vergrößerung der Bandenverbreiterung oder zu Tailing führt.

5.4 Recycle GC

Mit einer geeigneten Anordnung von Schaltventilen und einer wirksamen Steuerung derselben ist es möglich, den Eluenten wieder im Kreislauf auf den Säulenkopf zu leiten. Dieses Säulenschalten läßt sich auch mit verschiedenen Säulen in einem oder mehreren Säulenöfen durchführen. Es ist auch möglich, nur bestimmte Fraktionen eines Chromatogramms herauszuschneiden um diese zu recyceln oder auf eine andere Säule zu transferieren.

5.5 Pyrolyse GC

Hochsiedende und hochschmelzende Verbindungen sowie Polymere (einschließlich der Biopolymere) können wegen ihrer zu geringen Flüchtigkeit nicht mit einer normalen GC untersucht werden. Werden diese Substanzen jedoch in kleinere, flüchtigere Bruchstücke abgebaut oder (thermisch) zersetzt, so können sie indirekt an Hand der auftretenden Fragmente identifiziert werden. Der kontrollierte thermische Ausbau von Festkörpern oder Flüssigkeiten und die dabei entstehenden Chromatogramme sind die Grundlage der Pyrolyse-GC.

Das Material, das pyrolysiert werden soll, wird entweder in ein Platinschiffchen oder auf einen Platindraht gebracht und mittels einer kommerziell erhältlichen speziellen Vorrichtung in den Einspritzblock eines gewöhnlichen GC's gebracht. Meist ist der GC mit einem FID ausgestattet. Die Probe wird sehr schnell im Trägergasstrom auf die Zersetzungstemperatur von 400–900 °C aufgeheizt, indem ein elektrischer Strom durch das Platin geleitet wird oder eine spezielle Aufheiztechnik angewandt wird. Die mobile Phase transportiert die Pyrolyseprodukte auf die Säule, wo dann das Chromatogramm in der herkömmlichen Weise entsteht. Die Temperatur, bei der die Pyrolyse durchgeführt wird, bewirkt verschiedene Zersetzungsgrade und -arten. Das ist deshalb wichtig, weil die richtige Temperatur für reproduzierbare Ergebnisse sehr wichtig ist.

Außerdem ist es möglich, die bei der Pyrolyse eines Polymeren entstehenden Fragmente mit der Struktur des Polymeren in Verbindung zu bringen. Die so entstehenden monomeren Verbindungen ergeben die gleichen Retentionszeiten, wenn sie auf herkömmliche Weise untersucht werden.

5.6 Gas-Chromatographie/Massenspektrometrie

Ein Massenspektrometer kann sehr kleine Substanzmengen analysieren und die Auswertung der Ergebnisse liefert enorm wichtige Daten zur Identität und zur Struktur organischer Verbindungen.

Wenn der Eluent eines GC direkt in ein MS eingeleitet wird, so kann man für jeden Peak des Chromatogramms ein Massenspektrogramm aufnehmen und so Strukturinformation erhalten. Wegen der niedrigen Flußraten und der kleinen Probemengen ist der Kapillar-Gaschromatograph am einfachsten mit einem Massenspektrometer zu koppeln.

Eine ausführliche Beschreibung dieser Kopplungsmethode würde über den Rahmen dieses Buches hinausgehen, aber die Möglichkeiten eines solchen Gerätes, wie dem Finngan-MAT 4500 (Abb. 2.14), sollten wenigstens angedeutet werden. Die Probe wird in der Probeaufgabe des GC injiziert und auf chromatographischem Weg aufgetrennt. In festgelegten Zeitabständen oder beim Maximum eines von der Säule eluierten Peaks wird automatisch ein Massenspektrum gemessen. Die Daten werden in einem Computer gespeichert. Auf Anfrage können dann die Analysendaten und die Integrale unter den Peaks wieder aus dem Computer abgerufen werden. Zweitens ist es möglich, von jeder Komponente ein Massenspektrum ausdrucken zu lassen. Solche Spektren dienen zur qualitativen Bestimmung der Verbindung oder als Informationsquelle zur Strukturaufklärung oder Molekulargewichtsbestimmung unbekannter Verbindungen. In den Datenbanken der angeschlossenen Computer sind schließlich auch noch die Massenspektren tausender bekannter Verbindungen gespeichert. Bei Bedarf vergleicht der Computer jedes der abgelegten

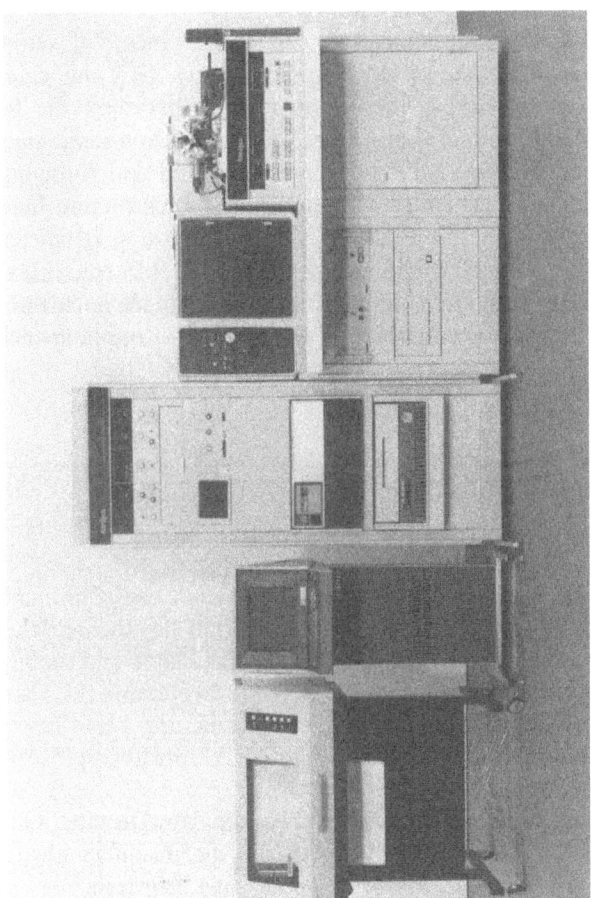

Abb. 2.14. Gaschromatograph mit angeschlossenem Massenspektrometer (Finnigan-MAT)

Spektren mit dem für einen bestimmten Peak erhaltenen Massenspektrum und kann so, falls ein entsprechendes Spektrum gespeichert ist, Strukturvorschläge ausgeben. Solche Geräte revolutionierten die Spurenanalyse, die Duftstoffanalyse und die Strukturaufklärung in der organischen Chemie. Allerdings sind diese Systeme sehr teuer und erfordern sehr gut ausgebildetes Bedienungspersonal.

5.7 Gas-Chromatographie/Infrarotspektroskopie

Auf die gleiche Art, wie sich als Detektor ein MS mit einem GC verbinden läßt, wurden auch Systeme zur Kopplung eines GCs mit einem Infrarotspektrometer entwickelt. Diese Technik wird aber durch die Tatsache erschwert, daß für die Messung eines Infrarotspektrums eine ziemlich große Probemenge zur Verfügung stehen muß, und daß Aufnahme eines kompletten Spektrums einige Minuten in Anspruch nimmt. Beide Probleme konnten jedoch mit Fouriertransform-Infrarotspektrometern (FTIR) gelöst werden. Die FTIR gibt genau wie die GC/MS Aufschlüsse über die molekularen Strukturen, liefert aber darüber hinaus noch Informationen über Strukturisomere, was bei der GC/MS-Kopplung nicht möglich ist.

6 Optimierung der Trennung

6.1 Hauptparameter

In Kap. 1 betrachteten wir ein idealisiertes oder theoretisches Chromatogramm und beschrieben, wie die Parameter „Anzahl der theoretischen Böden", „relative Mengenverhältnisse zwischen stationärer und mobiler Phase" und der Verteilungskoeffizient die Retentionsvolumina (LC) bzw. die Retentionszeiten (GC) und die Bandenverbreiterung beeinflussen. Eine gewisse Bandenverbreiterung ist in jedem chromatographischen System gegeben.

In diesem Zusammenhang betrachteten wir die Van-Deemter Gleichung (Gl. 2.1), die all die Faktoren beschreibt, die in einem idealen Chromatogramm zur Verbreiterung der Substanzzone beitragen.

$$H = A + \frac{B}{\bar{u}} + C\bar{u} \tag{2.1}$$

In dieser Gleichung ist H das Höhenäquivalent eines theoretischen Bodens, wobei kleine H-Werte wirksame Säulen charakterisieren. Die drei Koeffizienten bedeuten im Einzelnen: der A-Term, der die unerwünschte Diffusion durch Wirbelbildung in der stationären Phase beschreibt (Streudiffusion, Eddy-Diffusion), der B-Term, der die Verbreiterung der Substanzzone durch Diffusion wiedergibt (die dem chromatographischen Prozeß innewohnende Verbreiterung ist hier nicht gemeint) und der C-Term, der die Bandenverbreiterung durch die mehr oder weniger vollständige Gleichgewichtseinstellung beschreibt. Im wesentlichen werden diese drei Parameter von der Güte der Belegung und der Säulenpackung bestimmt. Gewöhnlich werden diese Faktoren durch den Einsatz feinverteilter Träger mit enger Größenverteilung und korrekter Belegung der stationären Phase zu günstigen Werten hin verschoben (bei Kapillarsäulen ist die vollständige Belegung, sowie die richtige Filmdicke entscheidend). Die ebenfalls in der Van-Deemter Gleichung vorkommende mittlere lineare Geschwindigkeit $\bar{u}$ hat ebenfalls einen direkten Einfluß auf den Diffusionsterm B und den Gleichgewichtsterm C. Unglücklicherweise ergibt sich gerade ein gegenläufiger Effekt, denn bei hoher linearer Geschwindigkeit wird der Diffusionsterm kleiner, dafür aber die Gleichgewichtseinstellung unvollständiger, was einen größeren C-Term zur Folge hat. Es gibt deshalb für jedes chromatographische System eine optimale lineare Geschwindigkeit, die durch Variation der Trägergasflußrate ermittelt werden muß.

6.2 Meßgrößen einer Trennung

Bis jetzt haben wir Trennungen in der GC nur durch die Retentionszeiten beschrieben, das ist diejenige Zeit, die eine Probe auf der Säule zurückgehalten wird. Diese Maßzahl ist von einer Reihe von Faktoren abhängig. Einige dieser Größen, wie z.B. die Art der mobilen- und stationären Phase sind vorgegeben. Andere Faktoren, wie die Dimensionen der Trennsäulen oder das Volumen der mobilen Phase, können herausgemittelt werden. Dies geschieht durch die Angabe des sogenannten k'-Wertes. In Gl. 2.2 ist t_r die beobachtete Retentionszeit und t_m die Retentionszeit einer Substanz, die in der stationären Phase nicht zurückgehalten wird.

$$k' = \frac{t_r - t_m}{t_m} \tag{2.2}$$

Benutzt man einen WLD als Detektor, so ist das meistens Luft. Der k'-Wert gibt die Eigenschaft jeder Probekomponente wieder, unabhängig von den Parametern (Säulendimensionen), unter denen die Messungen im speziellen Fall durchgeführt wurden. Das Kapazitätsverhältnis wird nur von den spezifischen Wechselwirkungen der Probe im chromatographischen System bestimmt. Die besten chromatographischen Ergebnisse erhält man für k'-Werte zwischen 2 und 5.

6.3 Optimierung einer gaschromatographischen Trennung

1. Höhere Säulentemperaturen.
Eine Temperatursteigerung um 30° halbiert die Analysenzeit (vermindert aber die Auflösung).
2. Verringerung der Menge an stationärer Phase.
Die Abnahme der Menge an stationärer Phase hängt nicht linear mit der Probendurchgangszeit zusammen, ist aber doch mit ihr verknüpft.
3. Steigerung des Gasstromes.
Der Fluß muß der optimalen linearen Geschwindigkeit entsprechen.
4. Temperaturprogrammierung.
Diese Technik wird nicht nur zur Verkürzung der Analysenzeit, sondern auch zur Verbesserung der Trennung (Peakschärfung) angewandt.
5. Säulenschalten.
Mit der multidimensionalen Chromatographie erreicht man bei niedrigeren Temperaturen oft sehr gute Trennungen.
6. Kapillarsäulen.
Trennungen, die mit gepackten Säulen einige Minuten dauern, sind mit Kapillarsäulen oft in wenigen Sekunden durchführbar.

Literatur

1. C. L. Stong, American Scientist, Juni (1966)
2. K. Grob, Jr., G. Grob und K. Grob, J. Chromatogr. *156*, 1 (1978)
3. R. J. Laub und J. H. Purnell, Anal. Chem. *48*, 799 (1976)
4. B. Roz, R. Bonmati, G. Hagenbach, P. Valentin und G. Guiochon J. Chromatog. Sci. *14*, 367 (1976)

Kapitel 3

Die Wahl des Phasensystems in der Flüssigkeits-Chromatographie

1 Einführung

In Kap. 1 haben wir die Haupttypen der Chromatographie und eine Zahl von chromatographischen Arbeitsweisen eingeführt und kurz beschrieben: DC, GC, HPLC etc. Wir haben auch diskutiert, welche Art von Information man aus der Chromatographie gewinnen kann: qualitative, quantitative oder präparative Ergebnisse. In Kap. 2 ist dann die Gas-Chromatographie ausführlicher behandelt worden. In diesem Kapitel wollen wir die verschiedenen Methoden und Überlegungen betrachten, die bei der Auswahl einer flüssigchromatographischen Methode (LC) zur Trennung eines Gemisches eine Rolle spielen.

In der Praxis ist es nicht einfach, für eine gegebene Trennaufgabe das ideale System auszuwählen. Soll man die Flüssig-Fest-Chromatographie (LSC) oder die Flüssig-Flüssig-Chromatographie (LLC) verwenden, die Normalphasen- oder die Umkehrphasen-Chromatographie? Welches Adsorbens oder welcher Träger sollte verwendet werden? Welches Lösungsmittel oder Eluentengemisch? Wann sollte man die GC verwenden? Teilweise Antworten auf diese Fragen liegen in der Literatur, in der Erfahrung, in der verfügbaren Ausrüstung und Fachkenntnis und im Verständnis einiger der grundlegenden Erscheinungen in der Chromatographie. Vollständige Antworten gibt es nicht. Der Rest dieses Kapitels wird sich mit dem Begriff der Polarität beschäftigen, der Entscheidung zwischen LSC und LLC und den grundlegenden Erscheinungen, die diesen Begriffen zugrunde liegen. Außerdem wird die Anpassung von LC-Systemen, die systematische Suche nach einer geeigneten Methode und ein Vergleich einiger Eigenheiten der verschiedenen LC-Techniken vorgestellt.

2 Polarität

Die Erscheinungen, die den meisten chromatographischen Techniken zugrunde liegen, sind, wie schon in Kap. 1 beschrieben, Löslichkeit, Adsorption und Flüchtigkeit (Abb. 1.1 und zugehörige Diskussion). Diese Erscheinungen ergeben sich aus der mehr oder weniger großen Neigung der Moleküle, sich aneinanderzulagern und läßt sich am besten über die Polarität der beteiligten Moleküle deuten. Im wesentlichen werden polare Moleküle dazu neigen, sich mit polaren zu assoziieren (sich gegenseitig zu lösen oder zu adsorbieren) und unpolare Moleküle ebenfalls mit gleichartigen (Gleiches löst sich in Gleichem).

In einem polaren Molekül ist der Schwerpunkt der Elektronendichte oder der negativen Ladung eine endliche Strecke vom Zentrum der positiven Ladung entfernt (wegen Elektronegativitätsunterschieden der Atome und wegen der Bindungswinkel). Das klassische Beispiel eines polaren Moleküls ist das Wasser (Abb. 3.1 a), in dem die Elektronen zum elektronegativen Sauerstoff hin verschoben sind, wodurch sich ein Dipolmoment ergibt (durch den Pfeil angedeutet). Moleküle mit derartigen Dipolmomenten werden einander anziehen wie positive und negative Ladungen. Methan dagegen (Abb. 3.1 b) ist ein völlig symmetrisches Molekül, in dem die Schwerpunkte der positiven und negativen Ladung zusammenfallen und das kein Dipolmoment besitzt und daher unpolar ist.

In der Chromatographie wird der Begriff Polarität ausgeweitet und umfaßt auch die Wasserstoffbrückenbindung (die eine hohe ‚Polarität' mit sich bringt) und die induzierte Polarität. Zum Beispiel hat Wasser ein Dipolmoment und kann Wasserstoffbrücken ausbilden. Dadurch wird es wesentlich polarer als Dimethylether (Abb. 3.1 c), der ein ähnliches Dipolmoment besitzt, aber nicht zur Bildung von Wasserstoffbrücken imstande ist. Es ist wohl bekannt, daß Wasserstoffbrücken für die starke

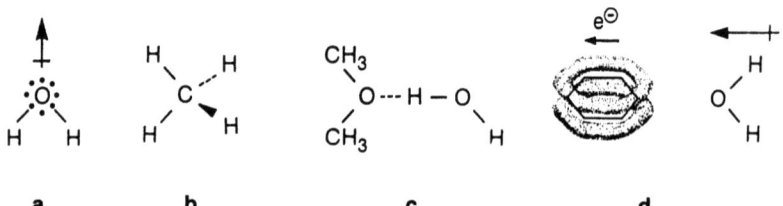

a   **b**   **c**   **d**

Abb. 3.1 a–d. Moleküle mit unterschiedlicher Art von Polarität: **a** Wasser ist ein Dipol, **b** Methan ist symmetrisch und unpolar, **c** Dimethylether mit Wasserstoffbrücke zu Wasser, **d** Benzol und Wasser: induzierte Polarisation

Anziehung zwischen Molekülen der gleichen Verbindung verantwortlich sind. Dagegen ist es nicht so ohne weiteres klar, daß auch die Fähigkeit von Molekülen zur Ausbildung von Wasserstoffbrücken zu einer Anziehung zwischen Molekülen verschiedener Substanzen führen kann. In Abb. 3.1 c wird als Beispiel eine Wasserstoffbrückenbindung zwischen Wasser und dem Sauerstoffatom von Dimethylether gezeigt, die zu einer deutlichen gegenseitigen Löslichkeit führt. So werden also Moleküle, die zur Ausbildung von Wasserstoffbrücken imstande sind, einander anziehen, und man nennt sie polar.

Die Erscheinung der induzierten Polarität ist nicht so leicht zu erklären und wird in Abb. 3.1 d veranschaulicht. Benzol ist ein vollkommen symmetrisches Molekül, das kein permanentes Dipolmoment besitzt und das daher völlig unpolar sein sollte. Man beobachtet aber, daß sich Benzol in Mischungen wie ein leicht polares Molekül verhält (es ist geringfügig löslich in Wasser). Diese Polarität ergibt sich durch einen Induktionsprozeß. In dem Maße, in dem sich das Wassermolekül an das Benzolmolekül annähert, wird die relativ lose gebundene π-Elektronenwolke aus ihrer Gleichgewichtslage gezogen oder gedrängt, so daß sich ein vorübergehendes oder induziertes Dipolmoment bildet.

Die relativen Polaritäten von Flüssigkeiten werden durch ihre Dielektrizitätskonstanten beschrieben, die unabhängig bestimmt werden können.

Obwohl die obige Diskussion im Hinblick auf Flüssigkeiten gegeben wurde, sollte man doch daran denken, daß die Gedankengänge sich ebensogut auch auf Festkörperoberflächen anwenden lassen. So können also Sorbentien in chromatographischen Systemen ebenfalls polar oder unpolar sein. Die zwei meistverwendeten Sorptionsmittel sind Kieselgel $(SiO_2)_x$ und Aluminiumoxid $(Al_2O_3)_x$, und sie sind sowohl wegen der polaren Sauerstoffatome als auch wegen der Hydroxylgruppen an der Oberfläche recht polar. So werden beide Sorbentien polare Moleküle stärker anziehen und binden als unpolare Moleküle. Aktivkohle, die als Sorbens für viele Anwendungen dient (verschiedene Entgiftungs- oder geruchsbindende Systeme) und die auch als Sorptionsmittel in der Chromatographie verwendet werden kann, ist ein Beispiel eines unpolaren Sorbens. Unpolare Moleküle werden also stärker von Aktivkohle angezogen als polare.

Die relative Polarität einiger gängiger Lösungsmittel gibt Tabelle 3.1 wieder. Dies ist die sogenannte eluotrope Reihe, die die Polarität so beschreibt, wie sie sich bei der Chromatographie an einem polaren Sorbens wie Kieselgel oder Aluminiumoxid darstellt. Im wesentlichen sind die Eluenten nach ihrer Fähigkeit gereiht, mit einer polaren Oberfläche

Tabelle 3.1. Eluotrope Reihe der Lösungsmittel

Kohlenwasserstoffe (*Petrolether,* Hexan, Heptan, ...)
Cyclohexan
Tetrachlorkohlenstoff
Benzol[a]
Toluol
Dichlormethan
Tetrahydrofuran
Chloroform
Diethylether
Ethylacetat
Aceton
n-Propanol
Ethanol
Acetonitril
Methanol
Wasser

---

[a] Benzol ist als carcinogen bekannt; man sollte also äußerst vorsichtig damit umgehen. Toluol ist etwas polarer als Benzol und nicht carcinogen.

um Probemoleküle zu konkurrieren. Die Lösungsmittel am unteren Ende der Liste sind recht polar und würden sich wohl erfolgreich mit der Oberfläche messen können und den gelösten Stoff leicht durch das System befördern. Die eluotrope Reihe ist an verschiedenen Sorptionsmitteln zwar nicht genau gleich, aber doch so weitgehend ähnlich, daß sie ein unschätzbares Hilfsmittel darstellt. In der Umkehrphasen-Chromatographie gilt dagegen annähernd die umgekehrte Reihenfolge.

Die Bezeichnung Polarität bezieht sich auch auf die Löslichkeitseffekte, die der Flüssig-Flüssig-Chromatographie und einigen der in der GC verwendeten flüssigen Phasen zugrunde liegen. In diesem Fall wird ‚Gleiches zieht Gleiches an' zu ‚Gleiches löst Gleiches'; polare Lösungsmittel lösen polare Stoffe besser und umgekehrt.

Im allgemeinen nimmt die Polarität organischer Verbindungen mit der Zahl der funktionellen Gruppen zu und nimmt mit zunehmender Zahl an Kohlenstoffatomen ab. Eine interessante Ausnahme dieser allgemeinen Tendenz ist die Polarität der verschiedenen Perfluor-Kohlenwasserstoffe (CF_4, C_2F_6, C_3F_8, ...), die weniger polar sind als die entsprechenden Kohlenwasserstoffe. Die Polarität wird auch verwendet, um die Eigenschaften von Molekülen zu beschreiben, die echte positive und negative Ladungen enthalten. So werden also Salze von Säuren und Basen und die Aminosäuren (in ihrer zwitterionischen Form) als sehr polare Moleküle betrachtet.

3 Flüssig-Fest oder Flüssig-Flüssig?

Bei den verschiedenen Techniken oder Betriebsarten der LC handelt es sich entweder um LSC oder LLC, je nachdem, ob die stationäre Phase ein Festkörper oder eine Flüssigkeit ist. Die Papier-Chromatographie ist immer LLC; bei der Dünnschicht- und Säulen-Chromatographie arbeitet man gewöhnlich mit LSC; und die HPLC kann auf beide Arten betrieben werden.

Die Wahl zwischen LSC und LLC wird von drei Faktoren abhängen: welche der beiden Methoden experimentell einfacher ist; welchen Zweck und welche Aufgabe die Chromatographie erfüllen soll; und vor allem, welche Substanzklassen getrennt werden sollen.

LLC-Trennungen[1] beruhen auf der unterschiedlich großen Löslichkeit in zwei Flüssigkeiten und reagieren recht empfindlich auf kleine Unterschiede im Molekulargewicht der zu trennenden gelösten Stoffe. Deshalb werden die Glieder einer homologen Reihe im allgemeinen am besten mit einer LLC-Methode getrennt, vor allem jene Glieder, die mehr als vier oder fünf Kohlenstoffatome enthalten.

LSC-Trennungen dagegen sind recht empfindlich auf die räumliche Anordnung der Probemoleküle. In welchem Ausmaß ein Probemolekül mit der Adsorbens-Oberfläche in Wechselwirkung treten kann, wird von seiner Konfiguration abhängen und wird dadurch seine Retention im Vergleich zu anderen Probebestandteilen bestimmen. Die Trennung in der LSC hängt auch von der Fähigkeit einer Probe ab, Wasserstoffbrückenbindungen zur Oberfläche des Adsorbens auszubilden. Zusammengefaßt kann man sagen, daß die LSC wohl am besten für ähnliche Moleküle mit geringfügig unterschiedlicher äußerer Form geeignet ist, für Moleküle mit unterschiedlicher Anzahl an elektronegativen Atomen wie Sauerstoff oder Stickstoff und für Moleküle mit verschiedenen funktionellen Gruppen.

In der Vergangenheit war die LSC experimentell einfacher als die LLC. Die Einführung der gebundenen Phasen in der HPLC hat diese Technik dagegen wesentlich einfacher gemacht. In der LSC ist in erster

---

[1] Hier behandeln die Autoren auch die Chromatographie an unpolaren chemisch gebundenen stationären Phasen (Umkehrphasen, RP) als eine Art von Verteilungs-Chromatographie oder LLC. Diese Bezeichnung wird heute meist nur für solche Methoden verwendet, bei denen man es mit zwei „Bulk"-Phasen zu tun hat wie bei der Papier-Chromatographie. Bei den gebundenen Phasen dagegen handelt es sich um eine monomere Schicht auf der Oberfläche. Dennoch lassen sich in der Umkehrphasen-Chromatographie oft die gleichen Gesetzmäßigkeiten anwenden wie in der LLC. (Anm. der Übersetzer)

Näherung die Oberfläche des Adsorbens unveränderlich und die Eluenten werden über die eluotrope Reihe variiert (Tabelle 3.1), wenn man ein Lösungsmittel mit geeigneter Polarität für die gewünschte Trennung sucht. In der LLC kann man keine der beiden Phasen bei konstanter Polarität halten und es ist schwieriger, systematisch vorzugehen. Trotzdem erlaubt die HPLC in Verbindung mit der Gradientelution und einer gebundenen stationären Phase eine besser kontrollierte Abstufung der Polarität.

Die LSC kann für die Trennung von größeren Probemengen verwendet werden als die LLC. Gewöhnlich kann die sorptive Oberfläche der hochporösen Adsorbens-Teilchen eine größere Menge an Probe aufnehmen als die eher beschränkte Menge an stationärer Phase in einem LLC-System.

Die LSC, insbesondere in der Säulen-Chromatographie, kann zur Trennung von Proben verwendet werden, die Komponenten mit stark unterschiedlicher Polarität enthalten. Theoretisch und praktisch kann man eine Probe auf ein Adsorbens aufbringen und die Probe mit Hilfe von Lösungsmittelgemischen dem gesamten Polaritätsbereich der eluotropen Reihe aussetzen. Die LLC dagegen wird am besten auf Gemische einigermaßen ähnlicher Probekomponenten angewendet. Die Umkehrphasen-Chromatographie kann sich der Gradientelution bedienen, ist aber von den Eluenten her Beschränkungen ausgesetzt, die es in der LSC nicht gibt. Es ist durchaus üblich, Vorfraktionierungen roher Substanzgemische im großen Maßstab mit einer LSC-Methode durchzuführen, bei der die Polarität der Eluenten einen weiten Bereich überstreicht, und dann diese rohen Fraktionen zur endgültigen Trennung der LLC zu unterwerfen. Zum Schluß ist noch anzumerken, daß die LLC im allgemeinen eine höhere Auflösung besitzt als die LSC und unter geeigneten Bedingungen sich besser für eine quantitativ-analytische Auswertung eignet.

Man könnte nun annehmen, daß jedes Gemisch mit der LSC zu trennen wäre, wenn man nur ein Lösungsmittel oder eine Mischung von Lösungsmitteln mit der passenden Polarität fände. Dies ist leider nicht ganz wahr. Wenn die Probesubstanzen polar sind und stark an der Oberfläche adsorbiert werden, muß man stark polare Eluenten verwenden, um sie auszuwaschen. Oft werden nun diese hochpolaren Eluenten kleine Unterschiede zwischen den Probekomponenten überdecken und keine Trennung zustande bringen. Als allgemeine Regel kann man sagen, daß hochpolare Stoffe wie Kohlenhydrate, Aminosäuren und Nucleotide mit LLC getrennt werden und vergleichsweise weniger polare Moleküle wie mono- oder difunktionelle organische Verbindungen mit LSC. Wenn

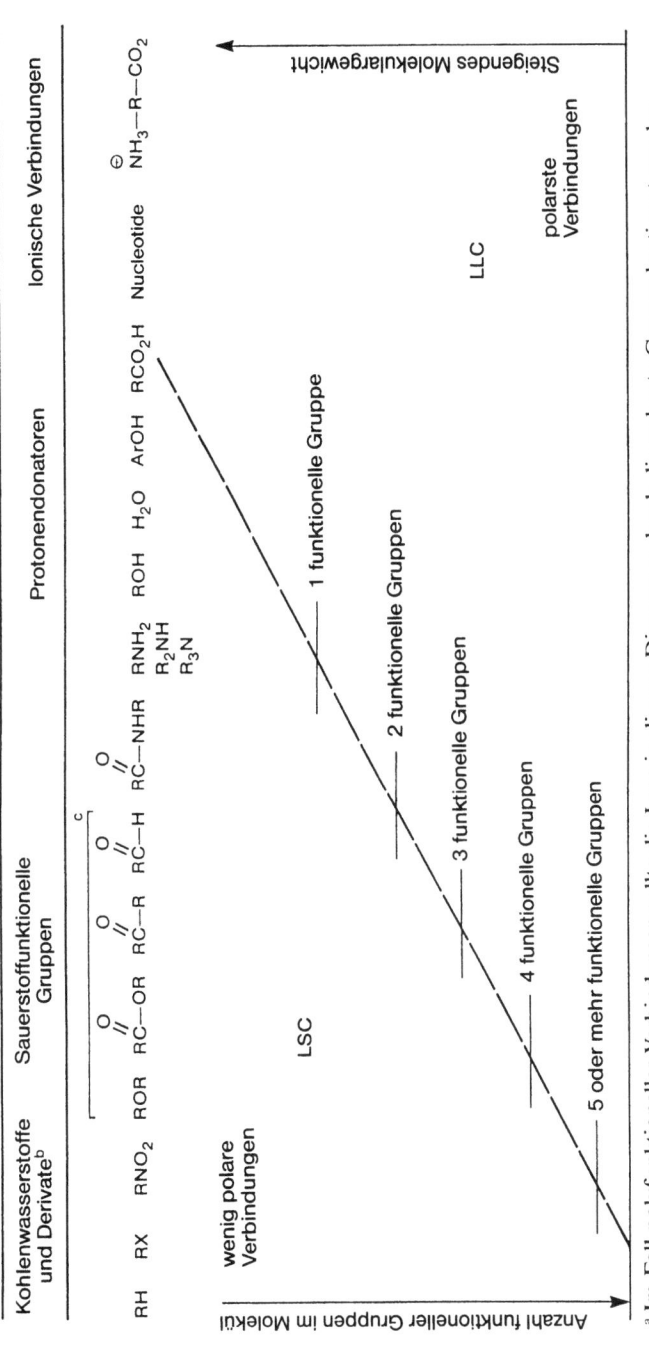

Abb. 3.2. Vergleich Flüssig-Fest-(Adsorptions-) mit Flüssig-Flüssig-(Verteilungs-)Chromatographie

[a] Im Fall polyfunktioneller Verbindungen sollte die Lage in diesem Diagramm durch die polarste Gruppe bestimmt werden.
[b] Doppelbindungen sollten als funktionelle Gruppen aufgefaßt werden, wobei allerdings eine Doppelbindung die Polarität nicht so stark wie eine funktionelle Gruppe erhöht. Aromatische Ringe erhöhen ebenfalls die Polarität, und zwar um mehr als drei Doppelbindungen.
[c] Ester, Ketone und Aldehyde besitzen ähnliche Polarität

man bedenkt, daß die Polarität von der Art und Anzahl von funktionellen Gruppen abhängt, kann man das Diagramm Abb. 3.2 aufstellen, das bei der Auswahl eines Systems helfen kann.

In Abb. 3.2 nimmt die Polarität von links nach rechts zu, vor allem wegen zunehmender Dipolmomente in den beteiligten funktionellen Gruppen und ihrer zunehmenden Fähigkeit, Wasserstoffbrückenbindungen auszubilden. Von oben nach unten nimmt die Polarität entsprechend der Zahl der funktionellen Gruppen zu. So findet man die polarsten Verbindungen (die der LLC am besten zugänglich sind) in der rechten unteren Ecke des Diagramms und die am wenigsten polaren (am besten geeignet für die LSC) in der linken oberen Ecke. Eine gestrichelte Linie diagonal von der linken unteren zur rechten oberen Ecke teilt das Diagramm in jene Verbindungen, die mit jeweils einer der Methoden getrennt werden sollten. Es fällt auf, daß die Linie links unter den Kohlenwasserstoffen beginnt und rechts oberhalb der Aminosäuren und Nucleotide endet. Dies würde bedeuten, daß man Aminosäuren und Nucleotide immer mit LLC trennen sollte und Kohlenwasserstoffe mit LSC. Während das erstere wahr ist, stellen die Kohlenwasserstoffe einen Sonderfall dar. Gesättigte aliphatische Kohlenwasserstoffe sind so unpolar, daß sie an den typischen polaren Sorptionsmitteln nicht gebunden werden und keine Trennung möglich ist. Sie werden am besten gaschromatographisch anhand ihrer Flüchtigkeit getrennt.

Tatsächlich gibt es eine große Anzahl an Verbindungen, für die – abhängig von anderen Faktoren – beide Methoden verwendet werden können. Auch ist es nicht immer ganz klar, ob es sich bei einem gegebenen Experiment um LSC oder LLC oder eine Mischung beider handelt. Die zunehmende Verwendung der Verteilungs-Chromatographie an gebundenen Umkehrphasen bietet der Flüssigkeits-Chromatographie eine weitere Variationsmöglichkeit.

4 Flüssig-Fest-Chromatographie

4.1 Trennprinzip

Zwei Eigenschaften der Probemoleküle treten bei der LSC in Konkurrenz: die Adsorption der Substanzen, die sie an der Adsorbensoberfläche festhalten will, und ihre Löslichkeit, der zufolge sie sich in der mobilen Phase gelöst durch die Packung bewegen und aufgetrennt werden. Die Faktoren, die diese beiden Eigenschaften bestimmen, sind in Kap. 3.2 zusammengefaßt worden. Bei der Chromatographie von Säuren und

Basen spielen zusätzlich zur polaren oder unpolaren Wechselwirkung oft auch noch ionische Kräfte eine Rolle. Von den Sorptionsmitteln, die in diesem Buch näher behandelt werden, ist eines (Kieselgel) verhältnismäßig sauer und das andere (Aluminiumoxid) relativ basisch, zumindest in ihrer unmodifizierten Form. Wenn Säuren auf Aluminiumoxid chromatographiert werden, dann werden sie durch ionische Kräfte fest an die Oberfläche gebunden und nur schlecht eluiert und aufgetrennt. Das gleiche gilt für Basen an Kieselgel. So sollte man Basen besser an Aluminiumoxid und Säuren (und Phenole) an Kieselgel chromatographieren, zumindest im ersten Versuch.

Tatsächlich gibt es zwei Erscheinungen, die auftreten können, wenn in einem Chromatogramm eine Probe sich mit der mobilen Phase bewegt. Die erste ist, wie schon oben ausführlich behandelt, die Neigung einer Probe, sich im Eluenten zu lösen und mit ihm zu wandern. In diesem Fall sollte der ideale Eluent die Probesubstanzen lösen und als Lösungsmittel gerade stark genug sein, um mit der adsorbierenden Kraft des Sorbens konkurrieren zu können. Dieser Fall wird dann vorherrschen, wenn aprotische Lösungsmittel wie Kohlenwasserstoffe, Ether und Carbonylverbindungen als Eluenten verwendet werden.

Die zweite Erscheinung, die mit der Wanderung der Proben im Chromatogramm zu tun hat, ist die Verdrängung. Die Lösungsmittelmoleküle neigen dazu, mit Probemolekülen um Adsorptionsstellen an der Oberfläche zu konkurrieren und sie von diesen Plätzen zu verdrängen und weiterzubewegen. Die Art Chromatographie, die auf diesem Modell beruht, nennt man Verdrängungsanalyse, und die verdrängenden Moleküle können Eluentenmoleküle sein oder auch von einem anderen Reagens stammen, das eigens im Eluenten gelöst worden ist, um die ursprüngliche Probe zu verdrängen. Die Einführung protischer Eluenten wie Alkohole oder Amine führt mit ziemlicher Sicherheit zu einer Art Verdrängung.

Die Abgrenzung zwischen diesen beiden Erscheinungen ist recht unscharf. Die meisten Trennungen kann man ausführen und verstehen, wenn man annimmt, daß nur Elutions-Chromatographie stattfindet und daß die protischen Eluenten lediglich sehr polar sind.

Eine der wesentlichen Eigenschaften einer Adsorbens-Oberfläche ist ihre Aktivitätsstufe. Bei den gewöhnlichen nichtaktivierten Sorbentien ist die Oberfläche vollständig mit Wasser belegt. Das heißt, die oben erwähnten Adsorptionsstellen werden alle von sehr polaren und über Wasserstoffbrücken gebundenen Wassermolekülen eingenommen. Manche von ihnen müssen durch Erhitzen oder Aktivierung entfernt werden, im allgemeinen bei 100 bis 110 °C, um ein aktiviertes Sorptionsmittel zu erhalten, an dem man chromatographieren kann.

4.2 Praktische Durchführung - LSC

Den Ablauf der LSC kann man beeinflussen, indem man die Art der Adsorbens-Oberfläche oder die Polarität der Eluenten ändert. Die Variation des Eluenten ist viel einfacher und wird im allgemeinen angewendet.

Obwohl die Veränderung des Eluenten einfacher ist, bietet die Art des Sorbens doch eine wesentliche Variationsmöglichkeit. Wie oben festgestellt sollte man saure Proben an Kieselgel und basische an Aluminiumoxid trennen. Neutrale Proben können an beiden getrennt werden, aber oft wird eins von beiden bessere Trennungen ergeben. Kieselgel wird in der Dünnschicht-Chromatographie bevorzugt verwendet, während das klassische Material für die Säulen-Chromatographie das Aluminiumoxid ist. Nach dieser ersten Festlegung können die Eigenschaften der Sorptionsmittel weiter variiert werden. Aluminiumoxid kann in etlichen Aktivitätsstufen und mehr oder weniger stark basisch oder auch sauer hergestellt werden. Dies tut man oft beim Arbeiten mit Säulen, und es wird noch ausführlicher in Kap. 5 behandelt werden. Kieselgel kann auf ähnliche Art vielfältig modifiziert werden, um die Trennung zu verbessern. Diese Methoden sind in der DC hoch entwickelt worden, und sie werden im einzelnen in Kap. 4 betrachtet werden. Die mobile Phase wird hauptsächlich dadurch variiert, daß man verschiedene Eluenten verwendet und sie mischt, bis die Polarität der jeweiligen Trennung angemessen ist, wobei man sich im allgemeinen durch die eluotrope Reihe (Tabelle 3.1) leiten läßt. Die Anwendung der eluotropen Reihe ist nicht ganz einfach. Gewisse Lösungsmittel oder Gemische scheinen besondere Eigenschaften für die Trennung bestimmter Proben zu besitzen. Zum Beispiel kann man eine Mischung von Toluol und Diethylether herstellen, die die gleiche Polarität wie Chloroform besitzt (Tabelle 3.1), findet dann aber mit Chloroform eine bessere Trennung. In solchen Fällen helfen nur Empirie, Erfahrung und Glück.

Drei Faktoren sollte man unbedingt im Auge behalten, wenn man Lösungsmittelgemische herstellt. Der erste ist, daß man nur Lösungsmittel ähnlicher Polarität mischen sollte. Zum Beispiel wäre es nach Tabelle 3.1 auf nahezu unendlich viele Arten möglich, Gemische mit der gleichen Polarität wie Chloroform herzustellen. Man könnte Cyclohexan mit Aceton mischen oder Tetrachlorkohlenstoff mit Ethylacetat und so weiter. Am besten aber wird es sein, Tetrahydrofuran oder Dichlormethan mit Diethylether zu mischen, da diese Lösungsmittel sich in ihrer Polarität nicht allzu weit voneinander unterscheiden. Wenn die reinen Lösungsmittel stark unterschiedliche Polaritäten besitzen, dann werden winzige Unterschiede in der Zusammensetzung der Mischung große

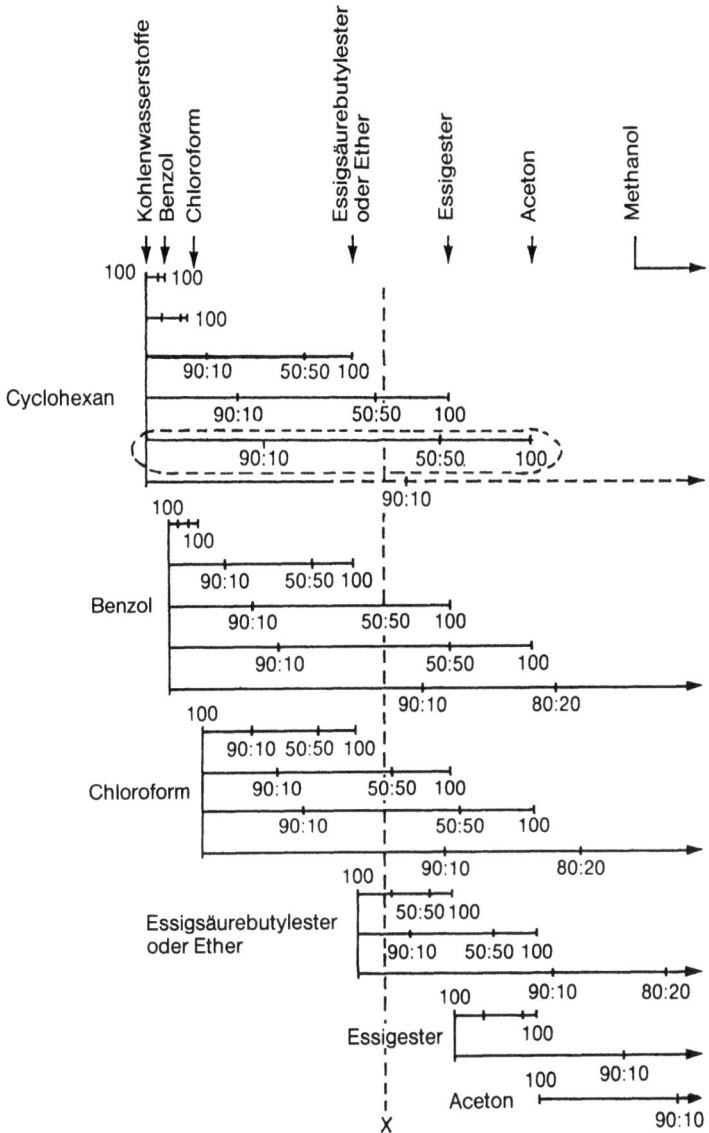

Abb. 3.3. Lösungsmittel und ihre binären Gemische, angeordnet nach einer äqui-eluotropen Reihe auf der Grundlage der mittleren R_f-Werte von 20 Steroiden. Senkrechte Linien wie die gestrichelte Linie x verbinden Lösungsmittelgemische gleicher Fähigkeit, Proben in einem LSC-System zu bewegen. Die strichliert umrandete Fläche zeigt die unterschiedliche Polarität bei der Mischung von Eluenten. Reines Methanol liegt irgendwo rechts außerhalb der Abbildung. (Nach Werten von Neher [1])

Unterschiede in der Polarität hervorrufen und es können sogar verschiedene chromatographische Mechanismen (Elution oder Verdrängung) auftreten.

Der zweite Faktor, an den man denken sollte, ist, daß die Polarität eines Gemisches nicht linear von der Zusammensetzung abhängt, sondern eher eine logarithmische Funktion ist. So wird die erste winzige Zugabe von Diethylether zu Toluol die Polarität deutlich verändern, während der Unterschied zwischen einer 50- und einer 60prozentigen Mischung recht gering ist. Die Polaritäten, die man durch das Mischen von Lösungsmitteln erhält, zeigt Abb. 3.3 besonders anschaulich. Man sieht zum Beispiel, daß eine Lösung von 10% Aceton in Cyclohexan beinahe halb so polar ist wie eine 50prozentige Mischung (siehe das gestrichelt umrandete Gebiet in Abb. 3.3). Die Daten in Abb. 3.3 haben Neher und von Arx [1] aus den R_f-Werten von 20 Steroiden an Kieselgel bestimmt. Die Polarität nimmt von links nach rechts in der Abbildung zu und jede vertikale Linie (wie etwa die gestrichelte Linie) verbindet Gemische ähnlicher Polarität.

Zum Schluß soll noch angemerkt werden, daß man bei manchen Anwendungen einen Gradienten zwischen zwei Lösungsmitteln gebrauchen kann. Man beginnt die Elution mit einem reinen Eluenten und mischt allmählich während des Chromatogramms den zweiten dazu, so daß die Polarität stetig zunimmt (Gradientelution). Dies wird ausführlich in den Kap. 5 und 6 behandelt.

5 Flüssig-Flüssig-Chromatographie

5.1 Trennprinzip

Bei der LLC sind die beiden konkurrierenden Erscheinungen die Löslichkeit der Probe in zwei flüssigen Phasen, die nicht miteinander mischbar sind. Aus dieser mangelnden gegenseitigen Löslichkeit folgt, daß die eine Phase wesentlich polarer sein muß als die andere. Beides können reine Flüssigkeiten oder Gemische aus verschiedensten Komponenten sein.

Die allgemeinen Gesichtspunkte der Löslichkeit sind in Kap. 3.2 im Zusammenhang mit der Polarität und in Kap. 3.4 über LSC betrachtet worden. Wie in Kap. 1 beschrieben, kann man das Ausmaß, zu dem sich eine Probe in zwei Flüssigkeiten löst oder zwischen ihnen verteilt, durch Ausschütteln in einem Scheidetrichter bestimmen. Durch solche Messungen gelangt man zum Verteilungskoeffizienten. Theoretisch sind alle

Substanzen voneinander zu trennen, die unterschiedliche Verteilungskoeffizienten haben. Jene Proben, die sich besser in der stationären Flüssigkeit lösen, bewegen sich langsamer durch das chromatographische System und jene, die sich besser in der mobilen Phase lösen, schneller.

Theoretisch läßt sich ein LLC-System einfacher als ein LSC-System beschreiben. Größere experimentelle Schwierigkeiten ergeben sich dann allerdings aus der Bedingung, daß die flüssige stationäre Phase fest auf irgendeinem Träger haftet, während die mobile Phase darüberströmt. In der Vergangenheit hat man dies hauptsächlich dadurch erreicht, daß die mobile Phase vor der Verwendung zur Chromatographie sorgfältig mit der stationären Trennflüssigkeit gesättigt wurde. Wenn die mobile Phase derart gesättigt ist, wird sie nicht die stationäre Flüssigkeit auflösen und entfernen. Dies erreicht man, indem man die beiden Phasen zusammen in einem Scheidetrichter schüttelt. In jüngerer Zeit löst man dieses Problem, indem man flüssige Phasen verwendet, die chemisch an einen Träger gebunden sind, die sogenannten gebundenen Phasen. Diese wurden vor allem für die HPLC entwickelt und werden in Kap. 6 diskutiert. Sie sind aber auch in allen Arten von LC und GC verwendet worden. Da man leicht die Löslichkeit einer Probe in der relativ geringen vorhandenen Menge (zumindest verglichen mit der mobilen Phase) an stationärer Phase überschreiten kann, besitzt die LLC eine geringere Kapazität als die LSC.

5.2 Praktische Durchführung – LLC

Ein LLC-System kann man beeinflussen, indem man die Art beider flüssigen Phasen verändert, im allgemeinen durch Zusatz anderer Lösungsmittel oder Komponenten. In den meisten Fällen ist die mobile Phase unpolar und die stationäre flüssige Phase polar (z. B. Wasser). Die Löslichkeit mancher Proben in Wasser kann man verändern, indem man Salze zusetzt (Aussalzeffekt), Puffer, um Säuren oder Basen zu lösen oder auszufällen, Komplexbildner, um speziell eine bestimmte funktionelle Gruppe oder Substanzklasse löslich zu machen, oder ein mischbares organisches Lösungsmittel. Die weniger polare Komponente der flüssigen stationären Phase in einem LLC-System ist gewöhnlich Methanol, kann aber auch jede andere organische Verbindung sein wie Acetonitril, Tetrahydrofuran, Diethylether oder n-Butanol, die eine beschränkte Löslichkeit in der mobilen Phase haben. Die Fähigkeit dieser organischen stationären Phasen, Probekomponenten zu lösen, kann man verändern, indem man mehr oder weniger polare Flüssigkeiten oder organische Säuren oder Basen zusetzt.

Das Problem ist aber kaum je so einfach, da die zwei Flüssigkeiten in Berührung und ins Gleichgewicht miteinander kommen müssen. So wird jeder Zusatz zur mobilen Phase, der deren Lösungseigenschaften beeinflussen soll, sich zwischen beiden Phasen verteilen und die Eigenschaften beider verändern. Nehmen wir zum Beispiel an, daß man mit einem Wasser-Toluol-System beginnt. Um die Fähigkeit des Toluols zu erhöhen, polare Proben zu lösen, setzt man Ethanol zu. Das Ethanol wird aber nicht vollständig im Toluol bleiben, sondern teilweise in die wäßrige Phase übergehen, so daß die Eigenschaften sowohl der Toluol- als auch der Wasser-Phase verändert werden. Dies steht im deutlichen Gegensatz zu einem LSC-System, bei dem man die Adsorbensoberfläche einigermaßen unveränderlich halten kann, während man die Polarität der mobilen Phase variiert.

6 Andere Gesichtspunkte bei der Auswahl eines LC-Systems

In den vorangehenden Abschnitten haben wir versucht, die Modellvorstellungen zu erklären, die den zwei wesentlichen Typen der Chromatographie zugrunde liegen und die einem helfen, sich folgerichtig für das System zu entscheiden, das man für eine bestimmte Trennung braucht. So eine Entscheidung trifft man allerdings selten im luftleeren Raum, sondern es spielen noch viele andere Faktoren eine Rolle. Einige davon sind, welche Art von Information oder Ergebnis man wünscht (qualitativ, quantitativ, präparativ), das Geld und die verfügbare Ausrüstung und, zu einem wesentlichen Teil, die vorhandene Erfahrung und Fachkenntnis.

Wir haben versucht, einige dieser vielen Faktoren für die verschiedenen Techniken miteinander zu vergleichen. Diese Verallgemeinerungen sind in Tabelle 3.2 angegeben. Sie spiegelt unsere Erfahrung und Meinung wider, die sich wesentlich von der anderer Leute unterscheiden mag.

7 Die Wahl der speziellen Trennbedingungen

Die Suche nach spezifischen Sorptionsmitteln, Eluenten oder gebundenen Phasen für eine bestimmte Technik und insbesondere nach der geeigneten Eluentenzusammensetzung nennt man manchmal ‚Scouting'. Im Idealfall müßte man bei einer derartigen ‚Erkundung' imstande sein,

Tabelle 3.2. Vergleich der chromatographischen Grundtechniken

Chromatographie-Typ	Dünnschicht-	Papier-	Säulen-Chrom.	HPLC	GC
	meist LSC	LLC	meist LSC	LLC und LSC	meist GLC
Probemenge	1 µg–1 g	1–10 µg	1–25 g	10 µg–10 g	1–50 µg
geringste nachweisbare Probemenge	0.001 µg	0.001 µg	(präparativ)	10^{-7} µg	10^{-9} µg
theoretische Böden pro Meter (ca.)	wenige	viele	wenige	75000	4000
mobile Phasen	beliebig (Gemische)	beliebig (Gemische)	beliebig (Gradient)	beliebig (Gradient)	wenige
stationäre Phasen	~5	beliebig	~5	~5–10	viele
Anwendung:					
qualitativ	gut	gut	mäßig	gut	gut
quantitativ	mäßig (5–10%)	mäßig (5–10%)	schlecht	gut (0.01%)	gut (0.01%)
präparativ	brauchbar	schlecht	gut	gut	mäßig
Probekomponenten	2–10	2–10	2–20	2–100	2–1000
experimenteller Aufwand	gering	gering	mäßig	hoch	hoch
Kosten der Ausrüstung (DM)	billig (~300)	billig (~150)	mäßig (300–1500)	teuer (10000–75000)	teuer (10000–75000)
Einarbeitungszeit	1–3 Tage	1–3 Tage	1–2 Monate	2–3 Monate	2–3 Monate
Dauer einer Trennung	30 min	5–15 h	3 h–einige Tage	2–200 min	2–200 min
Probenvorreinigung	keine	teilweise notwendig	keine	meist empfohlen	meist empfohlen
Detektion	visuell	visuell	visuell	instrumentell	instrumentell
Automation	nein	nein	schwierig	verbreitet	verbreitet
Reproduzierbarkeit	brauchbar	gut	brauchbar	gut	hervorragend

mehrere Systeme entweder gleichzeitig oder innerhalb kurzer Zeit bei geringstem Verbrauch an Sorbentien und Lösungsmitteln zu untersuchen. Offensichtlich ist die beste Methode für solche Voruntersuchungen für die LSC oder LLC von nichtflüchtigen aber löslichen Proben die Dünnschicht-Chromatographie. Jeder einzelne Versuch beansprucht nur wenige Minuten, und man kann mehrere DC-Trennungen gleichzeitig in verschiedenen Kammern durchführen. Die Extrapolation dünnschichtchromatographischer Ergebnisse auf die Säulen-Chromatographie und HPLC ist in der Theorie zwar einfach, nicht aber in der Praxis. Dennoch ist es möglich und wird in Kap. 4 diskutiert werden.

Bisher sind wir davon ausgegangen, daß man mit einem Probegemisch zu tun hat, dessen allgemeine Eigenschaften wohl bekannt sein mögen, dessen chromatographisches Verhalten aber nicht veröffentlicht worden ist. In Wirklichkeit sind viele Tausende von chromatographischen Trennungen in der chemischen und biochemischen Literatur beschrieben worden und viele von ihnen sind in den in der Bibliographie angegebenen Veröffentlichungen zitiert. Wenn solche Quellen zur Verfügung stehen, dann tut man gut daran, sie zu überprüfen, bevor man sich an eigene Experimente macht. Wenn die Komponenten der Mischung unbekannt sind oder wenn die Methode der Wahl die LSC ist, dann ist ein geeignetes System oft experimentell ebenso leicht zu finden wie durch Nachschlagen. Im Gegensatz dazu ist es bei LLC-Systemen gut, die Literatur sorgfältig durchzusehen, da es im allgemeinen nicht einfach ist, solche Systeme experimentell aufzubauen. In der HPLC an gebundenen Phasen dagegen gibt oft schon ein Lösungsmittelgradient von 0–100% Methanol in Wasser einen Hinweis auf das für die gesamte Trennung geeignete Gemisch. Die ausführliche Literatur über Papier-Chromatographie ist besonders nützlich als Hintergrundinformation über LLC-Systeme.

7.1 Vorversuche für die Adsorptions-Chromatographie

Die folgende Anleitung soll einen experimentellen Zugang zu diesem Problem geben. Sie beginnt mit den Lösungsmittelgemischen in Tabelle 3.3.

Anleitung: Man legt sich eine Reihe von Dünnschichtplatten mit dem gewünschten Sorptionsmittel bereit (im allgemeinen Kieselgel oder Aluminiumoxid). Die Anleitung zum Herstellen der Beschichtung wird in Kap. 4 gegeben und Quellen von kommerziellen Dünnschichtplatten sind

Tabelle 3.3. Laufmittel für die DC als Vorprobe an Kieselgel G

Verbindungsklasse	Laufmittel	Nachweis
langkettige aliphatische Alkohole	Petrolether/EtOEt/HOAc (90:10:1)	H_2SO_4 + Erhitzen
langkettige aliphatische Ketone	Petrolether/EtOEt (9:1)	2,4-DNPH
Alkaloide	CH_2Cl_2/EtOEt	Dragendorff-Reagens
Phenole	Hexan/Ethylacetat (4:1)	Diazoniumsalz
kondensierte Aromaten	Hexan/Ethylacetat (3:2)	UV-Licht
Lebensmittelfarbstoffe	MEK/HOAc/MeOH (40:5:5)	Farbe
Lipide	EtOEt	H_2SO_4 + Erhitzen
Steroide	Cyclohexan/Ethylacetat (9:1)	$SbCl_3$ in $CHCl_3$
Weichmacher	iso-Oktan/Ethylacetat	I_2

2,4-DNPH: 2,4-Dinitrophenylhydrazon-Reagenz
MEK: Methylethylketon

in der Herstellerliste am Ende des Buches angegeben. Selbstbeschichtete Platten sollten vor Gebrauch durch Erhitzen aktiviert werden (siehe Kap. 4). Wenn man Voruntersuchungen für die Säulen-Chromatographie oder HPLC machen will, sollte man darauf achten, daß man für die DC ein Sorptionsmittel bekommt, das der Säulenfüllung möglichst ähnlich ist. Man trägt das zu untersuchende Probegemisch auf vier Platten auf und entwickelt sie in den vier Lösungsmitteln: Hexan, Toluol, Diethylether und Methanol. Man macht die Flecken sichtbar, wenn die Probekomponenten farblos sind, und vergleicht die Ergebnisse. Auf diese Art kann man ein reines Lösungsmittel finden, das die Probe auftrennt, oder man kann zumindest etwas über ihre allgemeinen Eigenschaften erfahren. Oft ist es möglich, die Eigenschaften der Probemischung einzuschachteln, das heißt, man findet ein Lösungsmittel, in dem die Flecken zu weit wandern, und eines, in dem sie sich nicht weit genug bewegen. Dann kann man Mischungen dieser beiden Lösungsmittel untersuchen oder auch andere reine Lösungsmittel, die in Tabelle 3.1 zwischen diesen beiden liegen. Im allgemeinen erhält man die besten Trennungen, wenn die Probeflecken weniger als die Hälfte der Schicht hinaufwandern (siehe Kap. 4).

Tabelle 3.4. Empfehlenswerte Systeme für die Adsorptions-Chromatographie

Verbindung	Sorbens	Laufmittel	Nachweis[a]
langkettige aliphatische Ketone (über 8 C-Atome)	Kieselgel G	Gemische Toluol oder PE: EtEt	Phosphomolybdänsäure (2,4-DNPH)
aliphatische und aromatische Aldehyde und Ketone	Aluminiumoxid	a. Toluol b. Toluol:EtOH (95:5) c. CHCl$_3$ d. EtOEt e. PE:Toluol (1:1)	2,4-DNPH
aromatische Aldehyde und Ketone	Kieselgel G	Hexan:EtOAc (2:1)	2,4-DNPH Fluoreszenzlöschung
Vanillin und andere substituierte Benzaldehyde	Kieselgel G	a. PE:EtOAc (2:1) b. Hexan:EtOAc (5:2) c. CHCl$_3$:EtOAc (98:2) d. Decalin:CH$_2$Cl$_2$:MeOH (5:4:1)	2,4-DNPH Fluoreszenzlöschung
2,4-Dinitrophenylhydrazone von Aldehyden	Kieselgel G	a. Toluol:PE (3:1) (aliphatische) b. Toluol:EtOAc (95:5) (aromat.)	Farbe
verschiedene Alkaloide	Kieselgel G	a. CHCl$_3$:Aceton:Diethylamin (5:4:1) b. CHCl$_3$:Diethylamin (9:1) c. Cyclohexan:CHCl$_3$:Diethylamin (5:4:1) d. Cyclohexan:Diethylamin (9:1) e. Toluol:EtOAc:Diethylamin (7:2:1)	Dragendorff-Reagens
	Aluminiumoxid	a. CHCl$_3$ b. Cyclohexan:CHCl$_3$ (3:7) + 5% Diethylamin	
Alkaloide und Barbiturate in der Toxikologie	Kieselgel G	a. MeOH b. CHCl$_3$:EtOEt (85:15)	Dragendorff-Reagens
stark basische Amine	Aluminiumoxid ohne Binder	a. Aceton:Heptan (1:1) b. CHCl$_3$/NH$_3$ (ges. bei 22°):EtOH (96%) (30:1)	I$_2$-Dampf – UV (Dragendorff-Reagens)

Zuckeracetate und Inositacetate	Kieselgel G	Toluol mit 2–10% MeOH	H_2O
Dicarbonsäuren	Kieselgel G	a. Toluol:MeOH:HOAc (45:8:4) b. Toluol:Dioxan:HOAc (90:25:4)	Bromphenolblau angesäuert mit Citronensäure
p-Hydroxybenzoesäureester	Kieselgel G	Pentan:HOAc (86:12)	Fluoreszenzlöschung
Sulfonamide	Kieselgel G	$CHCl_3$:EtOH:Heptan (1:1:1)	p-Dimethylaminobenz-aldehyd, angesäuert (Fluoreszenzlöschung)
Lebensmittelfarbstoffe	Kieselgel G	a. $CHCl_3$:Acetanhydrid (75:2) b. Toluol c. Methylethylketon:HOAc:MeOH (40:5:5)	$SbCl_3$ in $CHCl_3$
verschiedene essentielle Öle	Kieselgel G	Toluol:$CHCl_3$ (1:1)	$SbCl_3$ in $CHCl_3$
Alkali-Ionen Na^+, Li^+, K^+, Mg^{2+}	gereinigtes Kieselgel G	EtOH:HOAc (100:1)	Violursäure (1.5% wäßr. Lsg.)
Ferrocen-Derivate	Kieselgel G	a. Toluol b. Toluol:EtOH (20:1) c. Propylenglycol:MeOH (1:1) d. Propylenglycol:Chlorbenzol:MeOH (1:1:1)	(Fluoreszenzlöschung)
Fettsäure-Methylester	Kieselgel G	Hexan:EtOEt Gemische bis 30% EtOEt	a. I_2 b. H_2SO_4, Erhitzen
Glyceride	Kieselgel G	a. PE:EtOEt (70:30) b. (10:90) für Monoglyceride c. (70:30) für Diglyceride d. (90:10) für Triglyceride	H_2SO_4, Erhitzen
langkettige aliphatische Alkohole	Kieselgel G	a. Petr. Ether:EtOEt:HOAc (90:10:1)	H_2SO_4, Erhitzen

Tabelle 3.4. Fortsetzung

Verbindung	Sorbens	Laufmittel	Nachweis[a]
Phenole	Kieselgel G	a. Hexan:EtOAc (4:1) b. Toluol:EtOEt (4:1) c. Toluol	(Fluoreszenzlöschung)
3,5-Dinitrobenzoate von Alkoholen und Phenolen	Kieselgel G	a. Toluol:Petr. Ether (1:1) b. Hexan:EtOAc (80:20) c. Toluol:EtOAc (90:10)	Farbe
Steroide	Kieselgel G	a. Toluol b. Toluol:EtOAc (5:1) c. Cyclohexan:EtOAc (15:1) d. 1,2-Dichlorethan	$SbCl_3$ in $CHCl_3$
Weichmacher (Phthalate, Phosphate, andere Ester)	Kieselgel G mit Fluoreszenzindikator	a. Isooktan:EtOAc (90:10) b. Toluol:EtOAc (95:5) c. Butylether:Hexan (80:20)	a. Fluoreszenzlöschung b. I_2

[a] Anleitungen zum Herstellen dieser Reagentien siehe Tabelle 4.6.
PE: Petrolether.

Für den Fall, daß sich Streifen bilden und man schlechte Trennungen beobachtet, gibt es gewisse Zusätze zum Lösungsmittel, die diese verhindern können. Wenn saure oder basische Stoffe auf Kieselgel chromatographiert werden, wird ein Tropfen Essigsäure (für Säuren) oder Ammoniak oder Diethylamin (für Basen) im Eluenten manchmal Abhilfe schaffen. Diese Reagentien puffern die sauren oder basischen Probemoleküle ab und halten sie in ihrer undissoziierten Form, so daß sie schärfere Flecken bilden.

Einige Anwendungen der Adsorptions-Chromatographie in der DC gibt Tabelle 3.4 wieder. Sie stammen aus dem Buch von Bobbitt [2], aber viele andere werden in der Literatur zitiert. Diese Beispiele sollten einen Eindruck von den allgemeinen Bedingungen geben, die zu brauchbaren Trennungen führen. Die Nachweisreagentien sind die in der DC gebräuchlichen. Weitere empfehlenswerte Methoden sind in Klammern angegeben.

7.2 Vorversuche für die Verteilungs-Chromatographie

Wenn eine Literaturrecherche kein Verteilungssystem liefert, das für ein bestimmtes Gemisch oder ein ähnliches Problem schon verwendet worden ist, dann muß man sich experimentell eines zusammenstellen. Eine Reihe von möglichen Verteilungssystemen ist in Tabelle 3.5 angegeben. Die Umkehrphasen-Chromatographie wird in Kap. 6 eingeführt. Ein experimentelles System mit ungebundenem Wasser als der stationären Phase und verschiedenen organischen Flüssigkeiten als mobilen Phasen kann man folgendermaßen aufstellen:

Anleitung: Man besorgt sich einige Dünnschichtplatten mit Kieselgel, Cellulose oder Kieselgur und legt sie für 12 bis 24 Stunden in einen Exsiccator oder einen ähnlichen Behälter über Wasser, um sie zu sättigen. Dann trägt man die zu untersuchende Probe auf und entwickelt die Chromatogramme mit einer Reihe von Laufmitteln, die auf folgende Art zusammengestellt sind: man schüttelt n-Butanol mit Wasser in einem Scheidetrichter, wartet Phasentrennung ab und verwendet die n-Butanol-Phase. Diese Prozedur führt zu n-Butanol gesättigt mit Wasser (der flüssigen stationären Phase). Auf ähnliche Art können die drei anderen Laufmittel aus n-Butanol und 1N Ammoniak, n-Butanol und 1N Essigsäure und Ethylacetat und Wasser hergestellt werden. Von diesen vier Gemischen sind zwei neutral, eines ist sauer und eines basisch. Nach dem Chromatographieren wird das Ergebnis sichtbar gemacht und ver-

Tabelle 3.5. Lösungsmittel für Verteilungschromatographie in Säulen

Stationäre Phase	Mobile Phase
normale Verteilungschromatographie	
Wasser	Alkohole (n-Butanol, iso-Butanol)
Wasser + Säuren Wasser + Alkalien	Kohlenwasserstoffe (Benzol, Toluol, Cyclohexan, Hexan)
Wasser + Puffer	Chloroform
wäßrige Alkohole (MeOH, EtOH)	Ethylacetat
Alkohole	Ethylenglycol-Monomethylether
Formamid	Methyl-Ethyl-Keton
Glycole (Ethylen-, Propylen-, Glycerin)	Pyridin
Umkehrphasen-Verteilung	
n-Butanol	Wasser
Octanol	Wasser + Säure
Chloroform	Wasser + Alkali
Chlorsilane, Silicone	Wasser + Puffer
Mineralöl	Wasser/Alkohole (MeOH, EtOH)
Paraffin	Alkohole (MeOH, EtOH) Formamid Glycole (Ethylen-, Propylen-, Glycerin)

Tabelle 3.6. Verteilungssysteme in der Säulenchromatographie

Verbindung	stationäre Phase	mobile Phase[a]	Nachweis (DC)[b]
an Kieselgel			
n-Acetylpeptide	H_2O	a. n-BuOH : $CHCl_3$ b. EtOAc : H_2O	H_2SO_4, Erhitzen
aliphatische Säuren C_2-C_{12}	NaOH-MeOH (7.5 ml 1N NaOH auf 1l MeOH)	a. Isooktan : EtOEt (1:9) b. EtOEt	H_2SO_4, Erhitzen
Dicarbonsäuren C_4-C_6	H_2O	n-BuOH : $CHCl_3$ (1:9), dann (1:4)	Bromkresol-grün

Tabelle 3.6. Fortsetzung

Verbindung	stationäre Phase	mobile Phase[a]	Nachweis (DC)[b]
aromatische zwei- und dreibasige Säuren	H_2O	n-BuOH:CHCl$_3$ (Gradient zu BuOH)	Bromkresolgrün
einwertige Alkohole	H_2O	CCl$_4$ mit zunehmendem Anteil CHCl$_3$, dann CHCl$_3$:HOAc (9:1)	H_2SO_4, Erhitzen
Aldehyde als Semicarbazone	H_2O	CHCl$_3$:n-BuOH	H_2SO_4, Erhitzen (auch an Kieselgur)
2,4-Dinitrophenyl-aminosäuren	H_2O	n-BuOH:CHCl$_3$	Farbe
teilmethylierte Glucose	H_2O	n-BuOH:CHCl$_3$	H_2SO_4, Erhitzen
Phenole, Cresole	H_2O	Cyclohexan	Fluoreszenzlöschung
an Kieselgur (Diatomeenerde)			
aliphatische Säuren C_2-C_{10}	konz. H_2SO_4	a. Toluol b. Toluol:Petr. Ether	Erhitzen
zwei- und dreiwertige Alkohole	H_2O	a. EtOAc b. Toluol:n-BuOH	H_2SO_4, Erhitzen
Penicilline	Citratpuffer pH 5.5	EtOEt:Diisopropylether (1:1)	H_2SO_4, Erhitzen
Nucleoside und Nucleinsäuren	H_2O	n-BuOH	Fluoreszenzlöschung
an Cellulose			
Aminosäuren	H_2O	a. n-BuOH b. n-BuOH:HOAc:H_2O (3:1:1) c. Phenol:H_2O (3:1)	Ninhydrin
Zucker und Derivate	H_2O	n-BuOH	Anilin-Phthalat oder Anisaldehyd
methylierte Zucker	H_2O	Ligroin:n-BuOH (3:2)	Anisaldehyd

[a] Dabei ist gemeint, daß die mobile Phase durch Schütteln in einem Scheidetrichter mit der stationären Phase gesättigt worden ist.
[b] Anleitung zum Herstellen dieser Reagentien siehe Tabelle 4.6.

glichen. Die aussichtsreicheren Systeme können dann abgewandelt werden, um optimale Ergebnisse zu erhalten. Diese Änderungen können darin bestehen, daß man die Polarität der organischen Komponente durch Zusatz von anderen Lösungsmitteln verändert oder die Acidität oder Basizität der stationären Flüssigkeiten ändert.

Eine Reihe von Dünnschichtplatten mit stationären Phasen ähnlich den hochspezialisierten Packungsmaterialien der HPLC (Kap. 6) sind kommerziell erhältlich und sollten für solche Vorversuche verwendet werden. Wie schon gesagt ist die Papier-Chromatographie (Kap. 4.8) im wesentlichen eine Art Dünnschicht-Chromatographie mit einem LLC-System und kann für derartige Vorversuche verwendet werden.

Etliche LLC-Systeme, die für die Säulen-LLC ausgearbeitet worden sind, zeigt Tabelle 3.6. Sie sind aus dem Buch von Cassidy [3] zusammengetragen. In den letzten Spalten dieser Tabelle haben wir einige Nachweismethoden vorgeschlagen, die für die Verwendung in der DC zu gebrauchen sind.

Literatur

1. Neher R, von Arx E (1964) Steroid Chromatography. American Elsevier Publishing Co, Inc, p 249
2. Bobbitt JM (1963) Thin Layer Chromatography. Reinhold Book Corporation, New York, pp 128-182
3. Cassidy HG (1957) Fundamentals of Chromatography. Interscience Publishers, Inc, New York, pp 126-130. Originalliteratur wird hier zitiert

Kapitel 4

Dünnschicht- und Papier-Chromatographie

1 Einführung

Die Dünnschicht-Chromatographie (DC, TLC) und Papier-Chromatographie (PC) sind die einfachsten flüssigkeitschromatographischen Methoden, die in diesem Buch vorgestellt werden. Da die PC in den meisten Laboratorien weitgehend von der DC verdrängt worden ist, werden wir fast ausschließlich die DC behandeln. Ein kurzer Abschnitt am Ende des Kapitels wird dazu dienen, die PC zusammenzufassen und die Unterschiede zur DC darzustellen.

Die grundlegenden Schritte der Dünnschicht- und Papier-Chromatographie sind in Kap. 1 beschrieben worden und die DC ist in Abb. 1.4-1.7 im Bild gezeigt worden. Mit der DC können Trennungen von stark unterschiedlichen Substanzen – wie etwa natürlich vorkommenden oder synthetischen organischen Verbindungen, anorganisch-organischen Komplexen und sogar anorganischen Ionen – in wenigen Minuten erreicht werden. Die dazu nötige Ausrüstung kostet auch nicht viel (vgl. Tabelle 3.2). Man kann einerseits Mengen von wenigen Microgramm, andererseits aber auch bis hin zu 5 g bewältigen, abhängig von der verfügbaren Ausrüstung und den jeweils beteiligten chromatographischen Mechanismen. Andere Vorteile der DC sind der geringe Verbrauch an Laufmittel und Probesubstanz, die Möglichkeit, mehrere Proben auf einer Platte aufzutragen (sodaß unmittelbare Vergleiche zwischen verschiedenen Proben einfach werden), und die weite Auswahl an verfügbaren Methoden (LSC, LLC und Ausschlußchromatographie).

Es gibt eine ausführliche Literatur über DC-Trennungen. Sie wird in einigen der in der Bibliographie am Ende des Buches angegebenen Veröffentlichungen und im Journal of Chromatography zusammengefaßt. Die Ergebnisse werden als R_f-Werte bestimmter Verbindungen in bestimmten Laufmittelsystemen angegeben. Der R_f-Wert ist in Kap. 1 definiert worden und kann mit den anderen theoretischen Ansätzen durch Gl. 1.3 in Zusammenhang gebracht werden. Eine wichtige Serie aus vier Veröffentlichungen von Guiochon [1] beschreibt seine dünnschichtchromatographischen Untersuchungen und schließt eine Diskussion der Optimierung der experimentellen Bedingungen ein.

Die DC kann man im Hinblick auf zwei Ziele verwenden. Erstens kann man sie als eigenständige Methode einsetzen, um qualitative, quantitative oder präparative Ergebnisse zu erhalten (siehe Diskussion in Kap. 1). Zweitens kann man die DC verwenden, um Laufmittelsysteme und Trägersysteme zu erkunden, die man für die Säulen-Chromatographie (Kap. 5) oder Hochleistungs-Flüssigkeits-Chromatographie (Kap. 6) braucht, wie in Kap. 3 erwähnt und in Tabelle 3.3 zusammengefaßt. Diese Methoden werden in den späteren Kapiteln noch im einzelnen beschrieben.

Vermutlich die bemerkenswerteste Entwicklung der vergangenen Jahre in der DC ist die verbreitete Übernahme von kommerziell hergestellten Platten, im Gegensatz zu vom Anwender selbst beschichteten Platten. Es ist fast jedes Sorptionsmittel oder Trägermaterial in nahezu beliebiger Schichtdicke und fast jeder Größe als Fertigplatten erhältlich. Es gibt sie auf Glasscheiben, Plastik- oder Metallfolien. Die kommerziellen Lieferanten sind in Tabelle 4.3 zusammengefaßt. Obwohl dieses Kapitel auf Selbstversorger zugeschnitten ist (einige von uns sind etwas altmodisch), soll angemerkt sein, daß es für jede der beschriebenen Anwendungen Fertigplatten gibt. Noch eine andere jüngere Entwicklung ist die HPTLC oder Hochleistungs-Dünnschicht-Chromatographie, die spezielle Sorbentien und Techniken verwendet. Sie wird in Abschn. 4.7 betrachtet werden.

Wie die meisten Techniken, kann die DC auf mehreren Ebenen der Komplexität oder Verfeinerung betrieben werden. Dies sind, nach zunehmenden Anforderungen: Objektträger-DC, normale DC, präparative DC, quantitative DC und HPTLC. Der Inhalt dieses Kapitels wird im Aufbau dieser Reihung folgen.

Die DC auf Objektträgern (oder auf entsprechende Größe zurechtgeschnittenen käuflichen Platten) ergibt Trennungen von Mischungen aus bis zu vier Komponenten in etwa 5 min mit normaler Laborausrüstung. Die Schichten sind leicht selbst herzustellen, erfordern im allgemeinen keine Aktivierung und liefern scharfe Trennungen. Aus diesen Gründen wird die Methode von vielen Forschern vorgezogen und ist ideal für die chemische Ausbildung.

Die DC auf Standardplatten, im allgemeinen 5×20 cm, 10×20 cm oder 20×20 cm, erfordert entweder den Kauf von Fertigplatten oder die Spezialausrüstung, die zu ihrer Herstellung nötig ist. Die Entwicklungsdauer liegt normalerweise zwischen 30 min und einer Stunde. Sie kann dagegen aber auch verwendet werden, um gleichzeitig mehrere Gemische aus jeweils einer größeren Zahl von Komponenten zu trennen und eignet sich auch für spezielle Techniken der Entwicklung, wie die zweidimensionale DC, die Formgebungstechnik und die kontinuierliche DC. Die präparative und quantitative DC werden gewöhnlich auf diesen breiteren Platten ausgeführt.

Die DC enthält im wesentlichen zwei Variable: die Art der stationären Phase oder Schicht und die Art der mobilen Phase oder des Laufmittelgemisches. Die stationäre Phase kann ein feines Pulver sein, das als adsorbierende Oberfläche wirkt (Flüssig-Fest-Chromatographie) oder als Träger für einen flüssigen Film (Flüssig-Flüssig-Chromatographie). (Die stationäre Phase in der DC wird oft ein Adsorbens genannt, auch wenn es als Träger für eine Flüssigkeit in einem LLC-System wirkt.) Fast jedes Pulver kann man und hat man auch schon als Sorptionsmittel in der DC verwendet, aber wir werden uns bei der Diskussion auf die vier meistverwendeten beschränken: Kieselgel (Kieselsäure), Aluminiumoxid, Kieselgur (Diatomeenerde) und Cellulose. Die mobile Phase kann fast jedes Lösungsmittel oder -Gemisch sein. Die Wahl der mobilen Phase wurde in Kap. 3.7 schon eingehend behandelt.

In den folgenden Abschnitten werden die oben erwähnten Ebenen zunehmender Anforderung behandelt. Abschnitt 4.2 enthält eine vollständige Diskussion der DC auf Objektträgern und sollte ausreichen, um auf diesem Niveau arbeiten zu können. Abschnitt 4.3 enthält eine Behandlung der DC auf breiteren Schichten, die zusammengenommen mit Abschn. 4.2 komplett sein sollte. Die Abschn. 4.4 und 4.5 sind den zusätzlichen Ansprüchen der präparativen und quantitativen DC gewidmet; Abschn. 4.6 dreht sich um spezielle Probleme in der DC; Abschn. 4.7 ist der HPTLC gewidmet und Abschn. 4.8 befaßt sich mit der Papierchromatographie.

2 Chromatographie auf Objektträgern

Der Inhalt dieses Abschnitts stammt zu einem großen Teil aus einer bemerkenswerten Veröffentlichung von J.J. Peifer [2] vom Hormel Institute in Austin, Minnesota. Die DC auf Objektträgern stellt das einfachste der vielen vorgeschlagenen Systeme dar und wir werden sie verwenden, um ein einfaches aber vollständiges Bild der DC zu geben.

2.1 Sorptionsmittel und Zusätze

Sorbentien für die DC sind, nach abnehmender Bedeutung gereiht, Kieselgel, Aluminiumoxid, Kieselgur und Cellulose. Sie besitzen eine geringere Teilchengröße als die Sorptionsmittel, die in der klassischen Säulenchromatographie verwendet werden, und bewegen sich in derselben Größenordnung wie die der HPLC (sie passieren ein 200-mesh-Sieb mit 200 Maschen pro Zoll, entsprechend 75 µm lichter Weite). Man kann auch tatsächlich die Sorbentien der DC unmittelbar in manchen HPLC-Systemen verwenden. Die Sorptionsmittel enthalten gewöhnlich einen Binder und viele enthalten auch noch eine Reihe anderer Zusätze (siehe unten).

Es gibt einen deutlichen Unterschied zwischen Sorbentien (und Fertigplatten) von verschiedenen kommerziellen Anbietern. Insbesondere die Eigenschaften von Kieselgel können über einen großen Bereich streuen und unterscheiden sich manchmal sogar von Charge zu Charge desselben Herstellers. Es empfiehlt sich, so weit wie möglich nur mit dem Produkt einer Firma zu arbeiten. Obwohl es in der Literatur Anleitungen für die eigene Herstellung der verschiedenen Sorbentien gibt, ist es empfehlenswert, sie bei kommerziellen Quellen zu kaufen (siehe Firmenverzeichnis).

Kieselgel. Kieselgel ist das in der DC und HPLC am meisten verwendete Sorptionsmittel und folgerichtig wird man es als erstes Material ausprobieren. Neutrale Verbindungen mit bis zu drei funktionellen Gruppen sollten auf aktivierten Platten mit normalen organischen Lösungsmitteln oder -Gemischen zu trennen sein. Da die meisten Kieselgele leicht sauer sind, werden Säuren oft recht leicht getrennt, wobei Säure-Base-Wechselwirkungen zwischen dem Sorptionsmittel und den Probekomponenten minimiert werden. Wenn man bei der Trennung von Säuren oder Basen auf Schwierigkeiten stößt, kann es nötig sein, leicht saure oder basische Laufmittel zu verwenden, wie im Kapitel über die Wahl des Fließmittels beschrieben (Abschn. 3.7).

Aluminiumoxid. Aluminiumoxid ist im Gegensatz zu Kieselgel von Natur aus leicht basisch und wird oft für die Trennung von Basen verwendet. Diese Technik minimiert dann dort die Säure-Base-Wechselwirkungen. Die DC an Aluminiumoxid wird oft als eine schnelle, qualitative Methode zur Vorhersage von Lösungsmittelsystemen in der Säulenchromatographie verwendet, bei der man häufiger Aluminiumoxid verwendet als Kieselgel.

Kieselgur und *Cellulose*. Sowohl Kieselgur als auch Cellulose sind Trägermaterialien für einen flüssigen Film in der LLC und die Beschichtung mit Cellulose ist sehr nahe der klassischen Papierchromatographie verwandt. Diese Arten der Chromatographie werden immer für die Trennung stark polarer Verbindungen wie der Aminosäuren, Kohlenhydrate, Nucleotide und verschiedenen anderen natürlich vorkommenden hydrophilen Verbindungen verwendet. Da die LLC zu einer höheren Auflösung imstande ist (Kap. 3), wird sie manchmal für die Trennung nahe verwandter Isomere eingesetzt. Man muß allerdings darauf achten, daß die Beschichtung wirklich einen Flüssigkeitsfilm enthält (siehe unten).

Wasser. Die Anwesenheit oder Abwesenheit von Wasser in chromatographischen Sorbentien oder Trägermaterialien spielt eine entscheidende Rolle. Schichten von Kieselgel oder Aluminiumoxid, die für die Adsorptionschromatographie (LSC) verwendet werden sollen, dürfen nur ein Minimum an Wasser enthalten, sonst besetzt Wasser alle Sorptionsstellen und es kann keine Bindung der Proben mehr stattfinden. Schichten mit einem solchen Minimalgehalt an Wasser bezeichnet man als aktiviert und stellt sie her, indem man sie 1 bis 3 Std. auf etwa 100 °C aufheizt. Wenn die Aktivierungstemperatur wesentlich über 110 °C liegt, kann irreversible Dehydratisierung des Adsorbens eintreten, worunter die Trennleistung leidet. Die Platten sollten dann in einem Exsiccator oder einer Trockenkammer aufbewahrt werden. Kommerzielle Platten variieren wohl in ihrer Aktivierung, aber sie können gewöhnlich unbehandelt verwendet werden oder auch weiter durch Erhitzen aktiviert werden.

Andererseits müssen Kieselgur- oder Celluloseplatten oder auch Kieselgelplatten, die für die LLC verwendet werden sollen, einen Flüssigkeitsfilm enthalten, der gewöhnlich aus Wasser besteht. Wenn diese Flüssigkeit nicht schon vom Herstellungsprozeß her vorhanden ist, und wenn Wasser verwendet werden soll, dann müssen die Schichten eigens hydratisiert werden.

Bindemittel. Die Beschichtung wird auf der Glasplatte durch verschiedene Bindemittel zusammengehalten. Das gebräuchlichste, zumindest für selbst hergestellte Schichten, ist Gips (hydratisiertes Calciumsulfat), der dem Sorptionsmittel in Mengen von 10-15% zugesetzt wird. Die meisten käuflichen Schichten werden mit einem organischen Polymeren wie Polyvinylalkohol gebunden und sind fester und haltbarer als selbsthergestellte Beschichtungen. Andere Bindemittel, die auch schon verwendet worden sind, sind Stärke (in Mengen bis zu 3%) und Silicate niedrigen Molekulargewichts. Man kann auch Schichten herstellen oder kommerziell erwerben, die keinen Binder enthalten, sondern durch ihre enge Teilchengrößenverteilung zusammengehalten werden.

Fluoreszenzindikatoren. Die Beschichtung enthält oft eine fluoreszierende Substanz, die zugesetzt wird, um farblose Flecken auf der entwickelten Platte sichtbar zu machen. Diese Fluoreszenzindikatoren sind Substanzen, die sichtbares Licht aussenden, wenn sie mit Licht einer anderen Wellenlänge, meist im UV, beleuchtet werden. So wird eine Schicht, die einen solchen Indikator enthält, wie ein Fernsehbildschirm leuchten, wenn sie mit der richtigen Wellenlänge bestrahlt wird. Wenn die in einem Fleck sichtbar zu machende Substanz konjugierte Doppelbindungen enthält oder irgendeine Art aromatischen Ring, dann kann das anregende UV-Licht den Fluoreszenz-Farbstoff nicht erreichen und es wird kein Licht ausgesendet. Das Ergebnis ist ein dunkler Fleck auf einem leuchtenden Hintergrund. Die Methode ist recht empfindlich und zerstört nicht die nachzuweisende Substanz. Die geeignetsten Fluoreszenz-Farbstoffe sind anorganische Sulfide, die Licht aussenden, wenn sie mit Licht der Wellenlänge 254 nm beleuchtet werden. Solche Fluoreszenz-Indikatoren sind in käuflichen Sorbentien und Fertigplatten in Mengen von etwa 1% vorhanden und scheinen beim chromatographischen Prozeß keine Rolle zu spielen. Es sind auch organische Fluoreszenz-Farbstoffe erhältlich, die Licht aussenden, wenn sie mit Licht der Wellenlänge 360 nm beleuchtet werden, sie sind aber nicht so günstig, weil sie eben organische Verbindungen sind und manchmal im chromatographischen System wandern. Manche organischen Verbindungen leuchten oder fluoreszieren selbst, wenn sie bei 254 oder 360 nm beleuchtet werden und können leicht sichtbar gemacht werden.

2.2 Herstellung der Beschichtung

Obwohl wir die Herstellung von Objektträgerplatten beschreiben, soll darauf hingewiesen werden, daß solche Platten auch kommerziell erhältlich sind. Schichten auf Kunststoff- oder Metallfolie können mit einer Schere in beliebige Größen geschnitten werden und Glasplatten können auf passende Größe geschnitten werden, indem man den Rücken mit einem Glasschneider anritzt und dann die Glasplatte bricht. Schichten auf Glasplatten sind sogar mit vorgeritzten Linien erhältlich, damit man sie leicht in kleine Platten zerteilen kann.

Auf Objektträgern stellt man dünne Schichten am einfachsten her, indem man die Objektträger (zwei gleichzeitig) in eine Suspension des Adsorbens in einem organischen Lösungsmittelgemisch eintaucht. Anlei-

Tabelle 4.1. Rezepte für die Herstellung von Suspensionen. (Nach Peifer)

Adsorbens	Suspensionsmittel	Mischung (g Adsorbens in ml Suspensionsmittel)
Kieselgel G[a]	Methylenchlorid:Methanol (2:1, v/v)	35 g in 100 ml
Cellulose-Pulver[b]	Methylenchlorid:Methanol (50:50, v/v)	50 g in 100 ml[b]
Aluminiumoxid[c]	Methylenchlorid:Methanol (70:30, v/v)	60 g in 100 ml[c]

[a] Man kann stattdessen jedes käufliche Material mit 10–20% Gips als Bindemittel nehmen. Das Sorptionsmittel kann, wenn erwünscht, Fluoreszenzindikator enthalten.
[b] Die meisten Cellulose-Pulver ergeben wegen ihrer faserigen Struktur auch ohne Gips zufriedenstellende Schichten. Besonders gute Beschichtungen kann man aber herstellen, indem man 35 g Cellulose und 15 g Gips in der minimalen Menge Methanol verreibt und die zähe Paste auf das oben angegebene Verhältnis verdünnt.
[c] 45 g aktiviertes Aluminiumoxid und 15 g Gips (oder 60 g kommerzielles Adsorbens mit diesem Bindemittel) werden mit dem minimalen Volumen an Methylenchlorid/Methanol angeteigt und zum obigen Verhältnis verdünnt.

tungen für diese Suspensionen sind in Tabelle 4.1 angegeben. Je nach Herkunft und Art des Sorptionsmittels wird es gewisse Abweichungen im Verhältnis Feststoff/Lösungsmittel geben. Innerhalb gewisser Grenzen werden dickere Suspensionen auch zu dickeren Schichten führen. Wenn die Suspension zu dünn ist, erhält man dünne und körnige Schichten. Die Aufschlämmungen sind etliche Wochen stabil, wenn man sie in einem gut verschlossenen Behälter aufbewahrt. Die folgende Vorgehensweise sollte zufriedenstellende Schichten erzeugen:

1. Man stellt eine Suspension nach Tabelle 4.1 her und schüttelt sie etwa 2 min.
2. Dann taucht man zwei Objektträger Rücken an Rücken in die Suspension ein wie in Abb. 4.1 gezeigt, zieht sie langsam heraus und läßt sie am Rand des Gefäßes ablaufen.
3. Die Gläser werden getrennt und der Überschuß an Sorptionsmittel vom Rand abgewischt. Die Platten läßt man 5–20 min trocknen, am besten in einem Abzug. Auf diese Art hergestellte Beschichtungen mit Kieselgel und Aluminiumoxid sind schon einigermaßen, aber nicht vollkommen, aktiviert. Sie sollten täglich frisch hergestellt werden oder trocken aufbewahrt werden.
4. Wenn die Platten für Verteilungschromatographie mit Wasser als stationärer Phase verwendet werden sollen (auf Kieselgel, Cellulose oder

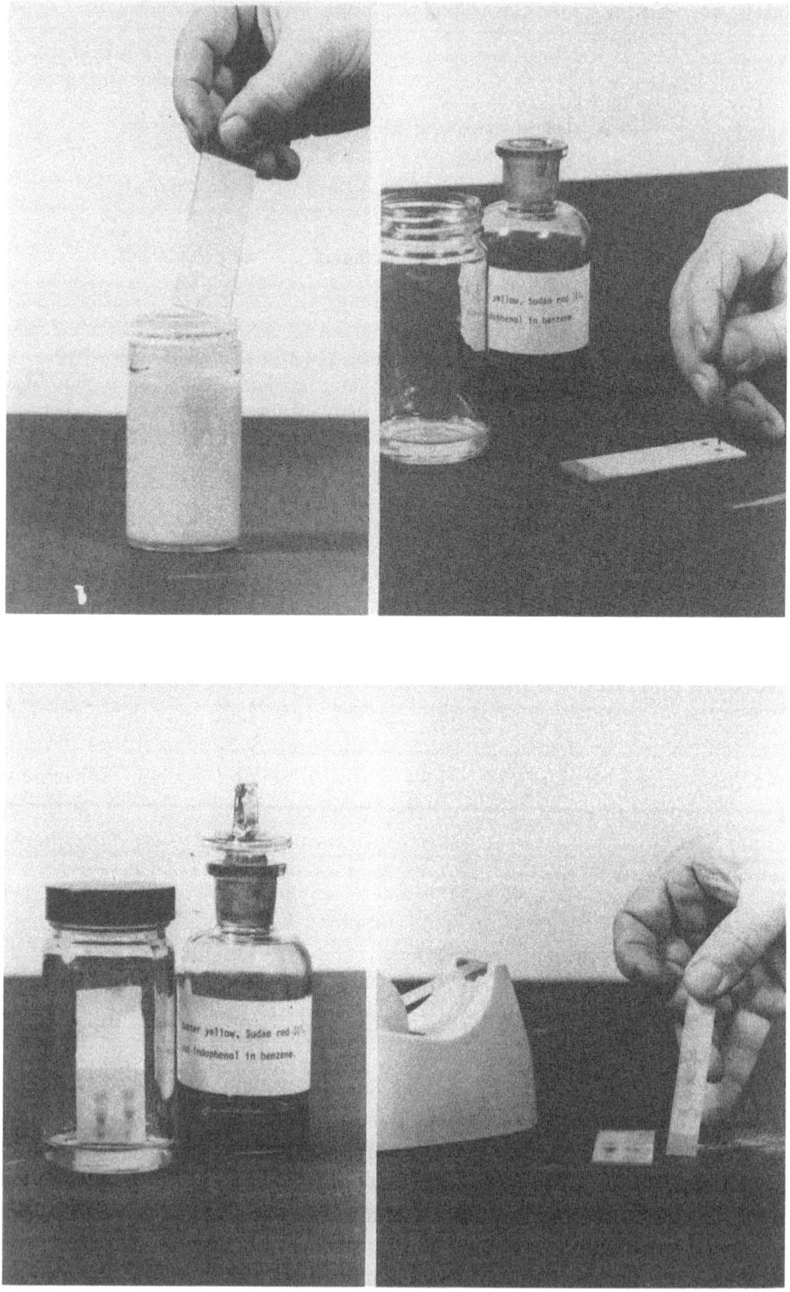

118   Dünnschicht- und Papier-Chromatographie

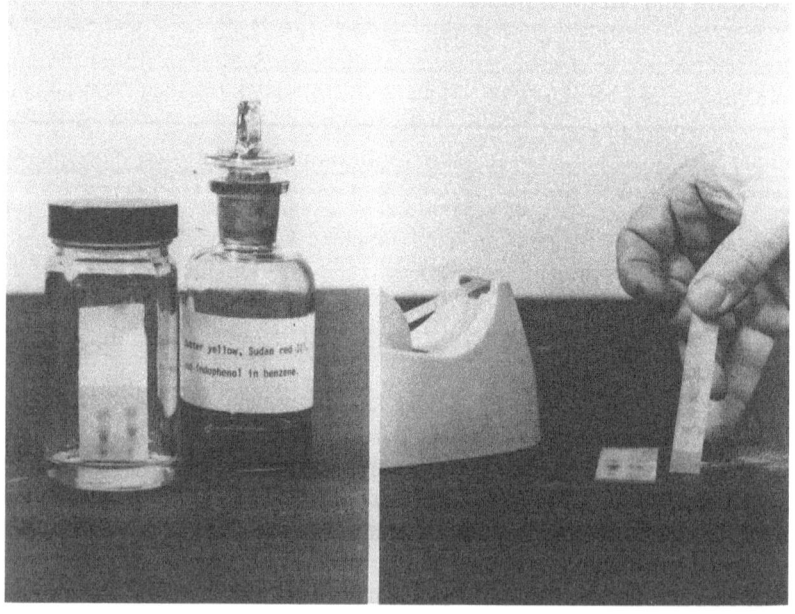

Fig. 4.1–4.4

Kieselgur), dann müssen sie vor Gebrauch rehydratisiert werden, da sie in einem praktisch trockenen System hergestellt worden sind. Das kann man tun, indem man sie über ein Becherglas kochendes Wasser hält und sie an der Luft bei Raumtemperatur trocknen läßt.
5. Nach Gebrauch sollten die Gläser abgewischt, mit Seife oder Detergentien gewaschen, sorgfältig mit Wasser abgespült und getrocknet werden, damit man sie wieder verwenden kann.

2.3 Auftragen der Probe

Das zu chromatographierende Gemisch sollte zum Auftragen auf die Schicht in einem einigermaßen unpolaren Lösungsmittel gelöst sein. Im allgemeinen wird eine 0.1-1%ige Lösung verwendet. Fast jedes Lösungsmittel ist geeignet, aber am besten sind welche, deren Siedepunkte zwischen 50 und 100 °C liegen. Solche Lösungsmittel kann man leicht handhaben und sie verdampfen leicht von der Schicht. Wasser sollte man nur dann verwenden, wenn es keine andere Wahl gibt.

Die beiden größten Nachteile der DC auf beschichteten Objektträgern sind, daß die Schichten ziemlich dünn sind verglichen mit größeren selbstgestrichenen oder käuflichen Platten und daß die für die Chromatographie verfügbare Strecke sehr viel kleiner ist. So wird es nötig, die Probe auf der geringstmöglichen Fläche aufzutragen. Zum Auftragen kann man eine feine Glaskapillare verwenden, die aus Glasrohr bis auf etwa die Dicke einer Stecknadel ausgezogen worden ist. Die Probelösung sollte etwa 8-10 mm vom vollständig beschichteten Ende des Plättchens aufgetragen werden (Abb. 4.2). Man kann mehrfach auf demselben Fleck auftragen, solange man die Schicht zwischen den Auftragungen trocknen läßt, und bis zu drei Probeflecken können auf einer Platte untergebracht werden, wenn man sich die nötige Mühe gibt. Wenn man nur eine Probe chromatographiert, ist es empfehlenswert, sie in drei Konzentrationen aufzutragen. Die Flecken der kleinsten Probe erscheinen dann schärfer und neigen weniger zu Schwanzbildung, während die konzentrierteren Auftragungen Auskunft über Spurenverunreinigungen in der Probe geben.

◁ **Abb. 4.1-4.4.** Zwei Objektträger werden Rücken an Rücken in eine Kieselgel-Suspension getaucht (4.1; links oben), auseinandergenommen und getrocknet. Man trägt eine Mischung von Farbstoffen auf (4.2; rechts oben) und entwickelt mit Benzol (4.3; links unten). Vom getrockneten entwickelten Chromatogramm wird zum Ablegen in einem Laborbuch ein Klebstreifen-Abzug genommen (4.4; rechts unten)

Das Lösungsmittel der Probe sollte vollständig von der Schicht entfernt werden, bevor man das Chromatogramm entwickelt, wenn nötig mit einem Heißluftgebläse oder einem Fön. Dies ist besonders wichtig und schwierig, wenn man Wasser verwendet.

2.4 Die Wahl des Laufmittels

Bei den Fließmittelsystemen für die DC kann man sich nach der Literatur richten, aber häufiger wählt man sie in einer Versuchsreihe aus, da die Zeit für solche Versuche kurz ist. Die einfachsten Systeme sind Mischungen organischer Lösungsmittel, wie man sie für die Trennung mono- und difunktioneller Moleküle mittels LSC an aktivierten Kieselgel- oder Aluminiumoxid-Schichten verwendet. Die Wahl des Laufmittels ist allgemein in Kap. 3 behandelt worden.

Eine einigermaßen systematische Suche nach einem geeigneten Laufmittel ist unter Verwendung von Tabelle 3.1 möglich. Vier Lösungsmittel sind in der Tabelle unterstrichen: Petrolether-40/60, Toluol, Diethylether und Methanol, gereiht vom unpolarsten bis zum polarsten. Man sollte in jedem der vier Laufmittel ein Chromatogramm entwickeln. In manchen Fällen wird schon ein reines Lösungsmittel befriedigende Ergebnisse liefern. In den meisten Fällen wird dagegen eines die Zonen zu weit mitnehmen und das nächsthöhere in der Reihe (weniger polar) wird sie nicht weit genug bewegen. Dann sollte man Lösungsmittel mischen, um die gewünschte Polarität zu erhalten. Was man beim Mischen von Lösungsmitteln beachten sollte, ist in Kap. 3 behandelt worden und sollte dort nachgelesen werden.

2.5 Entwicklung von Objektträger-Platten

Nach dem Auftragen wird die Platte in ein kleines Gefäß gesetzt, das eine wenige Millimeter tiefe Schicht des Fließmittels enthält, wie in Abb. 4.3 gezeigt. Das Flüssigkeitsniveau im Gefäß muß unterhalb der Flecken auf der Platte sein. Das Gefäß wird mit einem Deckel oder einem Stück Aluminiumfolie verschlossen und man läßt das Laufmittel auf etwa drei Viertel der Höhe der Platte steigen. Die Entwicklung dauert etwa 5 min, je nach Adsorbens und Laufmittel. Wenn die Flecken R_f-Werte von weniger als 0.5 haben, sollten die Platten getrocknet und noch einmal entwickelt werden. Diese Technik, bekannt als Mehrfachentwicklung, verbessert immer die Trennung und wird später in diesem Kapitel noch im einzelnen behandelt werden.

2.6 Sichtbarmachen der Proben auf Objektträger-Platten

Wenn alle chromatographierten Verbindungen farbig sind, ist es leicht zu erkennen, ob und wie gut sie getrennt sind. Wenn aber einige oder alle farblos sind, was gewöhnlich der Fall ist, müssen sie auf irgendeine Art oder mit irgendeinem Reagens sichtbar gemacht werden. Die Nachweismethoden sind entweder spezifische (eigens dazu entwickelt, bestimmte funktionelle Gruppen oder Verbindungstypen anzuzeigen) oder allgemeine Methoden, die jede organische Verbindung zeigen. Allgemeine Methoden, die an kleinen Platten verwendet werden können, sind die Adsorption von Ioddampf, die Verwendung von UV-Licht und die Verwendung von UV-Licht auf Schichten mit Fluoreszenzindikator. Diese Fluoreszenzlöschung wurde oben unter den Adsorbenszusätzen diskutiert.

Zum Anfärben mit Iod stellt man das entwickelte und getrocknete Chromatogramm in ein Gefäß, das Iod-Kristalle enthält. Nachdem das Gefäß verschlossen worden ist, wird der Ioddampf langsam an den Stellen der Schicht adsorbiert, die organische Verbindungen enthalten, und die Flecken erscheinen als braune Flächen auf weißem Hintergrund. Die Methode beansprucht 5-10 min und ist einigermaßen universell für organische Verbindungen. Das Iod sublimiert ab, sobald man die Platte aus dem Gefäß holt, und die Flecken werden allmählich schwächer. Die Methode ist in den meisten Fällen zerstörungsfrei; das heißt, die organischen Verbindungen in den Substanzflecken werden nicht zerstört und können oft noch isoliert werden.

Spezifische Anfärbemethoden und Verkohlen mit Schwefelsäure wendet man häufiger auf größeren und stabileren Platten an. Sie werden später behandelt.

2.7 Dokumentation

Chromatogramme in der Größe von Objektträgern können am besten im Laborjournal oder Bericht festgehalten werden, indem man die Schicht auf transparentem Klebeband fixiert. Das Band wird auf die Schicht gedrückt wie in Abb. 4.4 gezeigt. Das Band und der Teil der Schicht, der an ihm haftet, wird abgezogen und ein weiterer Streifen wird auf die Rückseite gesetzt und deckt die Schicht ab. Das so gebildete ‚Sandwich' wird dann in ein Laborjournal geklebt. Wenn kommerzielle Platten mit Kunststoff- oder Folien-Unterlage verwendet werden, kann man sie unmittelbar ins Buch kleben, nachdem die Schicht mit Klebeband abgedeckt worden ist. Man kann natürlich auch immer eine Zeichnung des Chromatogramms anfertigen oder die R_f-Werte der Komponenten aufschreiben.

3 DC auf Standardplatten

Die Dünnschichtchromatographie wird im allgemeinen an Platten in zwei Standard-Größen ausgeführt: 5×20 cm und 20×20 cm. Theoretisch kann man natürlich Platten jeder Größe verwenden, aber die Schwierigkeit, die sich bei sehr großen Platten ergibt, etwa 20×1000 cm, ist, daß man sehr große und teure Entwicklungskammern braucht. Größere Schichten haben etliche Vorteile gegenüber den kleineren in Objektträger-Format. Sie sind gewöhnlich dicker, haften etwas besser an der Glasplatte und bieten eine große Fläche für chromatographische Trennungen. Man kann mehr Proben gleichzeitig untersuchen (im allgemeinen vier auf den 5×20 cm-Platten und 18 auf den 20×20 cm-Platten), und die Entwicklungsstrecke ist länger und erlaubt die Auflösung von komplexeren Gemischen. Eine Anzahl von speziellen Entwicklungs-Techniken sind auf großen Platten besser auszuführen; manche HPTLC-Methoden erfordern die großen Platten.

Kommerziell sind Dünnschicht-Platten in vielen Größen und Arten erhältlich, wie in Tabelle 4.2 zu sehen. (Das F bedeutet, daß ein Fluoreszenzindikator enthalten ist.) Im allgemeinen sind sie fester, gleichmäßiger und teurer als selbstgestrichene Platten. Große Glasplatten kann man fertig angeritzt kaufen, sodaß man sie leicht in 5×20 cm-Platten brechen kann und Schichten auf Kunststoffunterlage kann man mit einer Schere auf jede gewünschte Größe zuschneiden. Außerdem sind manche Glasplatten mit Kanälen versehen und/oder fertig numeriert, damit eine große Zahl von Proben rationell und wirksam chromatographiert werden kann. Die käuflichen Platten werden in den meisten industriellen Labors, von vielen akademischen Forschungsinstituten und manchen Labor-Praktika verwendet. Sie überwinden einige Nachteile selbstgestrichener Platten, besonders den Zeitaufwand.

Selbstbeschichtete Platten haben etliche Nachteile und ihre Herstellung erfordert im allgemeinen irgendeine Art kommerzielle Ausrüstung. Da die Schichten als wäßrige Suspension gegossen werden, müssen sie mindestens eine Stunde bei 110 °C aktiviert werden, bevor man sie zur LSC verwendet. Wenn sie einmal aktiviert sind, müssen sie in einer trockenen Atmosphäre aufbewahrt werden, was große Exsiccatoren oder besondere Trockengestelle erfordert.

Tabelle 4.2. Kommerziell erhältliche Fertigplatten für die Dünnschichtchromatographie

Sorptionsmittel	Typ
Kieselgel G,	normal
Kieselgel GF	mit Kanälen versehen[a]
	vorgeritzt[b]
	mit Konzentrierungszone[c]
	vornumeriert
	imprägniert
	mit eingestellter Aktivität
	mit besonders feiner Schicht
	hochauflösend
Aluminiumoxid G,	normal
Aluminiumoxid GF	vorgeritzt
Cellulose, Microcellulose	normal
(Avicel und Avicel F)	vorgeritzt

[a] Kanäle in der Beschichtung.
[b] Glasplatte angeritzt zum leichten Durchbrechen.
[c] Die Zusammensetzung der Schicht am Ort der Auftragung konzentriert die Probe, bevor sie mit dem Kieselgel in Berührung kommt, sodaß schärfere und reproduzierbarere balkenförmige Zonen entstehen.

Zur Herstellung und Behandlung von Dünnschicht-Platten sind viele kommerzielle Vorrichtungen entwickelt worden. Einige dieser Ausrüstungsstücke werden in den folgenden Abschnitten behandelt, aber wir werden uns nicht bemühen, alles erhältliche zu erwähnen. Die Liste von Vertriebs- und Herstellerfirmen im Firmenverzeichnis sollte ziemlich vollständig sein.

Es sollte klar sein, daß der Inhalt dieses Abschnitts eine Erweiterung von Abschn. 4.2 darstellt und daß die Kenntnis jenes Abschnitts angenommen wird.

3.1 Sorptionsmittel

Wie in Abschn. 4.2 wird sich die Diskussion auf vier Materialien beschränken: Kieselgel, Aluminiumoxid, Kieselgur und Cellulose.

Kommerzielle Sorbentien. Kommerzielle Sorbentien für die DC sind in einer verwirrenden Auswahl erhältlich. Tabelle 4.3 zählt viele von ihnen auf. Die Sorptionsmittel unterscheiden sich erheblich von Hersteller zu Hersteller in Eigenschaften wie dem pH-Wert, dem Porendurchmesser,

Tabelle 4.3. Kommerzielle Sorptionsmittel für die DC

Sorbentien

acetylierte Cellulose	Sephadex
Aluminiumoxid G	Kieselgel – RP 18 (Umkehrphase)
Aluminiumoxid GF	Kieselgel G[a]
Aluminiumoxid H	Kieselgel GF[b]
Aluminiumoxid HF	Kieselgel H[c]
Cellulose	Kieselgel G/AgNO$_3$
Florisil	Kieselgel GF/AgNO$_3$
Florisil F	Woelm[d] Aluminiumoxid sauer
Kieselgur	Woelm[d] Aluminiumoxid sauer F
Kieselgur F	Woelm[d] Aluminiumoxid basisch
Mikrocellulose	Woelm[d] Aluminiumoxid basisch F
Mikrocellulose F	Woelm[d] Aluminiumoxid neutral
Polyamid	Woelm[d] Aluminiumoxid neutral F

Bezugsquellen für Dünnschichtplatten
J. T. Baker Groß-Gerau
CAMAG Muttenz, Schweiz
DESAGA GmbH Heidelberg
ICN Biomedical GmbH Eschwege
LATEK Labortechnik-Geräte GmbH Heidelberg
MACHEREY-NAGEL Düren
E. MERCK Darmstadt
SCHLEICHER & SCHÜLL Dassel

[a] Enthält Gips.
[b] Enthält anorganischen Fluoreszenzfarbstoff.
[c] Bindemittelfreies feines Kieselgel.
[d] Vormals Woelm, Vertrieb: ICN Biomedical GmbH.

der Laufgeschwindigkeit, der Reinheit und dem Auflösungsvermögen. Die Eigenschaften einiger Bindemittel und Fluoreszenzindikatoren in den Sorbentien sind schon oben behandelt worden.

Reinigung von Sorbentien. Kommerzielle Sorbentien und auch kommerzielle Fertigplatten enthalten oft eine Reihe von Verunreinigungen, die unter Umständen Probleme verursachen können. Die Verunreinigungen fallen im allgemeinen in drei Klassen: anorganische Ionen, niedermolekulare Silikate (bei Kieselgel) und verschiedene organische Verbindungen.

Niedermolekulare Silikate und organische Verunreinigungen können entfernt werden, indem man das Sorptionsmittel vor Gebrauch als loses Material mit Methanol wäscht. Dies ist wichtig, wenn man die getrennten Verbindungen für die quantitative Bestimmung oder die Isolierung bei der präparativen DC aus der Schicht extrahieren will. Zur Reinigung kocht man eine Suspension des Sorptionsmittels in Methanol einige Minuten auf und läßt sie dann einige Stunden bei Raumtemperatur stehen. Das Sorptionsmittel wird dann abfiltriert und zunächst bei Raumtemperatur und danach eine Stunde bei 110 °C getrocknet. Das Adsorbens müßte noch genügend Bindemittel (bei Gips) oder Fuoreszenzindikator (vom anorganischen Typ, der bei 254 nm fluoresziert) enthalten.

Kommerzielle oder selbsthergestellte Schichten können gereinigt werden, indem man sie vorher mit einem Laufmittel entwickelt, das polarer ist als dasjenige, das schließlich zur Chromatographie verwendet wird. Zum Beispiel kann man die Schichten mit Methanol entwickeln, um die Verunreinigungen an ein Ende der Platte zu treiben. Die Schicht kann dann wieder aktiviert werden und die gereinigte Fläche zur Chromatographie verwendet werden.

3.2 Beschichten von Dünnschichtplatten

Plattenmaterial. Dünnschichtplatten werden gewöhnlich hergestellt, indem man einen Film einer wäßrigen Suspension des Sorptionsmittels auf eine Unterlage aufbringt und die Suspension trocknen läßt. Als Unterlage dient im allgemeinen eine Glasscheibe mit abgerundeten Rändern (um Schnittverletzungen zu vermeiden). Hitzebeständiges Glas, Edelstahl, Aluminium und viele andere Materialien sind für diesen Zweck verwendet worden, scheinen aber wenig Vorteile zu bringen. Kommerziell hergestellte Schichten werden auch auf Plastik- oder Aluminiumfolien aufgebracht.

Die Glasplatten sollten mit einem Reinigungsmittel gewaschen werden, gut gespült, getrocknet und mit einem sauberen in Hexan getränkten Wattebausch abgewischt werden, bevor die Suspension daraufgegossen wird. Das Hexan entfernt alle Ölspuren und sorgt so für eine bessere Haftung zwischen Beschichtung und Platte.

Suspensionen. Die optimale Dicke der Suspension zum Gießen von Dünnschichtplatten hängt in gewissen Grenzen von der Beschichtungsmethode ab. Wenn die Suspension zu dünn ist, wird sie von der Platte herunterlaufen; wenn sie zu dick ist, wird sie nicht aus dem Beschichtungsgerät herauslaufen. Die meisten Hersteller von Sorbentien empfehlen bestimmte Verhältnisse von Sorptionsmittel zu Wasser, von denen einige in Tabelle 4.4 angegeben sind. Adsorbens und Wasser werden entweder zusammen in einem verschlossenen Erlenmeyerkolben geschüttelt oder in einer Reibschale miteinander verrieben oder in einem Mischer suspendiert (für Cellulose-Schichten). Die Suspension wird mit der Zeit dicker, insbesondere wenn sie Gips als Bindemittel enthält und es wird empfohlen, eine konstante Zeit zu schütteln (ca. 45 sec). Eine Konsistenz der Suspension wie von Erbsensuppe oder Milchmixgetränk ist etwa richtig. Man sollte nicht zögern, von den in Tabelle 4.4 angegebenen Verhältnissen abzuweichen, wenn das wünschenswert erscheint. Die genaue Menge Wasser, die man braucht, hängt oft von der Art und Vorgeschichte des Sorptionsmittels ab.

Tabelle 4.4. Empfohlene Menge Wasser als Suspensionsmittel für verschiedene kommerzielle Sorbentien

Sorptionsmittel	Sorptionsmittel:Wasser (g:m)
Kieselgel G	30:60-65
Kieselgel H	30:80-90
Aluminiumoxid G	30:40
Aluminiumoxid H	30:80-90
Cellulose	15-20:60-90
Kieselgur	30:60-65
Polyamid	15:65
Sephadex	4.5-10.5:100

Streichen der Schicht. Schichten von fast jeder Größe und bis zu einer Dicke von etwa 1 mm können mit einer Glasplatte, etwas Klebeband und einem Glasstab hergestellt werden [3]. Schichten von Isolierband (bis zu fünf Lagen) werden an den gegenüberliegenden Seiten der Glasplatte angebracht. Die Suspension, unter Umständen etwas dicker als sonst üblich, wird auf die Platte gegossen und mit einem Glasstab, der auf dem Klebeband geführt wird, glattgestrichen. Die Dicke des Bandes bestimmt die Dicke der Schicht. Das Band muß vor der Aktivierung entfernt werden. Die Prozedur, obwohl einfach und billig, ist für die Herstellung einer größeren Anzahl von Platten nicht sehr praktisch, kann aber auch für Schichten größer als 20×20 cm verwendet werden.

Kommerziell ist eine große Zahl an Vorrichtungen zum Streichen von Platten erhältlich. Es gibt im wesentlichen zwei Grundmuster. In der einen Anordnung werden die Glasplatten auf einer ebenen Oberfläche oder Schiene ausgebreitet und das Streichgerät wird darübergezogen und trägt einen Film von Suspension auf. In der zweiten Anordnung werden die Glasplatten unter einem Trog hindurchgeschoben, der die Suspension abgibt. Das Stahl-Desaga-Gerät ist ein Beispiel des ersten Typs und ist in Abb. 4.5 gezeigt. Die Glasplatten können 5×20, 10×20 oder

Abb. 4.5. Das Stahl-Desaga-Gerät im Gebrauch. Man sieht die Einstellmöglichkeiten des Streichers. (Reproduziert mit freundlicher Genehmigung von Brinkmann/Sybron Instruments, Inc.)

20 × 20 cm groß sein und werden in einer Plastikführung gehalten. Das Streichgerät ist in mehreren Modellen erhältlich, von denen das für variable Schichtdicken am vielseitigsten ist. Schichten bis zu einer Dicke von 2 mm können damit hergestellt werden. Das System ist bequem und praktisch, erfordert aber, daß alle Glasplatten dieselbe Dicke besitzen, sonst erhält man Beschichtungen unterschiedlicher Dicke. Geräte dieses allgemeinen Typs werden auch von anderen im Herstellerverzeichnis am Ende des Buches erwähnten Firmen geliefert.

Modifizierte Schichten. Eine Reihe von Substanzen kann für besondere Zwecke in die Schichten eingearbeitet werden. Im allgemeinen sind dies Säuren, Basen, Puffer oder Komplexbildner.

In Abschn. 4.2 haben wir die Unterschiede im pH-Wert der Sorptionsmittel behandelt, besonders zwischen dem leicht sauren Kieselgel und dem leicht basischen Aluminiumoxid, und die Rolle, die diese Unterschiede bei der Trennung organischer Säuren oder Basen spielen können. Man kann den pH-Wert jeder Schicht beeinflussen, indem man Säuren,

Basen oder Pufferlösungen anstelle von reinem Wasser für die Suspensionen verwendet. So kann man etwa 0.5 N Oxalsäure oder 0.5 N Schwefelsäure einsetzen, um Schichten herzustellen, die zur Trennung von Säuren und neutralen Verbindungen verwendet werden sollen, während Basen am Start festgehalten werden. Mit 0.5 N Natronlauge hergestellte Schichten eignen sich für die Trennung von Basen. Solche sauren oder basischen Beschichtungen helfen das Tailing zu unterdrücken, das entstehen kann, wenn Säuren oder Basen auf einer neutralen Schicht chromatographiert werden. Puffer aller Art können verwendet werden. Es soll angemerkt werden, daß die Art einer Suspension und die Geschwindigkeit, mit der sie sich setzt, durch diese Zusätze verändert werden kann und es ist nicht sicher, ob diese Schichten nach LSC, LLC oder einer Mischung aus beiden wirken. Auf jeden Fall funktionieren sie.

Der Zusatz von Komplexbildnern zur Schicht kann zwei Probleme in der DC beheben. Das erste hat mit der Trennung sehr unpolarer Verbindungen zu tun wie der Alkane, Alkene, Alkine und aromatischen Kohlenwasserstoffe. Diese Stoffe haben selbst zu den aktivsten Schichten nur wenig Affinität und werden schon durch das unpolarste Laufmittel, Hexan, mit der Laufmittelfront bewegt. Wenn die Schicht einen Komplexbildner wie Silbernitrat enthält (12.5% in der Suspension), so wird sie eine erhöhte Neigung zeigen, Alkene und aromatische Kohlenwasserstoffe, die Komplexe mit den Silberionen bilden, festzuhalten und zu trennen. Darüberhinaus hängt die Komplexbildung zwischen Doppelbindungen und Silberionen von der Stereochemie des Alkens ab, sodaß silberimprägnierte Schichten verwendet werden können, um ungesättigte Isomere zu trennen. Silbernitrathaltige Suspensionen sollte man nicht in Edelstahl-Streichgeräten wie dem Stahl-Desaga-Streichgerät stehenlassen [4].

Das zweite Problem hat mit der Trennung von Gemischen sehr polarer Verbindungen wie Zucker zu tun. In diesem Fall kann man die Komplexbildung zwischen Diolen und Borat-Ionen ausnutzen, um selektivere Schichten herzustellen. Die Suspension enthält dann 0.1 N Borsäure [5].

Aktivierung der Schicht. Eine Suspensionsschicht aus Kieselgel oder Aluminiumoxid sollte man nach dem Streichen etwa 30 min bei Raumtemperatur stehen lassen und dann bei 110 °C mindestens eine Stunde aktivieren. Dadurch erhält sie nach Brockmann [6] eine Aktivitätsstufe von II–III (Kap. 5) und sollte in einem Trockengestell oder einem großen Exsicator bis zum Gebrauch aufbewahrt werden.

Imprägnierung der Schicht. Die Methoden, nach denen man eine flüssige stationäre Phase auf die Schicht aufbringt, hängen von der Art der stationären Phase ab. Wenn die Flüssigkeit Wasser sein soll, läßt man die aus wäßriger Suspension gestrichenen Platten trocknen und heizt sie nur für 10 min auf 110 °C auf. Wenn die Suspension Säure-, Basen- oder Pufferzusätze enthält, ist die gebildete flüssige stationäre Phase ebenfalls sauer, basisch oder gepuffert. Um solche Systeme handelt es sich meistens bei der LLC. Die vorimprägnierten Schichten (siehe Tabelle 4.2) erleichtern diese Technik.

Man kann natürlich auch verschiedene andere Flüssigkeiten als stationäre Phase verwenden (Tabelle 3.5). Es können polare Flüssigkeiten wie Formamid oder Ethylenglycol oder unpolare Flüssigkeiten wie Siliconöl oder Paraffinöl sein. Im allgemeinen werden die Schichten aktiviert, um das Wasser aus ihnen zu entfernen, und dann mit der gewünschten Flüssigkeit imprägniert. Die Flüssigkeiten können bequem aufgebracht werden, indem man eine aktivierte Schicht (Kieselgel oder Kieselgur) langsam in eine Lösung der Flüssigkeit in einem flüchtigen Lösungsmittel eintaucht: 20% Formamid oder Ethylenglycol in Aceton, 5% Siliconöl (Dow-Corning 200, Viskosität 10 cs) in Diethylether oder 15% Undecan in Hexan. Die Schichten läßt man dann bei Raumtemperatur trocknen.

3.3 Probenvorbereitung und Auftragen

Als Probe für die Chromatographie wird die zu trennende Mischung als Lösung aufgetragen. Dies ist schon diskutiert worden. Im allgemeinen werden für die Adsorptions-Chromatographie Mengen zwischen 50 und 100 µg auf einen einzelnen Fleck aufgetragen und für die Verteilungs-Chromatographie 5 bis 20 µg.

Bestimmte Verbindungstypen kann man auch als Salz auftragen, wenn ein geeignetes Reagens dem Laufmittel zugesetzt wird, das sie freisetzt. Zum Beispiel kann man Amine als Hydrochlorid auftragen und als freie Base chromatographieren, wenn eine geringe Menge (etwa 0.1%) an Ammoniak oder Diethylamin dem Laufmittel zugesetzt wird. Mit welcher Genauigkeit die Lösung auf die Schicht aufgebracht werden muß, hängt vom Ziel der chromatographischen Trennung ab. Für die qualitative DC ist es wohl wichtiger, die Mischung in mehreren ungefähren Konzentrationen zu untersuchen, als eine genau bekannte Probemenge zu analysieren. Auftragungen dieser Art werden im allgemeinen mit irgendeiner Kapillare durchgeführt, entweder handgezogen oder gekauft. Die Kapillare wird gefüllt, indem man sie in die Lösung eintaucht, und entleert, indem man mit der Flüssigkeit die Schicht berührt. Der Fleck sollte so klein wie möglich gehalten werden und man sollte darauf achten, daß die Adsorbensschicht nicht verletzt wird (was zu verzerrten Flecken führt).

Man kann eine bestimmte Spanne an Konzentrationen überstreichen, indem man mehrfach auf einen Punkt aufträgt, zum Beispiel zweimal auf einen Fleck, viermal auf einen anderen und so weiter. Die Verwendung von käuflichen festen Schichten (siehe Tabelle 4.2) erlaubt das mehrfache Auftragen ohne allzugroße Gefahr, die Schicht zu verletzen. Eine derartige Untersuchung wird Information über die Zahl und die relativen Konzentrationen der anwesenden Komponenten geben. (Man beachte: einige Nebenbestandteile werden bei den niedrigeren Konzentrationen nicht zu sehen sein.)

Wenn eine große Zahl an Proben auf eine Schicht aufgetragen werden soll und das Adsorbens nicht schon mit Kanälen versehen und/oder numeriert ist (siehe Tabelle 4.2), kann es günstig sein, irgendeine Art Schablone zu verwenden, um leichter die richtigen Abstände der Flecken zu finden. Einige derartige Schablonen sind kommerziell erhältlich.

Wenn man genau die auf die Schicht aufgetragene Probemenge wissen will, muß man die Probelösung sorgfältig vorbereiten und eine bekannte Menge auf die Schicht auftragen. Diese Forderung wird in Abschn. 4.4 behandelt. Techniken zum streifenförmigen Auftragen von Proben, wie man sie in der präparativen DC verwendet, werden in Abschn. 4.5 betrachtet.

Manchmal kann man eine Probe verflüchtigen und auf einer Dünnschichtplatte kondensieren. Dies wird häufig verwendet, wenn die DC mit der GC kombiniert wird. Wenn die flüchtigen Komponenten aus dem Auslaß des Gas-Chromatographen kommen, können sie unmittelbar auf der Schicht kondensiert werden, die dann mit einem geeigneten Laufmittel entwickelt wird. So kann man GC und DC mit einem Minimum an Manipulation auf dieselbe Probe anwenden.

Zwei Techniken stehen zur Verfügung, um einen runden Probefleck vor der Trennung zu einer dünnen Linie zu konzentrieren. Solche dünnen Linien werden in Banden aufgetrennt statt in Flecken und ergeben oft schärfere Auflösung vielkomponentiger Proben. Die eine Technik besteht darin, daß man die Platte nach dem Auftragen in ein sehr polares Lösungsmittel wie Methanol stellt und sie bis etwas über den ursprünglichen Fleck entwickelt. Die Probe wandert mit dem Lösungsmittel und bildet eine Linie. Dann kann man die Platte herausnehmen, trocknen lassen (man bedenke, daß es lange dauert, bis alles Methanol entfernt ist) und mit dem normalen Laufmittel entwickeln. Die zweite Technik verwendet kommerzielle Platten (siehe Tabelle 4.2), die einen Streifen nichtadsorbierenden Trägermaterials an einer Seite der Schicht besitzt. Die Probe wird in diesem Streifen aufgebracht. Wenn die Schicht entwickelt wird, nimmt das Laufmittel die gesamte Probe aus dem nichtadsorbierenden Streifen mit und setzt sie als dünne Linie oder Balken am Rand des adsorbierenden Teils der Schicht ab.

3.4 Die Wahl des Laufmittels

Die Wahl eines Laufmittelsystems ist ausführlich in Kap. 3 und oben im Abschnitt über Objektträger erörtert worden. Der Zusatz von Spuren an Säuren und Basen zum Fließmittel, um Schwanzbildung zu verringern und den pH-Wert der Schicht zu kontrollieren, ist auch betrachtet worden. Um die Trennung anorganischer Ionen zu erleichtern, ist der Komplexbildner 2,5-Hexandion dem Fließmittel zugesetzt worden (0.5%) [7].

Wie immer sollte man darauf achten, daß man reine Lösungsmittel zum Chromatographieren verwendet oder zumindest Laufmittel, die reproduziert werden können. Lösungsmittel „für die Chromatographie" sind erhältlich, sind aber teuer. Sie sollten aber für genaue Chromatographie verwendet werden, wenn R_f-Werte angegeben werden sollen oder wenn sorgfältige quantitative Arbeit das Ziel ist. Für den täglichen Bedarf kann man weniger teure Lösungsmittel verwenden, solange man sich dessen bewußt ist, daß sie durchaus verschiedene Verunreinigungen enthalten können, die die chromatographischen Ergebnisse merklich verändern können. Es ist nicht empfehlenswert, ein Fließmittelgemisch wiederzuverwenden, denn die Zusammensetzung kann sich leicht durch bevorzugte Verdampfung einer Komponente ändern.

Manchmal sieht man auf einer Dünnschichtplatte die Erscheinung der Laufmittelentmischung. In diesem Fall trennen sich zwei (oder mehr) Lösungsmittel, die normalerweise miteinander mischbar sind, auf der Schicht auf. Dies ist häufig der Fall, wenn man zwei Lösungsmittel sehr unterschiedlicher Polarität mischt. Die Erscheinung zeigt sich in Form von merkwürdigen halbmondförmigen Flecken anstelle der üblichen runden oder ovalen Form. Häufig kann man auch wirklich zwei Fließmittelfronten auf der Schicht sehen, besonders dann, wenn man die Schicht gegen ein helles Licht betrachtet. Diese Erscheinung ist in einigen Fällen zur Verbesserung der Trennung verwendet worden.

3.5 Entwicklungstechniken

Fast die gesamte DC wird in einer einfachen aufsteigenden Technik ausgeführt wie in Abb. 4.6 gezeigt. Eine Reihe anderer Techniken wie zirkulare, horizontale und absteigende Entwicklung sind bekannt, aber sie

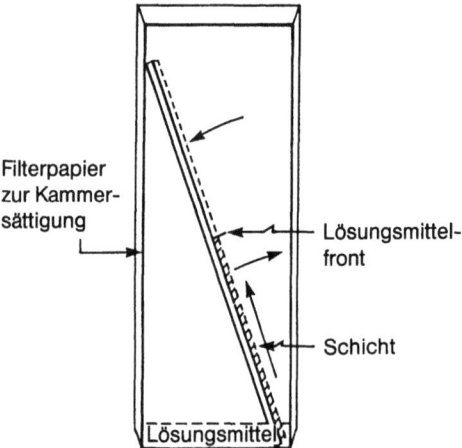

Abb. 4.6. Ein Dünnschichtchromatogramm, an dem man die verschiedenen Bewegungen des Fließmittels sieht. Das Fließmittel strömt durch die Schicht nach oben, verdampft von ihr unterhalb der Fließmittelfront und wird oberhalb der Front an ihr adsorbiert

scheinen wenig Vorteil zu bringen außer in der HPTLC (siehe Abschn. 4.7). Eine Reihe von Fragen und Techniken erfordert jedoch eine eingehendere Erörterung im Zusammenhang mit der Entwicklung.

Die Entwicklung einer DC-Platte ist etwas komplexer, als es erscheint. Wenn eine Platte wie in Abb. 4.6 in eine Kammer gestellt wird, wird sich das Fließmittel auf drei verschiedene Arten bewegen. Erstens wird es durch die Schicht nach oben wandern, was man leicht an der fortschreitenden Fließmittelfront sieht. Zweitens wird Lösungsmitteldampf an der Schicht oberhalb der Front adsorbiert werden und so deren Eigenschaften ändern. Bis die Front am oberen Rand der Platte ankommt, wird sie sich in ein Adsorbens hineinbewegen, das fast gesättigt ist mit der flüchtigeren Komponente des Systems. Die dritte Bewegung des Laufmittels ist die Verdampfung des Lösungsmittels von der Schicht unterhalb der Front. Das Ausmaß in dem dies stattfindet, bestimmt, wieviel Lösungsmittel wirklich an der Probe vorbeigekommen ist, denn das ist die Summe dessen, was man an der Laufmittelfront sieht und dessen, was darunter verdampft ist. In den meisten Fällen kümmert man sich nicht um diese Faktoren. Für sehr präzise Arbeit kann man sie dagegen mit entsprechender Kammersättigung und Voräquilibrierung der Platte unter Kontrolle halten.

Entwicklungstechniken 133

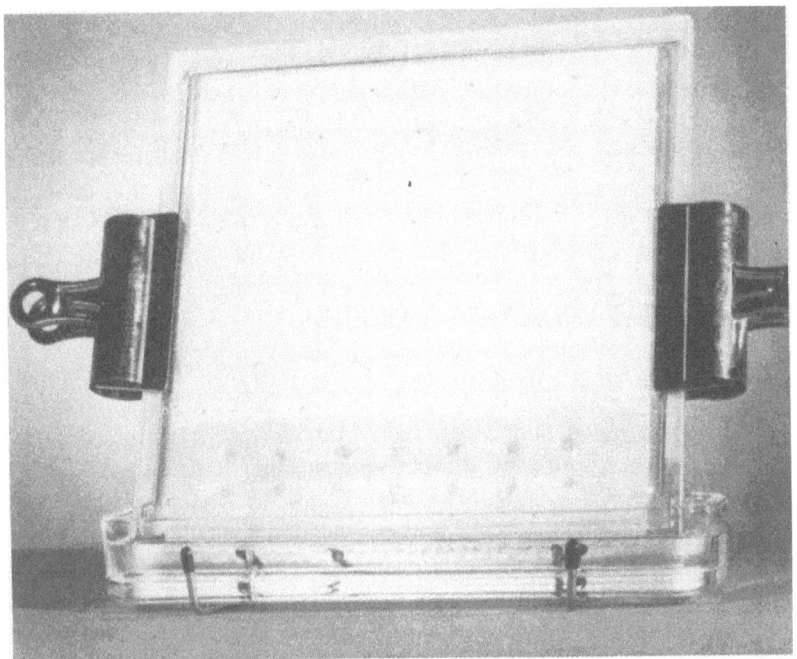

Abb. 4.7. Wiedergabe einer Sandwich-Kammer für die DC im Gebrauch

DC-Kammern und Kammersättigung. Die DC kann in jedem passenden verschließbaren Gefäß oder Behälter ausgeführt werden. Kommerziell sind viele verschiedene Ausführungen erhältlich. Weniger teure Kammern für 20 × 20 cm-Platten kann man sich herstellen, indem man von einem normalen durchscheinenden Glasbaustein geeigneter Größe die Oberseite glatt abschneidet (oder abschneiden läßt). Dieser Trog wird dann mit einer Glasplatte verschlossen.

Für die Chromatographie auf großen Platten sollte man sich etwas darum bemühen, die Kammer vor der Trennung mit Lösungsmittel zu sättigen. Dies verringert die oben diskutierte Verdampfung von Fließmittel und führt zu runderen und besseren Flecken. Dies erreicht man üblicherweise, indem man die Wände der Kammer mit Filtrierpapier auskleidet (mindestens halb herum und fast bis zum Deckel). Das Papier sollte mit dem Fließmittel angefeuchtet werden und die verschlossene Kammer sollte man kurz stehen lassen, bevor die Platte hineingesetzt wird.

Die sogenannten S-Kammern oder Sandwich-Kammern bieten mehrere Vorteile. Eine solche Kammer ist in Abb. 4.7 gezeigt. In diesen Systemen wird die Glasplatte, die die Schicht mit der Probe trägt, mit einer zweiten Platte abgedeckt. Die zwei Platten werden durch einen Abstandshalter aus Pappe oder Teflon auseinandergehalten, den man an drei Seiten um die Schicht herum anordnet. Das Adsorbens am Rand der Schicht unter dem Abstandshalter wird entfernt und die Schicht berührt nicht die Abdeckplatte. Die zwei Platten werden dann leicht zusammengeklammert, sodaß eine vollständige Chromatographie-Kammer mit kleinem Volumen gebildet wird, die zur Entwicklung in das Laufmittel getaucht wird. Das kleine Volumen ist sehr schnell gesättigt. Solche Geräte sind auch kommerziell erhältlich.

Äquilibrierung der Schichten. In manchen Fällen ist es wünschenswert, DC-Platten vorzuäquilibrieren, das heißt, man läßt die Platte nach dem Auftragen etwa eine Stunde vor dem Entwickeln im Laufmitteldampf stehen. Dies beseitigt alle in Abb. 4.6 veranschaulichten Probleme. Es ist besonders wichtig bei jeder Art von LLC, wo die stationäre Flüssigkeit mit der mobilen Phase gesättigt und mit ihr im Gleichgewicht sein sollte.

In der Praxis kann man dies erreichen, indem man ein zweites Gefäß, eine Schale oder ein Becherglas mit einem Docht aus Filtrierpapier in die Entwicklungskammer stellt. Ein Teil des Laufmittels wird in dieses Gefäß gebracht und die Platte wird in die Kammer gestellt. Nach der Gleichgewichtseinstellung gießt man mehr von dem Laufmittel unten in die Kammer und läßt das Chromatogramm sich entwickeln. Das Fließmittel kann man durch ein Loch in der Kammer einfüllen oder auch, indem man vorsichtig den Deckel zur Seite schiebt.

3.6 Mehrfachentwicklung

Die am geringsten geachtete und doch wichtigste Methode zur Verbesserung der Trennung ist die Mehrfachentwicklung. Bei dieser Technik wird das Chromatogramm einmal entwickelt, aus der Kammer genommen, getrocknet und noch einmal in demselben Fließmittel entwickelt. Genau genommen ist dies also eine Art, eine längere Entwicklungsstrecke zu simulieren, wobei zwei Entwicklungen über 10 cm etwa einer Einfachentwicklung über 17-18 cm entsprechen. Dadurch kann jedoch wesentlich Zeit eingespart werden, da die Entwicklungsgeschwindigkeit schnell abnimmt in dem Maße, in dem das Laufmittel steigt. Die zweite Entwicklung dagegen verläuft im allgemeinen schneller als die erste.

Die Verbesserung der Trennung ist eine Angelegenheit der Mathematik, nicht der Chromatographie, und ist als solche von Thoma [8] behandelt worden. Die Gleichung zur Vorhersage der für eine gegebene Trennung optimalen Zahl von Entwicklungen ist Gl. 4.1. Im allgemeinen verbessert sich die Trennung immer

$$n_{\text{opt.}} = \frac{-1}{\ln(1-R_f)} \tag{4.1}$$

durch Mehrfachentwicklung, wenn die Probeflecken sich in der unteren Hälfte des Chromatogramms befinden, verschlechtert sich aber, wenn sich die Flecken im oberen Drittel der Wanderungsstrecke befinden (R_f über 0.6).

Im Lichte dieser Diskussion ist es möglich, die Bedingungen festzulegen, unter denen man die bestmöglichen Trennungen mit einem bestimmten Lösungsmittelpaar erhalten kann. [7]

Der Anteil der polaren Komponente des Fließmittelsystems sollte so weit verringert werden, bis der mittlere R_f-Wert der Flecken nach einer Entwicklung etwa 0.3 ist. Die Platte sollte dann noch einmal entwickelt werden, bis die Flecken einen mittleren R_f-Wert von etwa 0.6 haben.

Manchmal ist es möglich, bestimmte Gemische, die mit einer einzigen Entwicklung in einem relativ polaren Fließmittelgemisch nicht getrennt werden können, durch mehrere Entwicklungen mit demselben Fließmittel in einer weniger polaren Mischung zu trennen. Mit Mehrfachentwicklung können viel größere Probemengen getrennt werden und folglich sind diese Techniken in der präparativen DC recht wichtig.

Chromatographie mit Formgebungstechnik. Manchmal ist es sinnvoll, den für die DC verwendeten Flächen die in Abb. 4.8 gezeigten Formen zu geben. Auf einer Glasplatte kann man die Formen mit einem Spatel oder

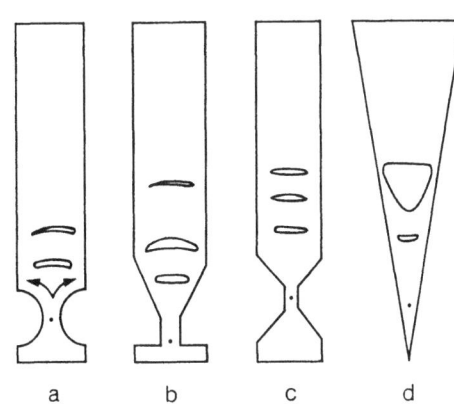

Abb. 4.8. Formgebungstechnik. Die Punkte stellen jeweils den Start dar

a b c d

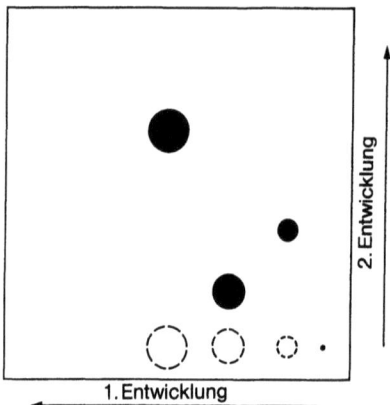

Abb. 4.9. Ein idealisiertes zweidimensionales Chromatogramm mit verschiedenen Laufmitteln in zwei Dimensionen. Die strichlierten Kreise stellen die Positionen der drei Komponenten nach der ersten Entwicklung dar und die ausgefüllten Flecken ihre Positionen nach der zweiten Entwicklung. Es scheinen nur drei Komponenten in der Mischung zu sein

einem scharfen Werkzeug auskratzen. Schichten auf Plastikfolien können mit einer Schere zugeschnitten werden. Wenn das Laufmittel den engen Teil der Schicht verläßt, wo die Probe ursprünglich aufgetragen worden war, ist es gezwungen, sich außer vertikal auch seitlich zu bewegen (wie in Beispiel a, der Abbildung durch Pfeile gezeigt). Das bedeutet, daß die Probe in Banden verzerrt wird statt runde Flecken zu ergeben. Diese Banden sind schärfer und leichter zu erkennen und man kann eine viel größere Anzahl von Komponenten sichtbar machen. Bei der Keilform (Abb. 4.8 d) kann man eine sehr kleine Menge einer Verunreinigung sehen, sofern sie langsamer wandert als die Hauptkomponenten. Diese Technik erfordert eine längere Entwicklungszeit als die normale Entwicklung.

Zweidimensionale DC. Die zweidimensionale DC ist eine Technik, die die Verwendung einer großen Adsorbensfläche für die Trennung von Gemischen vieler Komponenten erlaubt. Darüberhinaus kann man zwei recht unterschiedliche Laufmittelsysteme nacheinander auf ein gegebenes Gemisch anwenden, was die Trennung von Gemischen aus Komponenten mit recht unterschiedlichen Polaritäten erlaubt. Die Methode ist äußerst nützlich zur Trennung von Aminosäuregemischen aus Peptidhydrolysaten und wurde zu diesem Zweck für die Papierchromatographie entwickelt.

Mehrfachentwicklung 137

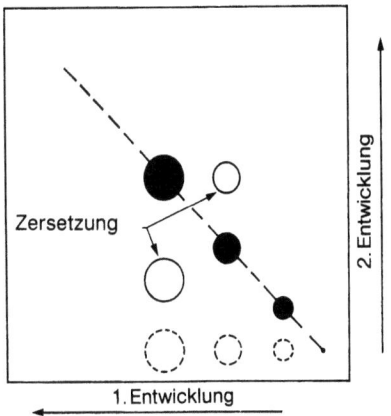
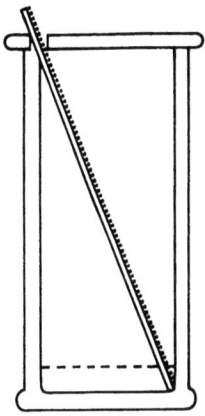

Abb. 4.10 (links). Ein idealisiertes zweidimensionales Chromatogramm mit dem gleichen Laufmittel für beide Richtungen. Die strichlierten Kreise stellen die Positionen der drei Komponenten nach der ersten Entwicklung dar und die Vollkreise ihre Endposition. Die Kreise stellen Zersetzungsprodukte dar, die sich während des Chromatogramms gebildet haben

Abb. 4.11 (rechts). Eine einfache Anordnung für die kontinuierliche Dünnschichtchromatographie

Die Probe wird in einer Ecke einer quadratischen Platte (20 × 20 cm) aufgetragen und mit einem Laufmittel so entwickelt, daß das Gemisch in einer Spur parallel zu einem Rand aufgelöst wird (gestrichelte Kreise in Abb. 4.9). Die Platte wird herausgenommen, getrocknet, und um 90 Grad gedreht in ein zweites Laufmittel gestellt, sodaß die in der ersten Entwicklung aufgetrennten Flecken am unteren Rand sind und noch einmal chromatographiert werden. Die resultierenden Flecken (ausgefüllte Punkte in Abb. 4.9) können irgendwo auf der Schicht liegen.

Manchmal trifft man Substanzen an, die sich auf der Schicht zersetzen, entweder wegen einer katalytischen Wirkung des Sorptionsmittels oder der Einwirkung von Luft auf die Probe. Eine solche Möglichkeit kann mit der zweidimensionalen DC bestätigt werden, wenn beide Laufmittel gleich sind. Wenn keine Zersetzung eingetreten ist, liegen alle Flecken auf einer Linie, die durch den ursprünglichen Auftragungspunkt geht (die ausgefüllten Flecken in Abb. 4.10). Wenn Zersetzung stattgefunden hat, werden verschiedentlich Flecken neben dieser Linie entstehen (aus Zersetzungsprodukten, offene Kreise in Abb. 4.10).

Kontinuierliche Entwicklung. Die kontinuierliche Entwicklung bei der DC erfordert den fortlaufenden Strom von Fließmittel aus einem Vorratsbehälter (gewöhnlich Boden eines Trogs) durch die Schicht, wobei das Laufmittel auf irgendeine Art am anderen Ende der Schicht entfernt werden muß. Bei manchen kommerziellen Systemen (Camag) liegt die Schicht horizontal. Die Anordnung Abb. 4.11 stellt eine einfache Möglichkeit zur Durchführung so einer kontinuierlichen Entwicklung dar. Das Laufmittel verdampft vom Ende der Platte in den Abzug.

Die kontinuierliche DC und die Mehrfachentwicklung stellen Methoden dar, die die verlängerte Entwicklung mit einem Laufmittel erlauben, das eher weniger polar ist als man bei einer einfachen Einzelentwicklung verwenden müßte. Dies ist oft aus folgendem Grund wünschenswert. Im Falle der LSC stimmt man die Polarität des Laufmittels auf die Polarität der stationären Phase ab in der Erwartung, daß kleine Polaritätsunterschiede der Proben zur Grundlage für ihre Trennung werden. Wenn das Laufmittel relativ polar ist, kann das dazu führen, daß kleine Unterschiede zwischen den Proben verwischt oder aufgehoben werden, wodurch sich eine schlechte Trennung ergibt. Weniger polare Lösungsmittel führen eher dazu, daß die Wechselwirkungen Probe-Sorptionsmittel verstärkt werden und liefern deshalb bessere Trennungen. Dies ist der Grund, warum die besten dünnschichtchromatographischen Ergebnisse normalerweise erreicht werden, wenn die Flecken in der unteren Hälfte der Platte zu liegen kommen (R_f unter 0.5).

Diverse Entwicklungstechniken. Auch mit vielen anderen Techniken kann man Dünnschicht-Chromatogramme erhalten. Man kann, weitgehend so wie in der Säulenchromatographie oder HPLC, die Gradient-Elution einsetzen. Dabei wird die Polarität des Laufmittels während der Entwicklung geändert. Es ist jedoch schwierig, diese Änderung auf zuverlässige und kontrollierbare Art zu erreichen und diese Technik ist in der DC weniger wichtig. Die Zirkularchromatographie zeichnet sich dadurch aus, daß sie Banden anstelle von Flecken erzeugt, ziemlich ähnlich wie bei der oben diskutierten Formgebungstechnik. Sie wird in der HPTLC verwendet, die am Ende dieses Kapitels abgehandelt wird. Es ist allerdings eine spezielle Ausrüstung für die Entwicklung erforderlich.

R_f-Werte in der DC. Einer der Hauptnachteile der DC ist, daß die R_f-Werte oft nicht sehr reproduzierbar sind, besonders dann, wenn es sich um LSC handelt. Obwohl eine große Zahl von R_f-Werten in der Literatur berichtet worden ist, sollten sie nur dann als gültige Werte betrachtet werden, wenn sie in derselben Studie mit anderen Stoffen oder mit einer bekannten Bezugssubstanz verglichen werden. Diese Schwierigkeiten

ergeben sich aus den gewaltigen Unterschieden zwischen den Sorbentien von verschiedenen Herstellern, wie auch ihren Schwierigkeiten bei der Herstellung reproduzierbarer Beschichtungen.

Die folgenden Vorsichtsmaßregeln sollte man treffen, wenn man R_f-Werte für Veröffentlichungen messen will:

1. Man verwende gebräuchliche kommerzielle Sorbentien, immer von denselben Lieferfirmen. Tatsächlich wäre es ratsam, kommerzielle Fertigplatten zu verwenden.
2. Wenn die Schichten selbst hergestellt werden, sollten sie immer auf die gleiche Art hergestellt und aktiviert werden.
3. Man sollte immer eine bestimmte Mindestzeit warten, nachdem man die Platten aus einer trockenen Atmosphäre genommen hat und bevor man sie entwickelt.
4. Man sollte kleine, bekannte Probemengen in vergleichbaren Volumina und aus Lösungen ähnlicher Konzentration auftragen.
5. Die Platten sollten in einer sorgfältig gesättigten Kammer voräquilibriert werden.
6. Man sollte die Chromatogramme immer über die gleiche Wanderungsstrecke entwickeln und dies auf folgende Art erzwingen: in einer festgelegten Höhe (oft 10 cm) über dem Start wird eine Linie quer über die Schicht eingeritzt. An dieser Linie wird dann die Entwicklung stehenbleiben. Nachdem das Laufmittel diese Höhe erreicht hat, läßt man die Platte noch weitere 10 min in der Kammer stehen, sodaß das Laufmittel sich gleichförmig über die gesamte Länge der chromatographischen Wanderungsstrecke verteilt.
7. Man sollte den Mittelwert aus drei oder mehr Experimenten angeben.

Man muß vorsichtig sein, wenn man eine Verbindung durch Vergleich ihres gemessenen R_f-Wertes mit einem in der Literatur von einem anderen Labor berichteten identifizieren will. Gültige Identifikationen kann man nur dann durchführen, wenn die unbekannte Probe mit der Vergleichssubstanz auf derselben Platte verglichen wird. Wenn die unbekannte Probe Teil eines komplexen Gemisches ist und der Standard eine reine Probe ist, können sich Probleme ergeben, da die anderen Komponenten der Mischung den R_f-Wert der untersuchten Substanz beeinflussen können. Um ein solches Problem zu lösen, kann man die als Aufstokken bekannte Technik (siehe Kap. 2 über GC) verwenden. Dabei sollte eine geringe Menge des Standards der unbekannten Mischung zugesetzt werden und die drei Proben sollten wie in Abb. 4.12 nebeneinander chromatographiert werden. Wenn die bekannte Substanz tatsächlich in der

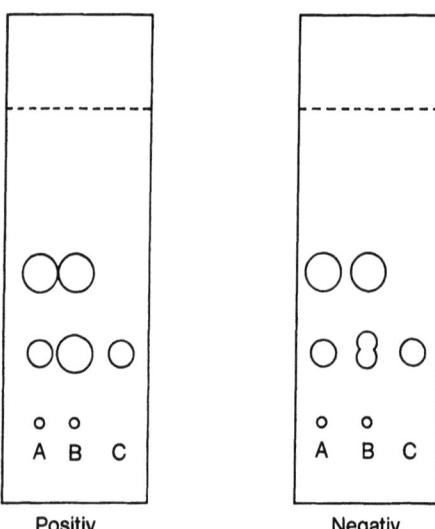

Abb. 4.12. Zwei Chromatogramme mit einer positiven Identifizierung und einem negativen Ergebnis beim Vergleich der unbekannten Probe mit einem Standard und einer Mischung aus Probe und Standard (Aufstock-Technik). A, unbekannte Probe; B, Probe und Vergleichssubstanz; C, Vergleichssubstanz

Mischung enthalten ist, wird der entsprechende Fleck sich vergrößern (in der Abbildung unter „positiv"). Anderenfalls ist die Identifikation negativ. Ein positiver Befund an dieser Stelle sollte weiter bestätigt werden, entweder durch Chromatographie in einem anderen System oder mit irgendeiner Nachweismethode (siehe unten).

Eine Übersicht über standardisierte DC-Systeme zur Identifizierung von 750 Drogen und Giften ist veröffentlicht worden [9]. Dieser Artikel schließt eine allgemeine Diskussion der Reproduzierbarkeit, Korrelation zwischen DC-Laufmittelsystemen und der Wahl von Lösungsmittelgemischen, wie auch eine Bewertung der DC-Methoden für Drogen und Gifte ein.

3.7 Nachweisreaktionen

Um festzustellen, wo die Flecken farbloser Verbindungen sich auf der Platte befinden, werden verschiedene Nachweisreaktionen verwendet. Sie können destruktiv oder nicht-destruktiv sein. Destruktive Methoden verändern die Probeflecken irreversibel und werden für qualitative und manche Arten der quantitativen DC verwendet. Nicht-destruktive Methoden lassen die Probekomponenten intakt und müssen für die präparative und einige Arten der quantitativen Dünnschicht-Chromatographie verwendet werden. Sie können natürlich auch beim qualitativen Arbeiten eingesetzt werden. Man kann die Nachweismethoden auch einteilen in universelle (geeignet für alle oder die meisten organischen Verbindungen) und spezifische (nur für eine bestimmte Substanzklasse zu gebrauchen).

Universelle Reagentien oder Techniken. Universelle Reagentien sind nicht wirklich universell in dem Sinn, daß sie für alle Substanzen verwendet werden können. Jede Technik hat irgendeine Beschränkung. Die Verwendung von UV-Licht auf Platten mit Fluoreszenzindikator ist zum Beispiel auf jene Substanzen beschränkt, die aromatische Ringe oder konjugierte Doppelbindungssysteme besitzen. Die oben diskutierte Iodkammer-Methode funktioniert bei ungesättigten oder sauerstoffhaltigen Verbindungen besser als bei gesättigten Kohlenwasserstoffen und kann in manchen Fällen recht langsam ablaufen.

Einer der Hauptvorteile, der für die DC angeführt wird, ist, daß man so universelle Reagentien wie konzentrierte Schwefelsäure auf den rein anorganischen Platten verwenden kann (Kieselgel, Aluminiumoxid oder Kieselgur gebunden mit Gips). Wenn die damit besprühten Platten auf 100 °C erhitzt werden, werden organische Verbindungen zu Kohlenstoff verkohlt und erscheinen als schwarze Flecken auf einem weißen Untergrund. Die Methode geht weniger gut auf kommerziellen Platten, die im allgemeinen mit organischen Polymeren gebunden sind. Dieser Vorteil der DC ist allerdings etwas überbewertet worden, da alle schwarzen Flecken gleich aussehen und kleine Unterschiede zwischen verschiedenen Komponenten sich nicht zeigen. Die korrosive Schwefelsäure kann man umgehen, indem man Ammoniumsulfat verwendet. In der Hitze zersetzt sich das Ammoniumsulfat zu Ammoniak, das sich verflüchtigt, und Schwefelsäure, die die organischen Verbindungen verkohlt. Die universellen Nachweismethoden sind in Tabelle 4.5 zusammengefaßt. Unter diesen Methoden ist der UV-Nachweis völlig zerstörungsfrei, die Iod-Technik nur bei etwa 75% der organischen Verbindungen.

Spezifische Techniken. In den meisten Fällen bestehen spezifische Nachweismethoden darin, daß man die Platte mit einem Reagens einsprüht, das durch Reaktion mit der Probezone eine Farbe entwickelt. Diese Anfärbetechniken sind hauptsächlich für die Verwendung in der Papierchromatographie entwickelt worden und mußten deshalb nicht-korrosiv sein. Es gibt zwei wichtige Gesichtspunkte bei der Verwendung von spe-

Tabelle 4.5. Universelle Sprühreagentien für die Dünnschicht-Chromatographie

Reagens	Zusammensetzung und Anwendung
konz. H_2SO_4	mit Säure besprühen und einige Minuten auf 100-110 °C erhitzen. Organische Verbindungen erscheinen als schwarze Flecken.
$(NH_4)_2SO_4$	mit einer gesättigten Lösung von $(NH_4)_2SO_4$ in Wasser einsprühen und einige Minuten auf 100-110 °C aufheizen.
I_2	mit einer 1%igen Lösung von I_2 in Methanol einsprühen oder Iodkammer wie im Text beschrieben verwenden. Die meisten organischen Verbindungen erscheinen als braune Flecken, wenn sie ein Sauerstoffatom enthalten, ansonsten violett.

zifischen Sprühreagentien anstelle so universeller Methoden wie Verkohlen mit Schwefelsäure. Der erste betrifft die Information über funktionelle Gruppen, die man erhalten kann. Zum Beispiel kann eine vermutete Aldehyd- oder Ketogruppe durch Besprühen der Platte mit 2,4-Dinitrophenylhydrazin bestätigt werden, oder Phenole können mit Eisen(III)chlorid nachgewiesen werden, und so weiter. Der zweite Punkt betrifft die feine Abstufung, die sich zeigt, wenn man diese Sprühreagentien verwendet. Keine zwei Aldehyde werden genau dieselbe Farbe ergeben, wenn man sie mit Dinitrophenylhydrazin besprüht und keine zwei Alkaloide werden dieselbe Farbe geben, wenn sie mit Dragendorffs Reagens besprüht werden. So kann also die Methode verwendet werden, um die Anwesenheit vermuteter Stoffe in einer Mischung ähnlich wie mit der oben erwähnten Aufstock-Methode zu bestätigen.

Einige spezifische Sprühreagentien sind in Tabelle 4.6 aufgeführt. Sie sind hauptsächlich wegen ihrer Eignung als qualitative Reagentien ausgewählt worden und arbeiten nicht zerstörungsfrei. Viele weitere können in den in der Bibliographie aufgeführten Büchern gefunden werden.

Die Sprühreagentien sollten unter einem guten Abzug mit irgendeiner Art von Zerstäuber, entweder mit Treibgas oder Gummiballgebläse, aufgebracht werden. Kommerzielle Sprühreagentien in Sprühdosen sind von vielen Herstellern erhältlich.

3.8 Dokumentation dünnschichtchromatographischer Ergebnisse

Eine wichtige Methode zur Dokumentation muß man zu den oben für Objektträgerplatten angegebenen hinzufügen: die Verwendung der Photographie. Am besten ist es, wenn man eine Kamera zur Verfügung hat, die Sofort-Farbbilder liefert. Die Photographien kann man dann unmittelbar in ein Notizbuch oder einen Bericht kleben oder für Diavorführungen verwenden. Kommerziell sind Monomerlösungen wie Neatan (Merck) oder Krylon erhältlich, die auf eine Platte gesprüht werden können. Nachdem das Monomer zu einem Film polymerisiert ist, kann es von der Schicht abgezogen werden und in einem Laborbuch abgelegt werden. Schließlich ergibt auch ein Photokopiergerät eine dauerhafte Aufzeichnung, aber nur in schwarz-weiß mit einigen grauen Tönen.

Wenn R_f-Werte gemessen und aufgezeichnet werden oder publiziert werden sollen, dann sollte der R_f-Wert einer geläufigen Substanz unter genau den Bedingungen des Chromatogramms mit aufgenommen werden. Dadurch wird ein Bezugssystem aufgestellt, das einem erlaubt, die Daten besser mit denen anderer Arbeiten zu vergleichen.

4 Präparative Methoden

Die präparative Trennung einer Mischung ähnlicher Substanzen ist mit jeder Art von Chromatographie schwierig und manchmal langwierig. Trotzdem ist die DC eine einigermaßen sichere Methode, wenn richtig angewandt, während andere Methoden oft gleichermaßen langwierig sind und es dabei viel unsicherer ist, ob sie die erwünschten Ergebnisse liefern. Alle in diesem Buch erwähnten chromatographischen Methoden sind auch präparativ angewendet worden. Die klassische präparative Methode, die Säulenchromatographie (Kap. 5), wird zwar noch verwendet, wird aber verbessert und verändert, um sie der HPLC (Kap. 6) ähnlicher zu machen. Die GC ist für die präparative Trennung sowohl großer als auch kleiner Probemengen verwendet worden, aber die instrumentelle Ausrüstung und die Säulen, die man für große Probemengen braucht, sind kompliziert und teuer. Die präparative DC ist ideal für die Trennung kleiner Mengen (50 mg bis hin zu 1 g) von einigermaßen schwerflüchtigen Verbindungen.

4.1 Ausrüstung

Die dünnschichtchromatographischen Methoden kann man in der Praxis auf zwei Arten auf präparative Probleme anwenden. Die erste ist die präparative DC selbst; die zweite hat nur insofern etwas mit der DC zu tun, als man sie zum Erkunden der geeigneten Bedingungen für die Säulenchromatographie oder HPLC verwendet. Die erste soll hier behandelt werden, während die zweite in den Kap. 5 und 6 abgehandelt wird.

Dünnschicht- und Papier-Chromatographie

Tabelle 4.6. Spezifische Sprühreagentien für die Dünnschichtchromatographie

Reagens	Herstellung und Anwendung	Verbindungsklassen	Farbe
Anilinphthalat	Lsg.: 0.93 g Anilin und 1.66 g Phthalsäure in 100 ml n-BuOH gesättigt mit H_2O a. mit Lsg. einsprühen b. 10 min auf 105 °C aufheizen	reduzierende Zucker	verschiedene Farben
Anisaldehyd in H_2SO_4 und HOAc	Lsg.: 0.5 ml Aldehyd in 0.5 ml konz. H_2SO_4, 9 ml 95% EtOH und einigen Tropfen HOAc a. mit Lsg. einsprühen b. 25 min auf 105 °C aufheizen	Kohlenhydrate	verschiedene Farben
Antimontrichlorid in $CHCl_3$	Lsg.: ges. Lsg. von $SbCl_3$ in alkoholfreiem $CHCl_3$ a. mit Lsg. einsprühen b. 10 min auf 100 °C aufheizen c. bei Tageslicht bzw. UV betrachten	Steroide, Steroidglycoside aliphatische Lipide Vitamin A u. a.	verschiedene Farben
Bromkresolgrün	einsprühen mit einer 0.3% Lsg. des Reagens in H_2O/MeOH (20/80) mit 8 Tropfen 30% NaOH pro 100 ml	Carbonsäuren	gelbe Flecken auf grünem Untergrund
2,4-Dinitrophenylhydrazin (2,4-DNPH)	einsprühen mit einer 0.5% Lsg. des Reagens in 2N HCl	Aldehyde und Ketone	gelbe bis rote Flecken
Dragendorff-Reagens	Lsg. A: 1.7 g basisches Wismutnitrat in 100 ml H_2O/HOAc (80/20) Lsg. B: 40 g KI in 100 ml H_2O a. einsprühen mit Lsg. aus 5 ml A, 5 ml B, 20 g HOAc und 70 ml H_2O	Alkaloide und organ. Basen allgemein	orange
Eisen(III)chlorid	einsprühen mit einer 1% wäßr. Lsg. des Reagens	Phenole	verschiedene Farben
Fluorescein/Br_2	Lsg.: 0.04% wäßr. Lsg. von Fluorescein-Na a. einsprühen mit Lsg.	ungesättigte Verbindungen	gelbe Flecken auf rosa

Tabelle 4.6. Fortsetzung

Reagens	Herstellung und Anwendung	Verbindungsklassen	Farbe
	b. im UV betrachten (konjugierte Systeme) c. Br_2-Dampf aussetzen d. im UV betrachten (ungesättigte Verb.)		
8-Hydroxychinolin/NH_3	Lsg.: 0.5% Lsg. des Reagens in 60% EtOH a. NH_3 aussetzen b. einsprühen mit Lsg. c. im UV betrachten	anorganische Kationen	verschiedene Farben
Ninhydrin	Lsg.: 95 ml von 0.2% Reagens in BuOH + 5 ml 10% wäßr. HOAc a. einsprühen mit Lsg. b. 10-15 min auf 120-150 °C aufheizen	Aminosäuren Aminophosphatide Aminozucker	blau

Bei der präparativen DC wird die zu trennende Probe in einer dünnen Linie an einer Seite einer Dünnschicht-Platte (eine kommerzielle Platte ist am besten) aufgebracht und senkrecht zu dieser Linie entwickelt, sodaß die Mischung in Banden aufgelöst wird. Die Banden werden zerstörungsfrei sichtbar gemacht, sofern es sich nicht um farbige Verbindungen handelt, und das Sorptionsmittel, das die Banden enthält, wird von der Glasplatte abgekratzt. Die Proben werden dann mit einem polaren Lösungsmittel vom Adsorbens eluiert. Ein typisches Chromatogramm zeigt Abb. 4.13, wo ein Teil jeder Probezone abgekratzt worden ist. Die Technik ist nützlich, um Reaktionsgemische zu trennen und reine Proben für Vorstudien zu erhalten, um Proben für weitere Analysen zu gewinnen, beim Arbeiten mit Naturstoffen, wo kleine Mengen üblich und die Gemische komplex sind, und zur Herstellung reiner Proben als Eichstandards für die quantitative DC.

Jeder der Schritte, die früher für die DC auf Objektträgern oder größeren Platten betrachtet worden ist, soll nun im Hinblick auf die präparative Arbeit noch einmal untersucht werden.

Kommerzielle Platten. Kommerziell sind dicke Platten von höchster Qualität erhältlich (Tabelle 4.3) und bieten viele Vorteile vor selbstgestrichenen Platten. Sie sind fester, es ist einfacher, die Proben aufzutragen, ohne die Schicht zu verletzen, und sie sind recht gleichförmig. Die jüngste

Abb. 4.13. An einem präparativen Dünnschicht-Chromatogramm eines Farbstoffgemisches auf Kieselgel wird gezeigt, wie man das Sorptionsmittel mit der Probe von der Platte entfernen kann

Abwandlung ist die Verwendung von sich verjüngenden Schichten mit dem dickeren Ende oben, sodaß die Trennung verbessert wird. Selbstgestrichene Platten haben gegebenenfalls einen Vorteil: sie können billiger sein.

Das Sorptionsmittel. Alle üblichen kommerziellen Sorbentien können für die präparative Arbeit eingesetzt werden und sind auch schon dafür verwendet worden. Wie üblich, ist auch hier Kieselgel häufiger als irgendein anderes Sorptionsmittel verwendet worden. Eine spezielle Reihe von Sorbentien ist als P-Reihe bei Merck erhältlich. Zwei Faktoren sind bei der

Herstellung von Sorbentien für präparative Platten wichtig. Erstens muß das Sorbens sauber sein. Wenn nötig, kann man entweder das Sorbens oder die fertige Schicht wie oben beschrieben mit Methanol waschen. Dieses Waschen der Platte mit einem geeigneten Lösungsmittel kann wichtig sein, um auf der Platte adsorbierte Verunreinigungen wie Zigarettenrauch, Parfüm, Knoblauch usw. zu entfernen. Zweitens sollte man ein Sorptionsmittel verwenden, das Fluoreszenzindikator 254 nm enthält, damit es einfacher ist, die Proben im entwickelten Chromatogramm zerstörungsfrei sichtbar zu machen.

Herstellung der Schichten. Die optimale Dicke für präparative Schichten ist etwa 1 bis 1.5 mm. Dickere Schichten sind schwer herzustellen und geben schlechtere Trennungen. Solche Platten kann man mit den meisten der schon behandelten kommerziell erhältlichen Streichgeräte herstellen, wobei allerdings die Camag-Apparatur etwas leistungsfähiger ist als die von Desaga. Schichten beliebiger Dicke oder Form können mit der oben beschriebenen Klebeband-Methode hergestellt werden.

Im allgemeinen sind die Suspensionen, die man zum Streichen präparativer Platten verwendet, etwas dicker als die für dünne Schichten. Dies kann man bei mit Gips gebundenen Schichten erreichen, indem man die Suspension vor dem Streichen eine längere Zeit stehen läßt. Sonst muß man der Suspension mehr Adsorbens zusetzen. Die Platten sollte man vor der Aktivierung einige Stunden bei Raumtemperatur trocknen lassen. Dadurch vermeidet man, daß sich Risse bilden und die Schicht ungleichmäßig trocknet. Die Aktivierung wird auf übliche Art durch Trocknen bei 100 °C für mindestens eine Stunde erreicht. In der Praxis ist es ratsam, die Platten unaktiviert aufzubewahren und sie erst unmittelbar vor Gebrauch zu aktivieren.

Das Auftragen der Probe. Das Auftragen der Proben ist der entscheidende Schritt bei der präparativen DC. Man muß einigermaßen große Probevolumina (bis zu 2 ml) als dünne, gleichmäßige Bande (1 bis 5 mm breit) auftragen, ohne die Oberfläche der Schicht allzu sehr zu verletzen. Die kommerziellen festen Platten sind zu diesem Zweck entwickelt worden. Jedes Lösungsmittel mit einem Siedepunkt zwischen 50 und 90 °C ist als Probenlösungsmittel geeignet.

Das Auftragen der Probe kann auf mehrere Arten erfolgen. Erstens kann man einfach eine Reihe von Punkten mit einer Kapillare auftragen. Das ist ziemlich langwierig, nicht sehr gleichmäßig und kaum zu empfehlen. Mit einer geschickten Hand und einer Mikroliterspritze kann man eine einigermaßen dünne und gleichförmige Bande zustande bringen. Eine Reihe spezieller Gerätschaften sind zu diesem Zweck entwickelt

148 Dünnschicht- und Papier-Chromatographie

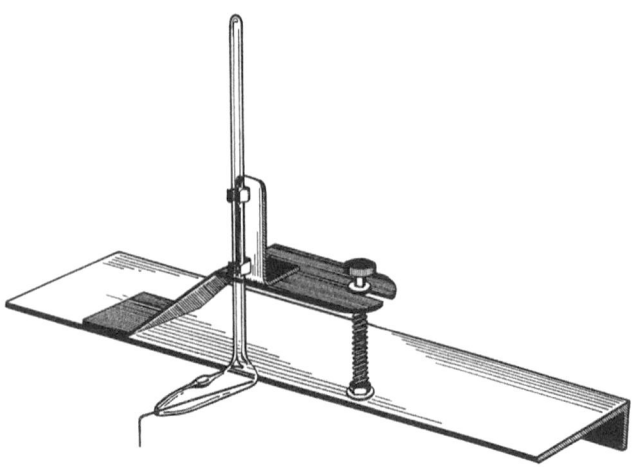

Abb. 4.14. Das Chromatoflex-Auftragegerät von Kontes zum Auftragen einer Probe auf eine präparative Platte. (Reproduziert mit freundlicher Genehmigung der Kontes Glass Co.)

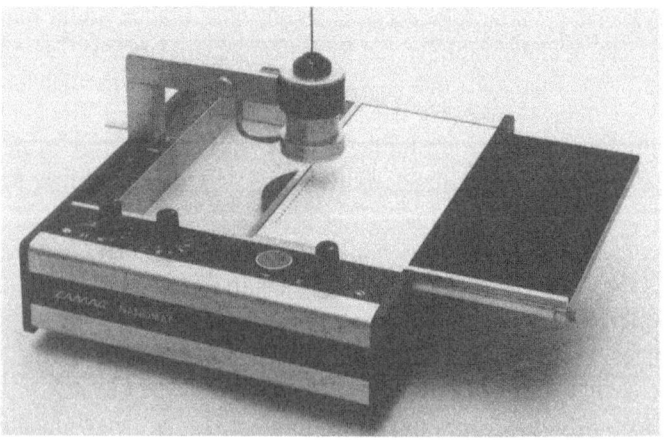

Abb. 4.15. Der Camag Nanomat, der mehrere Proben aufträgt, so daß automatisches Scannen möglich ist. (Reproduziert mit freundlicher Genehmigung von Applied Analytical Industries)

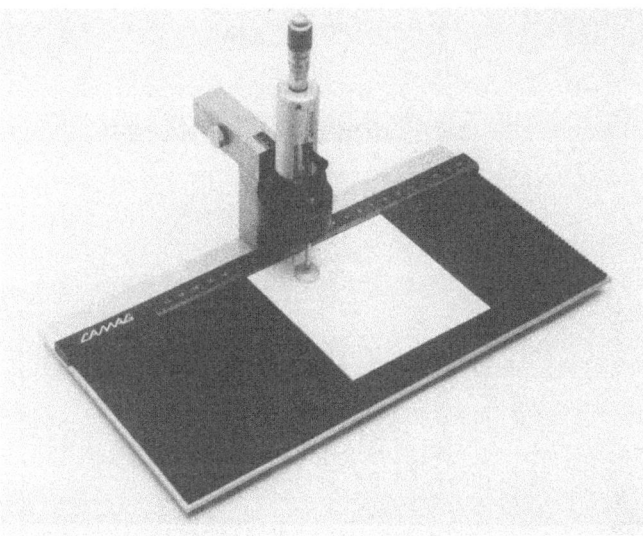

Abb. 4.16. Der Camag Nano-Applikator zum Auftragen sehr kleiner Mengen mit der zur Quantifizierung nötigen Genauigkeit. (Reproduziert mit freundlicher Genehmigung von Applied Analytical Industries)

worden. Das einfachste darunter ist das in Abb. 4.14 gezeigte Chromatoflex-Auftragegerät von Kontes. Die Probe wird durch eine Metall- oder Glaskapillare, die beim Darüberziehen gerade die Schicht berührt, aus dem Vorratsbehälter auf die Schicht aufgebracht. Der Rand eines Tisches dient dabei als Führung. Der in Abb. 4.15 gezeigte Nanomat (Camag), verwendet entweder eine Kapillarpipette oder eine Mikroliterspritze und ist wohl das fortgeschrittenste Gerät, das im Gebrauch ist. Der in Abb. 4.16 gezeigte Camag Nano-Applikator ist speziell entwickelt worden, um sehr kleine Mengen sehr genau aufzutragen und der Camag Autospotter, Abb. 4.17 trägt die Proben vollautomatisch auf.

Normalerweise wird mehrfaches Auftragen nötig sein und die Platte muß zwischen den Auftragungen in einem heißen oder warmen Gasstrom getrocknet werden.

Probengröße. Die Menge an Gemisch, die auf einer Platte gegebener Größe und Dicke getrennt werden kann, schwankt sehr stark und hängt von der Art der Chromatographie ab und auch davon, wie leicht eine ausreichende Trennung zu erreichen ist. Etwa 50 mg kann man auf einer 20 × 20 cm-Platte, 1 mm dick, trennen, wenn es sich um LSC handelt. Für das Arbeiten mit LLC werden 5 mg empfohlen. Mengen bis zu 250 mg

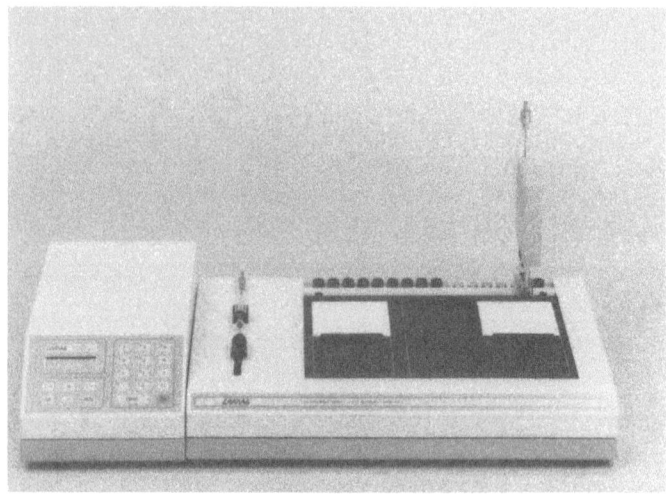

Abb. 4.17. Der Camag Autospotter, der durch einen Mikroprozessor gesteuert Proben auf Dünnschicht-Platten aufträgt. (Reproduziert mit freundlicher Genehmigung von Applied Analytical Industries)

bzw. 50 mg sind unter idealen Bedingungen schon getrennt worden. Für die Trennung größerer Mengen kann man mehrere kleine Platten oder eine übergroße Platte verwenden. Bis zu 1 cm dicke und 1 m lange Schichten sind in manchen kommerziellen Systemen verwendet worden, um bis zu 100 g zu trennen.

4.2 Entwicklung

Die Entwicklung präparativer Chromatogramme verläuft einigermaßen normal, da die gleichen Fließmittel vergleichbare Trennungen auf dicken und dünnen Schichten ergeben. Allerdings sollte die Kammer gut mit Lösungsmitteldampf gesättigt sein und es sind größere Mengen an Fließmittel nötig. Das System sollte einen mittleren R_f-Wert von etwa 0.3 liefern und die Platte sollte mindestens noch ein zweites Mal entwickelt werden. Es gibt kaum Zweifel, daß durch Mehrfachentwicklung in einem weniger polaren System größere Probemengen getrennt werden können als mit einer Einfachentwicklung.

4.3 Nachweis der Probekomponenten

Bei präparativen Chromatogrammen müssen die Banden, die die Probe enthalten, zerstörungsfrei nachgewiesen werden. Die bei weitem beste Technik beim Umgang mit Verbindungen, die aromatisch sind oder konjugierte Doppelbindungen enthalten ist die früher erwähnte UV-Fluoreszenzlöschung auf Platten, die Fluoreszenzindikator enthalten. Der Fluoreszenzindikator sollte derjenige sein, der bei 254 nm absorbiert.

Wenn die Verbindungen kein UV-Licht absorbieren, gibt es keine gute Methode, die Banden sichtbar zu machen. Eine Möglichkeit besteht darin, daß man ein Stück Klebeband mit der klebenden Seite nach unten in Laufrichtung auf die Platten legt. Das Band nimmt etwas Sorptionsmittel mit den Probezonen mit, die dann mit irgendeinem Sprühreagens (außer Schwefelsäure) sichtbar gemacht werden können. Das Ergebnis wird dann auf die Platte bezogen. Es kann auch ein Streifen am Rand der Platte mit irgendeiner Sprühtechnik sichtbar gemacht werden. Dieser Teil des Chromatogramms wird dann verworfen. Eine Methode, die manchmal auf Kieselgel funktioniert, ist die Wassersprühtechnik. Die Schicht wird durch Einsprühen vollständig mit Wasser gesättigt. Das Kieselgel wird durchscheinend und man kann die Probebanden als trübe Gebiete im durchscheinenden Feld sehen.

4.4 Isolierung der Probe

Die Adsorbensbanden, die die (hoffentlich) reine Komponente des Gemisches enthalten, werden dann von der Glasplatte mit einem Spatel, einer Rasierklinge oder einem Gummi-Abstreifer abgekratzt. Das Sorptionsmittel wird auf eine Glassinterfritte (mittel oder fein) oder ein Papierfilter gebracht und mehrmals mit einem geeigneten Lösungsmittel extrahiert (eluiert). Dieses Lösungsmittel sollte gerade polar genug sein, um die Probe zu entfernen, also etwa eines, das als Fließmittel die Probe mit einem R_f-Wert von 0.8 bis 0.9 bewegen würde. Wenn man Zweifel an der Wirksamkeit der Elution hat, sollte man das Adsorbens mit Methanol oder Methanol-Ammoniak (9:1) waschen. Die zwei Eluate sollten getrennt aufbewahrt werden und dünnschichtchromatographisch untersucht werden. Das Lösungsmittel wird verdampft und die Produkte isoliert.

Manchmal, wenn das Lösungsmittel zum Rückgewinnen der Probe verdampft wird, bildet sich zusätzlich zur Probe innen im Kolben eine Kruste. Diese Kruste besteht aus niedermolekularen Silikaten (aus dem

Kieselgel) oder Verunreinigungen aus anderen Sorbentien. Wenn Methanol zur Elution der Proben verwendet worden ist, bilden sich manchmal Methylsilikate, die mitextrahiert werden. Auf jeden Fall kann man sich dann, wenn derartige Krusten vorzuliegen scheinen, auf folgende Art helfen. Der Rückstand (Kruste und Probe) sollte mit einer geringen Menge eines zweiten Lösungsmittels behandelt werden, das die geringste Polarität besitzt, die eben nötig ist, um die Probe aufzulösen. Bei einer solchen Behandlung bleibt im allgemeinen die Kruste zurück und der neue Extrakt kann dann eingedampft werden, um die Probe zu gewinnen. Eine Umkristallisation kann nötig sein.

4.5 Ein wichtiges Wort der Warnung

Fast alle organischen Verbindungen zersetzen sich, wenn man sie an Luft und Licht längere Zeit auf Adsorbensschichten stehen läßt. Die präparative DC muß so schnell wie möglich ausgeführt werden, angefangen vom Auftragen der Probe bis zur letzten Elution. Wenn man Zersetzung vermutet, kann man das mit der zweidimensionalen Chromatographie überprüfen. Wenn nötig, kann man die Entwicklung in Kammern unter Stickstoff oder Argon im Dunklen ausführen.

5 Quantitative DC

Die quantitative DC erfordert weit mehr Technik und Präzision als die in den vorhergehenden Abschnitten behandelten Methoden und ist der GC deutlich unterlegen, wenn die zu trennenden Verbindungen flüchtig sind oder quantitativ in flüchtige Verbindungen umgewandelt werden können. Sie ist auch den Methoden der HPLC unterlegen. Wo GC- oder HPLC-Apparaturen fehlen, oder wo schnell weniger genaue Ergebnisse gebraucht werden, kann die DC dagegen äußerst nützlich sein. Es stehen sowohl instrumentelle als auch manuelle DC-Methoden zur Verfügung.

Zwei grundlegende Techniken können in der quantitativen DC angewendet werden. Bei der ersten Technik werden die zu bestimmenden Substanzen unmittelbar auf der Schicht bestimmt, bei der zweiten werden sie von der Schicht entfernt und danach bestimmt, im allgemeinen photometrisch.

Jede quantitative Arbeit erfordert reine Sorbentien oder Fertigplatten und Lösungsmittel. Unter anderem aus diesem Grund sind wohl kommerzielle Platten wünschenswert. Es kann sinnvoll sein, alle Platten bzw. Sorbentien vor Gebrauch zu reinigen.

Das reproduzierbare Auftragen bekannter kleiner Probevolumina auf Dünnschichtplatten ist ein großes Problem und eine der wesentlichen Fehlerquellen bei der Methode. Das Problem kann aufgeteilt werden in einen mechanischen und einen menschlichen Anteil.

Der mechanische Anteil hat mit der Vorrichtung zum Auftragen der Probe auf die Schicht zu tun. Zwei Vorrichtungen sind geläufig. Die erste ist eine Kapillare von bekanntem Innendurchmesser, die eine bekannte Menge Lösungsmittel durch Kapillarkräfte aufsaugt, wenn man sie in die Lösung taucht. Die ersten Beispiele dafür waren wohl die Mikrokapillaren von Drummond, aber andere Lieferanten haben ähnliche Systeme (Abb. 4.18). Diese Kapillaren sind für Volumina von 1–1000 µl erhältlich. Die gefüllte Kapillare sollte lotrecht auf die Schicht aufgesetzt werden. Sobald sie die Oberfläche berührt, gibt sie ihren gesamten Inhalt an die Schicht ab. Die Kapillare wird an ihrem Ende mit einem Gummihütchen mit einem Loch gehalten. Dieses Loch sollte beim Ansaugen der Probe nicht verschlossen werden. Es ist meist auch nicht nötig, die Kapillare mit dem Hütchen auszublasen, um die gesamte Probe auf die Schicht zu bringen.

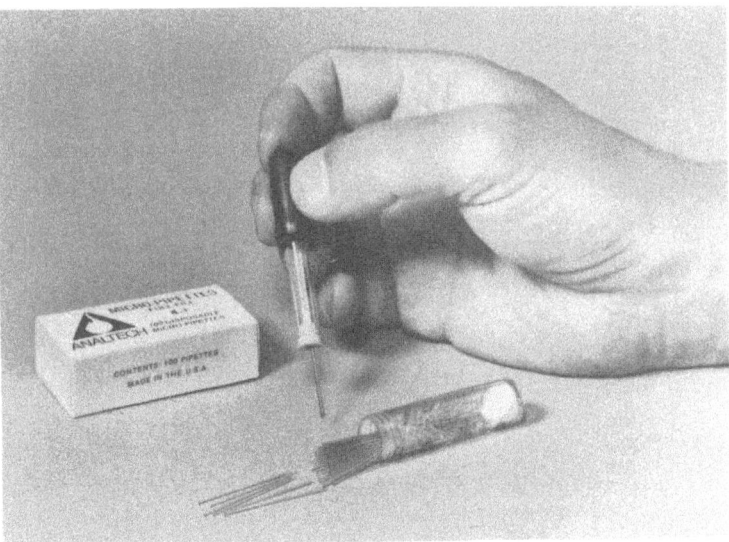

Abb. 4.18. Die Verwendung geeichter wegwerfbarer Mikropipetten zum Auftragen genauer Probemengen. (Mit freundlicher Genehmigung von Rainin Instruments Co., Inc.)

Die zweite mechanische Vorrichtung ist eine geeichte Mikroliterspritze wie sie für die GC beschrieben ist. Die benötigte Menge an Probelösung wird aus der Spritze verdrängt und bildet einen Tropfen am Ende der Nadel. Der Tropfen wird dann auf die Schicht gesetzt oder die Schicht angehoben bis zum Tropfen. Wenn sie auf diese Art verwendet werden, sind Mikroliterspritzen fehleranfällig wegen des Zurückkriechens der Flüssigkeit. Bei dieser Erscheinung kriecht das Lösungsmittel aus der Spitze der Kanüle und an der Außenseite der Nadel wieder zurück. So erreicht ein Teil der Probe nicht die Schicht. Wenn sich dies als Problem erweist, kann man die Nadel vor Gebrauch in Silikonöl tauchen.

Einige der oben erwähnten Probleme können verringert werden durch den Gebrauch eines Gerätes zum reproduzierbaren Auftragen von Proben, wie des Camag Linomat III, der in Abb. 4.19 gezeigt ist. Das Gerät

Abb. 4.19. Der Camag Linomat III zum Auftragen von Proben mit hoher Genauigkeit und Reproduzierbarkeit. (Mit freundlicher Genehmigung von Applied Analytical Industries)

verwendet eine Aufsprühtechnik und ist entwickelt worden, um systematische Fehler zu verringern.

Der menschliche Anteil am Auftragen kann berücksichtigt werden, indem man Standards auf derselben Platte mit aufträgt, und zwar unbekannte Probe und Standards auf die gleiche Art. So stellt man eine Eichung der Methode und der jeweiligen Person auf.

5.1 Quantitative Bestimmung auf der Schicht

Wenn die Substanzen unmittelbar auf der Schicht bestimmt werden, gibt es keine Fehler bei der Überführung oder Extraktion und die Techniken sind recht einfach. Unglücklicherweise sind die Quantifizierungsmethoden, die man dann verwenden muß, nicht besonders genau und der Gesamtfehler schwankt zwischen 5 und 10%. Die Quantifizierung kann auf zwei Arten durchgeführt werden: indem man die Fleckengröße mit der Probemenge in Beziehung bringt, oder durch irgendeine Art spektroskopischer Analyse. Für die letztere ist oft eine recht teure Ausrüstung nötig.

Fleckengrößenbestimmung. Es gibt zweifellos einen Zusammenhang zwischen der Größe eines Flecks nach der Chromatographie und der Menge Probekomponente in dem Fleck. Wenn man auf derselben Schicht Standards mitlaufen läßt, kann man oft die Konzentration der unbekannten Probe visuell mit etwa 25%iger Genauigkeit abschätzen.

Die genaueste Arbeit auf diesem Gebiet haben sicher Purdy und Truter [10] geleistet. Diese Autoren fanden, daß die Quadratwurzel aus der Fläche des Flecks direkt proportional dem (dekadischen) Logarithmus der vorhandenen Probemasse ist. Die Proportionalitätskonstante ist für verschiedene Substanzen unterschiedlich und die Beziehung scheint für Mengen zwischen 1 und 80 µg auf Kieselgelschichten zu gelten. Zur Eichung muß eine reine Probe der zu bestimmenden Substanz zur Verfügung stehen.

Die oben genannte direkte Beziehung macht es möglich, eine Substanz zu bestimmen, ohne eine Eichkurve aufzunehmen. Allerdings gibt die Aufnahme einer solchen Kurve eine Vorstellung von der allgemeinen Genauigkeit und den Grenzen der Methode. Die folgende Vorgehensweise wird vorgeschlagen.

1. Es wird eine Lösung hergestellt, die eine bekannte Konzentration der zu untersuchenden Reinsubstanz enthält, und zweimal verdünnt, sodaß drei Lösungen bekannter Konzentration zur Verfügung stehen. Diese

Konzentrationen sollten ungefähr im Konzentrationsbereich der Substanz in der zu untersuchenden Probe sein, am besten zwischen 0.1 und 1%. Die meisten Lösungsmittel können verwendet werden, um diese Lösungen herzustellen. Die Ausnahme ist Chloroform, das schlechte Ergebnisse liefert.

2. Die vier Lösungen (die unbekannte und die drei bekannten) werden je zweimal auf eine einzige Platte (20 × 20 cm) aufgetragen. Die Auftragetechnik ist äußerst wichtig und schwierig. Da die Fleckengröße das Entscheidende bei der Methode ist, muß man das selbe Volumen jeder Lösung derart auftragen, daß die Flecken anfänglich die gleiche Größe besitzen und die Schicht nicht verletzt ist (was zu Verzerrungen der Flecken führen würde). Dies kann man am besten mit einer Mikroliterspritze erreichen, die man mit einem Stativ so aufhängt, daß die Spitze der Kanüle gerade über der Schicht ist (man verwende käufliche Platten). Die benötigte Menge Lösung (5-10 µl) wird aus der Spritze gedrückt und die Schicht angehoben, um den Tropfen aufzunehmen. Mehrfachauftragungen sollte man vermeiden.

3. Das Chromatogramm sollte eine vorher abgemessene Strecke (10-12 cm) in einer gut gesättigten Kammer entwickelt werden. Die Platte wird getrocknet und die Flecken werden mit irgendeiner geeigneten Technik sichtbar gemacht, auch z.B. durch Verkohlen mit Schwefelsäure (10 min bei 120 °C). Ein idealisiertes Chromatogramm zeigt Abb. 4.20.

4. Dann legt man ein Stück Transparentpapier auf die Schicht und zeichnet die Umrisse der Flecken ab. Diese Zeichnung legt man auf ein Blatt Millimeterpapier und zählt die Kästchen in jedem Fleck. Ein sogenanntes Planimeter kann man auch für diese Flächenbestimmung verwenden, aber das Kästchenzählen ist weniger anstrengend als es klingt. Man kann auch eine Photokopie des angefärbten Chromatogramms anfertigen und die Flecken ausschneiden und wiegen, um so ihre Fläche zu bestimmen.

5. Dann trägt man für die drei bekannten Lösungen die Quadratwurzel der Fläche des Flecks gegen den Logarithmus aus der Probemasse auf und legt eine Gerade durch die drei Punkte. Die tatsächliche Lage der Punkte bezüglich der Geraden gibt einen Eindruck von der Genauigkeit der Methode und der Auswertetechnik. Die unbekannte Konzentration wird dann über die Eichgerade bestimmt.

6. Die Steigung der Geraden wird bei nachfolgenden Bestimmungen einigermaßen gleich bleiben, aber der Achsenabschnitt kann sich von Mal zu Mal etwas ändern, je nach den jeweiligen chromatographischen Bedin-

Quantitative Bestimmung auf der Schicht 157

Fließmittelfront								
A (mm²)	113	113	232	232	113	113	36.5	36.5
√A̅	10.6	10.6	15.2	15.2	10.6	10.6	6.05	6.05
W (μg)	(5)	(5)	20	20	5	5	2.5	2.5
log W	0.7	0.7	1.3	1.3	0.7	0.7	0.4	0.4

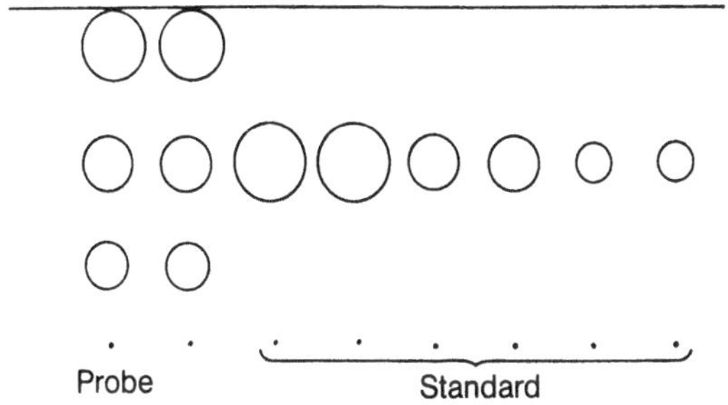

Probe — Standard

Abb. 4.20. Ein idealisiertes Chromatogramm, das eine quantitative Auswertung nach der Fleckengröße zeigt. Der mittlere Fleck der unbekannten Probe wird bestimmt. Alle Probevolumina betragen 5 μl. Die Standardlösungen enthielten 0.2, 0.1 und 0.05% und die unbekannte Probe ebenfalls 0.1%. Doppelte Bestimmungen werden gezeigt, und die jeweiligen Daten sind als Tabelle oben im Bild in Einheiten angegeben, die für eine Bestimmung praktisch sind

gungen. Wenn man bei jeder weiteren Analyse eine bekannte Probe mitlaufen läßt, kann man sie dazu verwenden, festzustellen, ob ein Korrekturfaktor nötig ist.

Spektroskopisches Scannen. Die Flecken auf einer Dünnschichtplatte können spektroskopisch in Transmission oder Reflexion quantifiziert werden. Bei der Transmissionsmethode wird die Schicht durch einen Lichtstrahl geschoben und die hindurchgehende Energie gemessen. Bei der Reflexionsmethode wird die Schicht beleuchtet und der reflektierte Strahl gemessen. Die Reflexionsmethode ist besonders günstig, wenn die Probe fluoresziert und die Fluoreszenz gemessen werden kann. In beiden Fällen wird die durchgelassene oder reflektierte Energie von einem Schreiber so aufgezeichnet, daß die Flecken als Peaks auf dem Schreiberpapier wiedergegeben werden. Die Flächen unter den Peaks können dann mit all jenen Methoden ausgemessen werden, die im Kapitel über die GC behandelt wurden.

Wenn die Verbindungen in den Flecken farbig sind oder UV- bzw. Fluoreszenz-Spektren besitzen, kann die Untersuchung mit Licht der entsprechenden Wellenlänge durchgeführt werden und keine weitere chemische Behandlung ist nötig. Es ist allerdings eher üblich, die Flecken mit einem geeigneten Reagens einzusprühen, um sie anzufärben und die Analyse mit sichtbarem Licht, manchmal mit monochromatischem, durchzuführen. So kommt man zum klassischen Densitometrie-Experiment. Oft werden die Flecken mit Schwefelsäure eingesprüht und in einem Ofen verkohlt und die schwarzen Flecken werden densitometrisch bestimmt. Ein kommerzielles Gerät zum quantitativen Abtasten der angefärbten Chromatogramme ist in Abb. 4.21 gezeigt. Eine ausführliche Beschreibung dieser Methoden ist außerhalb des Rahmens dieses Buches. Abbildung 4.22 zeigt die Auswertung.

5.2 Quantitative Bestimmung nach Elution

Bei dieser zweiten Technik hat man zwar mit Fehlern bei der Überführung und der Extraktion zu kämpfen, aber die eigentlichen Bestimmungsmethoden sind genauer. Die Bestimmung führt man aus, indem

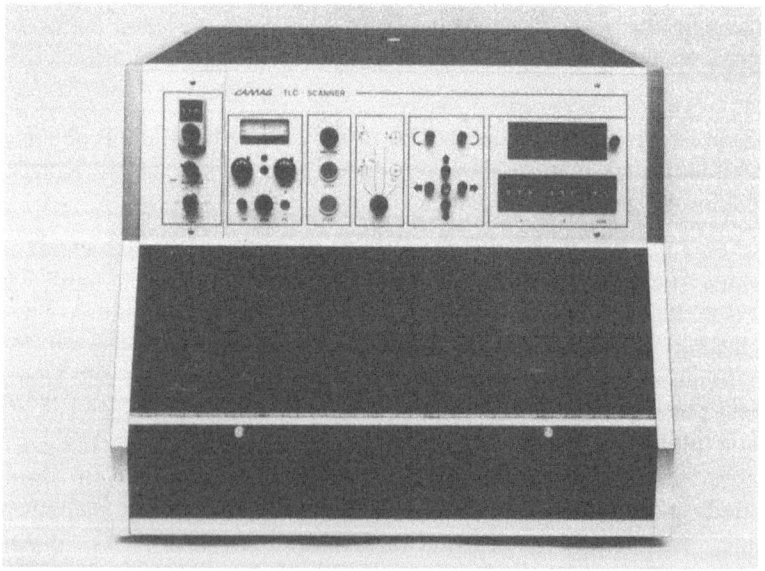

Abb. 4.21. Der Camag DC-Scanner zur quantitativen Auswertung von Flecken auf DC- und HPTLC-Platten. (Mit freundlicher Genehmigung von Applied Analytical Industries)

man die zu untersuchenden Flecken auf der Schicht ausfindig macht (mit einer zerstörungsfreien Nachweismethode), dann das Sorbens, das den Fleck enthält, von der Glasplatte entfernt, die Probe vom Sorbens eluiert und die vorhandene Substanzmenge durch UV-Spektrophotometrie oder eine spezifische kolorimetrische Methode bestimmt. Die folgende Vorgehensweise wird vorgeschlagen.

1. Das Gemisch, das die zu bestimmende Substanz enthält, wird auf einer Dünnschicht-Platte (20 × 20 cm) gemeinsam mit drei Proben der Reinsubstanz in bekannter Konzentration chromatographiert, nicht anders als bei der Bestimmung über die Fleckengröße. Die Standardproben dienen zum Aufstellen einer Eichkurve.
2. Die aufgetragenen Probevolumina sollten so genau wie möglich bekannt sein und es wird empfohlen, eine Mikroliterspritze oder eine Mikrobürette zu verwenden. Die Auftragetechnik selbst ist dagegen nicht so wesentlich.
3. Das Chromatogramm wird ganz normal entwickelt und zerstörungsfrei sichtbar gemacht.

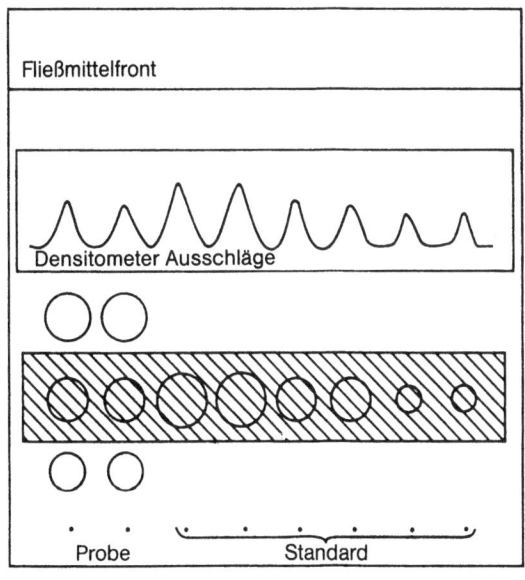

Abb. 4.22. Ein idealisiertes Chromatogramm, das eine quantitative Bestimmung mit Densitometrie zeigt. Die Lösungen und Lösungsvolumina sind die selben wie in Abb. 4.20. Die schraffierte Fläche wurde mit dem Densitometer abgetastet. Die Flächen unter den Peaks auf dem Schreiberdiagramm sind direkt der vorhandenen Stoffmenge proportional

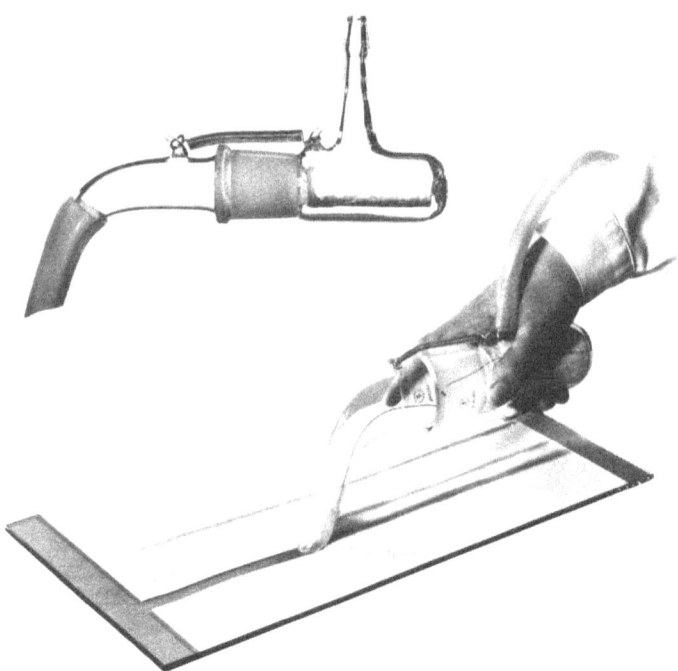

Abb. 4.23. Ein Vakuum-Zonensammler zum schnellen Entfernen von Adsorbens und Probe von einer präparativen DC-Platte. (Mit freundlicher Genehmigung von Brinkmann/Sybron Industries)

4. Das Chromatogramm wird mit einem scharfen Instrument in rechteckige Flächen aufgeteilt, die jeweils einen Fleck mit entweder der unbekannten Probe oder dem Standard enthalten.
5. Das Sorbens in jedem Rechteck wird mit einer Rasierklinge oder einem kleinen Vakuum-Zonensammler wie in Abb. 4.23 so vollständig wie möglich von der Platte entfernt.
6. Die Probe wird dann mit einem polaren Lösungsmittel, das die Bestimmungsmethode nicht stört, vollständig vom Sorbens eluiert. Manchmal kann man einfach das Sorbens in dem Lösungsmittel umrühren, abzentrifugieren und die überstehende Lösung analysieren.
7. Die Eluate werden dann auf ein gegebenes Volumen aufgefüllt und mit irgendeiner geeigneten Analysenmethode untersucht. Diese Vorgehensweise liefert Eich- und Leerwerte, was aber nicht für jede Analyse nötig ist, sofern nicht das Adsorbens oder die chromatographischen Bedingungen geändert werden.

5.3 Andere Methoden

Radioaktive Proben sind mit entsprechenden Zählern gemessen worden, sowohl auf der Platte als auch nach Elution.

6 Fehlersuche in der DC

Schwanzbildung. Wenn die zu trennenden Substanzen lang ausgezogene Schwänze bilden statt einigermaßen runder Flecken, spricht man von Schwanzbildung (Tailing). Der häufigste Grund für Schwanzbildung ist die Überladung der Platte mit Probesubstanz. Das ist eine natürliche Folge der konvexen Adsorptionsisothermen, die man bei den meisten Sorptionsprozessen beobachtet (Abb. 1.17b) und kann nur vermindert werden, indem man die Probemenge verringert.

Eine zweite häufige Ursache von Tailing ist die mangelhafte Kontrolle des pH-Wertes der Schicht. Säuren und Basen liegen im Gleichgewicht mit ihren viel polareren ionischen Carboxylat- oder Ammoniumionen vor. Der pH-Wert der Schicht sollte so sein, daß Säuren vollständig in ihrer sauren Form und Basen als freies Amin vorliegen. Daher sollten Säuren in einem sauren System und Basen in einem basischen System chromatographiert werden. Dies erreicht man am einfachsten, indem man einen Tropfen Essigsäure oder Ammoniak dem Fließmittel für die Trennung von Säuren bzw. Basen zusetzt.

Fließmittelentmischung. Wenn zwei Lösungsmittel mit sehr unterschiedlichen Eigenschaften zu einem Fließmittel gemischt werden, können sie sich auf der Schicht entmischen und zwei Lösungsmittelfronten bilden statt einer. Die beiden Gebiete im Chromatogramm werden recht unterschiedliche Eigenschaften besitzen. Nur Lösungsmittel mit einigermaßen ähnlichen Eigenschaften sollten gemischt werden.

Gekrümmte Fließmittelfront. Die Fließmittelfront ist manchmal in der Mitte nach unten gekrümmt. Das wird im allgemeinen durch mangelhafte Kammersättigung oder eine ungleiche Temperatur über der Schicht hervorgerufen. Die Kammer sollte sorgfältig mit Fließmittel gesättigt sein und man sollte dafür sorgen, daß die Kammer nicht im Durchzug steht.

7 Hochleistungs-Dünnschicht-Chromatographie

Die sorgfältige Beobachtung der in der HPLC wesentlichen Parameter (Kap. 6) hat ergeben, daß die Teilchengröße der festen Sorbentien oder

Träger eine wichtige Rolle spielt. Obwohl es noch nicht sicher ist, was die optimale Größe sein mag, ist es ziemlich klar, daß eine enge Korngrößenverteilung wünschenswert ist. Die Verwendung von DC-Sorbentien mit kleinen Teilchen und enger Größenverteilung (zum Beispiel 5-10 µm) wird als HPTLC (High Performance Thin Layer Chromatography) bezeichnet. Sie ist besonders gut für quantitative Bestimmungen geeignet und ist für eine große Vielfalt an Proben verwendet worden. Abbildung 4.24 zeigt eine derartige HPTLC-Platte zur linearen Entwicklung. Da die dichten Schichten sich langsamer entwickeln, werden sie manchmal zirkular oder antizirkular entwickelt, unter Umständen beschleunigt durch Zentrifugalkräfte, die durch Rotation hervorgerufen werden. Die Abb. 4.25 und 4.26 zeigen die Entwicklungskammern. Die geringe Größe der Kammer erlaubt eine genaue Kontrolle der chromatographischen Bedingungen, so daß sie mathematisch behandelt werden können [11].

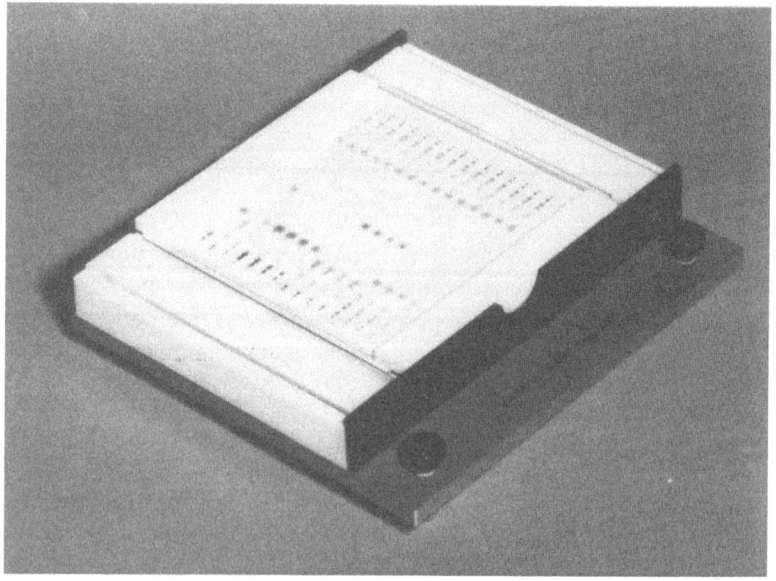

Abb. 4.24. Die Camag HPTLC-Kammer zur linearen Entwicklung von DC- und HPTLC-Platten. (Mit freundlicher Genehmigung von Applied Analytical Industries)

8 Papier-Chromatographie

Die Papier-Chromatographie oder PC ist im wesentlichen eine Dünnschicht-Chromatographie an einer dünnen Schicht von Cellulose oder Papier. Die Technik ist lange vor der DC erfunden worden und ist viele Jahre mit Erfolg zur Trennung von polaren biologischen Molekülen wie Aminosäuren, Zuckern und Nucleotiden verwendet worden. Es ist eine LLC-Methode, wobei die flüssige stationäre Phase, gewöhnlich Wasser, in den Fasern des Papiers festgehalten wird.

Die PC kann am besten der DC auf Celluloseschichten gegenübergestellt werden. Die PC erfordert keine Platten als Unterlage und das Papier ist in der Form von Filterpapier leicht in reiner Form erhältlich. Celluloseplatten müssen eigens beschichtet oder gekauft werden. Die Länge der Fasern im Papier ist größer als bei den üblichen Celluloseschichten, wodurch sich mehr seitliche Diffusion und breitere Flecken ergeben. Schließlich sind Celluloseschichten dichter und das Fließmittel strömt meist schneller und liefert schärfere Trennungen.

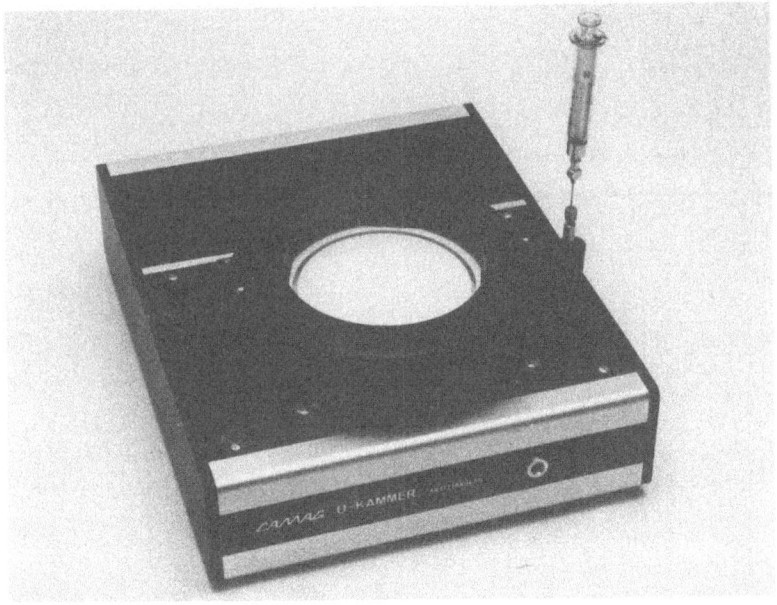

Abb. 4.25. Die U-Kammer von Camag zur antizirkularen HPTLC. (Mit freundlicher Genehmigung von Applied Analytical Industries)

164 Dünnschicht- und Papier-Chromatographie

Abb. 4.26. Die U-Kammer von Camag zur genauen Kontrolle der chromatographischen Bedingungen in der HPTLC. (Mit freundlicher Genehmigung von Applied Analytical Industries)

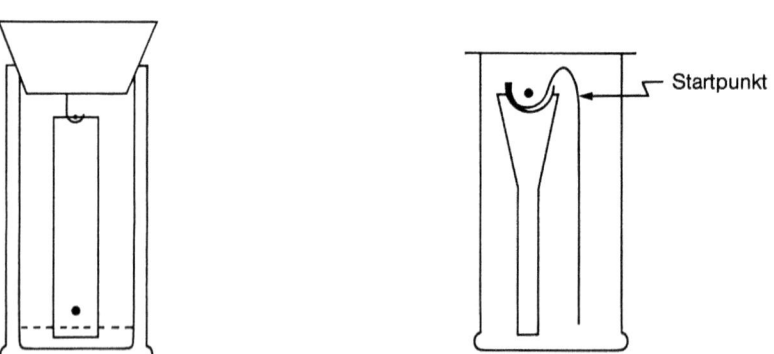

Abb. 4.27 (links). Anordnung für die aufsteigende Papierchromatographie

Abb. 4.28 (rechts). Anordnung für die absteigende Papierchromatographie

Die Schritte zur Durchführung der PC sind denen bei der DC recht ähnlich. Das Papier (gewöhnlich Filtrierpapier Whatman No.1) wird in Streifen geschnitten und die Probe wird an einem Ende des Streifens aufgetragen. Das Chromatogramm kann sowohl aufsteigend (Abb. 4.27) als auch absteigend (Abb. 4.28) entwickelt werden. Bei der aufsteigenden Methode wird das Papier an einem Haken aufgehängt, der am Deckel der Kammer befestigt ist. Das Fließmittel steht unten im Gefäß. Bei der absteigenden Methode braucht man eher eine größere Kammer. Sie enthält eine Art Trog auf einer Stütze und das obere Ende des Papiers wird in das Fließmittel in diesem Trog getaucht und mit einem Glasstab festgehalten. In beiden Fällen findet die Entwicklung durch Kapillarkräfte statt. Die Entwicklungszeiten bei der PC bewegen sich zwischen 30 min und 12 Stunden, je nach der Art des Papiers und der gewünschten Entwicklungsstrecke.

Die Papierstreifen werden aus der Kammer genommen, getrocknet und auf ähnliche Art wie Dünnschichtplatten angefärbt. Die Sprühreagentien in Tabelle 4.6 wurden in der Tat für die PC entwickelt und sind also geeignet. Schwefelsäure kann nicht verwendet werden, da sie die Cellulose ebenso verkohlen würde.

Literatur

1. G. Guichon, et al., J. Chromatog. Sci. *16,* 152 (1978); *16,* 470 (1978); *16,* 598 (1978); *17,* 368 (1979)
2. J.J. Peifer, Mikrochim. Acta 1962, 529
3. T. M. Lees and P.J. DeMuria, J. Chromatog. *8,* 108 (1962)
4. C. B. Barrett, M.S.J. Dallas, F. B. Padley, Chem. and Ind. 1962, 1050
5. V. Prey, H. Berbalk, M. Kausz, Mikrochim. Acta 1961, 968
6. H. Brockmann, Angew. Chem. *59,* 199 (1947)
7. H. Seiler, Helv. Chim. Acta, *43,* 1939 (1960); *45,* 381 (1962)
8. J. A. Thoma, Anal. Chem. *35,* 214 (1963)
9. A. H. Stead, R. Gill, T. Wright, J. P. Gibbs, A. C. Moffat, Analyst, *107,* 1106 (1982)
10. A. J. Purdy, E. V. Truter, Analyst, *87,* 802 (1962); Lab. Practice 1964, 500
11. A. Zlatkis, R. E. Kaiser, HPTLC-High Performance Thin Layer Chromatography, Elsevier, New York (1977)

Kapitel 5

Säulen-Chromatographie

1 Einführung

Die Flüssigkeits-Chromatographie in großen Säulen ist die beste chromatographische Methode für die Trennung größerer Probemengen (mehr als 1 g). Manchmal wird sie als präparative Flüssigkeits-Chromatographie oder PLC bezeichnet. Bei der Säulen-Chromatographie wird das zu trennende Gemisch als schmale Bande oben auf die Sorbens-Packung aufgebracht, die sich in einem Glas-, Metall- oder auch Plastik-Rohr befindet (Kap. 1, Abb. 1.9 bis 1.12). Man läßt ein Lösungsmittel (die mobile Phase) durch die Schwerkraft oder zusätzlichen Druck durch die Säule strömen. Die Probe-Banden wandern mit unterschiedlicher Geschwindigkeit durch die Säule, trennen sich und werden als Fraktionen aufgefangen, wenn sie unten aus der Säule kommen. Eine bildliche Darstellung dieser Vorgänge gibt Abb. 5.1 und die Bedienung wird in den Abb. 5.2-5.5 gezeigt. Diese Methode ist ein Beispiel für die Elutions-Chromatographie, da die Proben wieder aus der Säule gespült werden.

Die Säulen-Chromatographie ist viele Jahre so wie in Abb. 5.1 durchgeführt worden und sie wird es in manchen Laboratorien immer noch. Jedoch sind seit etwa 1970 eine ganze Reihe von Begriffen und Techniken aus der Gas-Chromatographie (Kap. 2) auf die Säulen-Chromatographie übertragen worden. Das Ergebnis dieser Entwicklung war die Hochleistungs-Flüssigkeits-Chromatographie (HPLC), die wohl fortgeschrittenste und leistungsfähigste aller bekannten chromatographischen Methoden. Vier wesentliche Änderungen wurden gegenüber den klassischen Säulen-Verfahren gemacht. Erstens wurden Sorbentien mit kleineren Teilchen und engerer Teilchengrößen-Verteilung verwendet, um bessere Gleichgewichtseinstellung des Systems zu erreichen. Zweitens wurden Drucksysteme eingesetzt, meist mechanische Pumpen, die das Lösungsmittel durch die Packung aus feinen Adsorbens-Teilchen drücken. Dies ist wegen der kleinen Teilchengröße nötig, aber es beschleunigt auch die Analyse und verringert dadurch die Diffusion. Drittens hat man

Detektoren entwickelt, so daß man kontinuierlich das Ergebnis der Analyse der Substanzen erhält, wenn sie aus der Säule kommen. Solche Analysendaten kann man verwenden, um die Fraktionen im selben Augenblick getrennt aufzufangen und die Daten können nach entsprechender Verarbeitung quantitative Auskunft über die vorhandene Stoffmenge geben. Schließlich sind neue Sorbentien und neue Techniken zum Säulenpacken entwickelt worden, die eine hohe Auflösung liefern.

Während die HPLC eine hervorragende qualitative und quantitative Methode für kleine Probemengen darstellt, ist sie bei größeren Mengen (obwohl viel dafür verwendet) weniger zufriedenstellend. In den meisten Laboratorien der synthetischen organischen Chemie sind verschiedenste Misch- und Übergangsformen zwischen der klassischen Säulentechnik und der HPLC zur Trennung von Stoffmengen zwischen 1 und 100 g entwickelt worden. Im allgemeinen besitzen solche Methoden eine wesentlich geringere Auflösung als gute HPLC-Systeme.

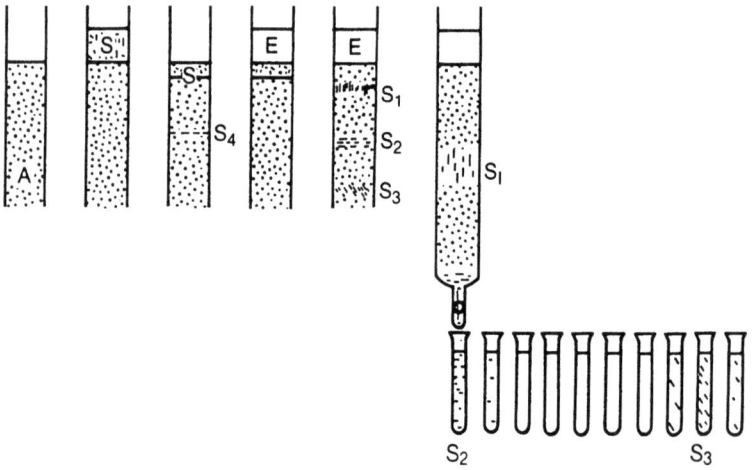

Abb. 5.1. Schema der Säulen-Chromatographie einer Probemischung aus S_1, S_2, S_3. Die Säule ist mit Sorptionsmittel A gefüllt und die Probe wird als Lösung aufgegeben. S_4 ist die Entfernung, die das Lösungsmittel der Probe erreicht hat, wenn die Probe vollständig aufgebracht worden ist. E ist das Elutionsmittel. Wenn der Eluent die Säule verläßt, wird er in Fraktionen getrennt in Gläschen aufgefangen

Abb. 5.2–5.5. Diese Reihe von Bildern zeigt das Packen einer Säule (5.2; links oben), ▷ das Aufbringen eines Probegemischs aus vier Farbstoffen (5.3; rechts oben), die Entwicklung der Säule mit einer Trennung in vier Banden (5.4; links unten) und die Elution der ersten Bande in einen Erlenmeyer-Kolben (5.5; rechts unten)

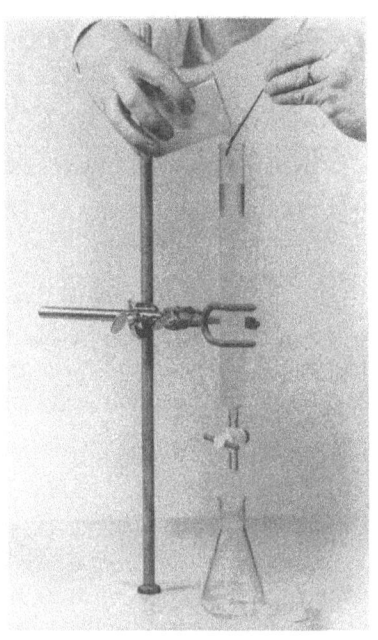
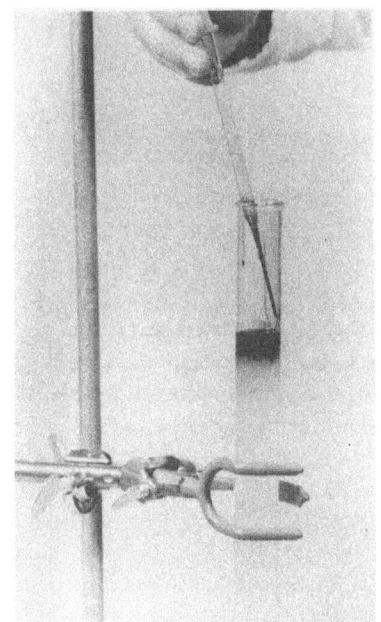

Abb. 5.2–5.5

In diesem Kapitel werden wir die grundlegenden Techniken der Säulen-Chromatographie behandeln und einige der weiterentwickelten Mischformen beschreiben. Das Kapitel ist als zweiter Teil des Bogens von der einfachsten flüssigkeits-chromatographischen Methode, der DC (Kap. 4), bis hin zur anspruchsvollsten, der HPLC (Kap. 6), gedacht. Alle drei Kapitel wiederum beruhen auf den grundlegenden Begriffen des Kap. 3. In der ersten englischsprachigen Auflage dieses Buches haben die Autoren sowohl die Flüssig-Fest-Chromatographie (LSC) als auch die Flüssig-Flüssig-Chromatographie (LLC) in Säulen behandelt. In der 2. Auflage haben sie nur die LSC dargestellt. Die klassische Säulen-LLC wird nur noch selten verwendet und ein großer Teil der früher mit ihr durchgeführten Arbeiten wird nun von der HPLC auf besonderen gebundenen Phasen übernommen.

2 Klassische Flüssig-Fest-Säulen-Chromatographie

Die Art des Adsorptions-Vorgangs und die Erscheinungen, die an der Trennung der Probesubstanzen in der LSC beteiligt sind, haben wir schon in Kap. 3 behandelt. In diesem Abschnitt wollen wir uns mit den Materialien und Methoden der Säulen-Chromatographie beschäftigen.

2.1 Säulen

Säulen oder Rohre für die Chromatographie unter Schwerkraft oder leichtem Überdruck werden im allgemeinen aus Glas hergestellt mit einem Hahn am unteren Ende, um den Eluentenstrom zu regulieren.

Einige Ausführungen sind in Abb. 5.6 gezeigt. Einer der wesentlichen Gedanken der HPLC war, das Totvolumen zwischen der Sorptionsmittel-Packung und dem Detektor oder Fraktionensammler so gering wie möglich zu halten, um gegenseitige Vermischung der Fraktionen nach ihrer Trennung zu vermeiden. Aus diesem Grund sind etliche kommerzielle Säulenanschlüsse entworfen worden, bei denen ein dünner Plastikschlauch den Eluenten unmittelbar vom unteren Ende der Säule ableitet. Modell c in Abb. 5.6 besitzt so einen Anschluß. Während die meisten Säulen gerade sind, ist auch eine torpedo-förmige wie das Modell e empfohlen worden. Die Anordnung sieht vor, daß der Eluent durch enge Schläuche zu- und abgeführt wird, die in besonderen Anschlußstücken an beiden Enden sitzen. Es ist wahrscheinlich, daß eine solche Form die

Säulen 171

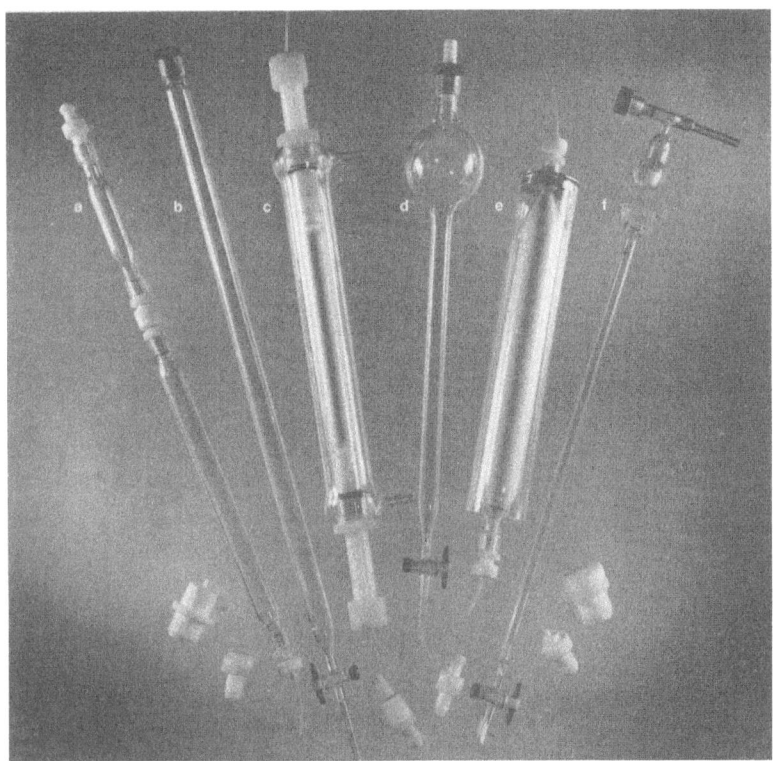

Abb. 5.6. Verschiedene Ausführungen von Glassäulen. (Mit freundlicher Genehmigung von Ace Glass, Inc.)

Trennung ähnlich den Erscheinungen bei der Formgebungs-Technik in der DC (Kap. 4) verbessert.

Bei jedem dieser Modelle muß sich irgendeine Unterlage oder ein Boden im Rohr über dem Hahn befinden, um das Packungsmaterial an Ort und Stelle zu halten. Bei den Modellen a und d kann dies ein kleiner 3-6 mm dicker Bausch aus Glaswolle oder Watte sein, der mit einer Lage aus sauberem Sand (50-100 mesh, 0,1-0,3 mm) bedeckt ist. Bei den Modellen b und f und manchmal auch bei e kann dieser Boden eine Sinterglas-Fritte sein. Manchmal wird auch über einer Fritte eine Lage Sand verwendet, um das Verstopfen zu vermeiden.

Die Abmessungen der Säulen sind recht variabel, aber die Länge ist im allgemeinen mindestens 10mal so groß wie der Innendurchmesser und kann das 100fache dieses Wertes betragen. Das Verhältnis Länge zu Durchmesser wird weitgehend dadurch bestimmt, wie einfach die Trennung zu erreichen ist, und wird bei schwierigeren Trennungen größer sein. Die Dicke der Säule und die Menge an Adsorbens richtet sich nach der Menge der zu trennenden Probemischung.

2.2 Probegröße

Manchmal enthält ein rohes Gemisch teerige oder polymere Produkte, die sich in einem chromatographischen System, in dem die Hauptbestandteile wandern, überhaupt nicht bewegen. Dies kann man in der DC daran sehen, daß das meist farbige Material am Start sitzenbleibt während die Substanzflecken wandern. Unter diesen Bedingungen kann man eine grobe Vortrennung zum Entfernen der unbeweglichen Komponenten durchführen. Dafür kann man eine ziemlich dicke Säule, zum Beispiel $10 \times 2{,}5$ cm, mit dem niedrigen Verhältnis Sorbens zu Probe von 10:1 verwenden. Dies ist dann nicht so sehr eine richtige Trennung, als eher eine Reinigungsmethode, wie wenn man beim Umkristallisieren Aktivkohle zum Reinigen verwendet. In der HPLC wird dies manchmal mit einer Vorsäule oder „Guard Column" gemacht (Modell a, Abb. 5.6).

Für normale Trennungen hat sich ein Gewichtsverhältnis von 30:1 (Adsorbens:Probe) als geeignet erwiesen, wenn die Trennung nicht zu schwierig ist, was man an weit getrennten Flecken in der DC erkennen kann. Wenn die Trennung schwieriger ist, muß man ein höheres Verhältnis von Sorbens zu Probe einsetzen. Dieses kann dann bei 100:1 oder gar 300:1 liegen und man verwendet eher eine lange dünne Säule. Ein vernünftiger Anfangswert ist wohl ein Verhältnis von 100:1 in einer Säule mit einem Innendurchmesser von 2 cm, wenn die Flecken in der DC dicht nebeneinander liegen.

2.3 Das Sorptionsmittel

Das Sorptionsmittel, seine Art, seine Aktivitätsstufe und seine Teilchengröße sind recht wichtig beim Aufbau eines chromatographischen Systems. Ein Adsorbens kann auf verschiedene Arten vorbereitet und behandelt werden, um seine Eigenschaften und Kapazität zu verändern, und es gab eine Reihe von Versuchen, Sorbentien zu standarisieren und Vorschriften zur Herstellung vergleichbarer Materialien festzulegen. Der wichtigste derartige Versuch war die unten beschriebene Einteilung in

Aktivitätsstufen nach Brockmann [1]. Es blieb allerdings immer schwierig, gleichwertige Materialien herzustellen.

Die Teilchengröße der Sorbentien für die Säulenchromatographie ist im allgemeinen größer als in der DC. Für mit Schwerkraft betriebene Säulen hat das Packungsmaterial gewöhnlich 63-250 μm Korndurchmesser. Säulen, die unter Druck betrieben werden, ob mit Gasdruck oder durch Pumpen, enthalten allgemein Teilchen von 40-63 μm Durchmesser oder kleiner. Sorbentien für die DC passieren gewöhnlich ein 250 mesh-Sieb und besitzen Teilchengrößen unter 63 μm. Solche Sorbentien können unter Druck auch in Säulen eingesetzt werden.

Obwohl viele verschiedene Sorptionsmittel in Säulen verwendet worden sind, werden wir nur Aluminiumoxid und Kieselgel behandeln, da diese beiden Materialien am besten geeignet und am leichtesten erhältlich sind.

Aktivitätsstufen und pH des Packungsmaterials. Die Eigenschaften eines gegebenen Adsorbens hängen vor allem von seinem pH-Wert und seiner Aktivitätsstufe ab. Polare Oberflächen wie Aluminiumoxid oder Kieselgel wirken über sauerstoffhaltige Zentren an der Oberfläche, hauptsächlich Hydroxylgruppen. Diese ziehen Probemoleküle durch eine komplizierte Mischung aus Dipol-Dipol-Wechselwirkungen und Wasserstoff-Bindungen an. Wenn diese Stellen schon von Wasser oder protischen Lösungsmitteln wie Alkoholen oder Aminen besetzt sind, kann die Oberfläche nicht als Adsorbens wirken und wird deaktiviert genannt. Die Oberflächen reinigt oder aktiviert man durch Erhitzen, um das Wasser zu entfernen (die wesentlichste deaktivierende Spezies), und die Temperatur und Länge der Behandlung bestimmen die Aktivitätsstufe. Diese Aktivitätsstufe war der Inhalt vieler Arbeiten und eine Skala, der Brockmann-Index, ist für Aluminiumoxid aufgestellt worden und in der Folge auch auf andere Sorbentien angewendet worden. Die Stufen der Skala bewegen sich von I bis V, wobei I die geringste Menge Wasser und V die größte enthält.

Die Aktivität einer bestimmten Aluminiumoxid-Charge kann man auf folgende Art bestimmen:

Man füllt das zu untersuchende Adsorbens in eine Schmelzpunktskapillare und befeuchtet das offene Ende des Röhrchens mit einem Tropfen Toluol. Das verschlossene Ende wird abgebrochen und das befeuchtete Ende einen Augenblick in eine Lösung von 0,5% p-Phenylazoanilin in Toluol getaucht. Nun stellt man das Röhrchen in ein Gefäß mit einer dünnen Schicht Toluol und läßt das Lösungsmittel durch Kapillarkräfte bis fast an das obere Ende dieser kleinen Säule steigen. Nun nimmt man das Röhrchen heraus und mißt den R_f-Wert der farbigen Bande. Die ungefähren R_f-Werte für die einzelnen Aktivitätsstufen von Aluminiumoxid sind 0,0 für Stufe I, 0,13 für Stufe II, 0,25 für Stufe III, 0,45 für Stufe IV und 0,55 für Stufe V. Bei Kieselgel sind die Werte 0,0 für Stufe I und 0,65 für Stufe III.

Eine Anleitung zum Einstellen der verschiedenen Aktivitätsstufen und pH-Werte der Sorbentien wird unten bei der Diskussion der einzelnen Materialien gegeben.

Aluminiumoxid. Aluminiumoxid (Al_2O_3) ist eines der am meisten verwendeten Sorbentien und ist in etlichen Formen erhältlich. Es besitzt als Sorptionsstellen Al^+, $Al-OH$, AlO^-, $Al-OH^+$ und, je nach seiner Herstellungsart, auch Na^+ oder H^+. Fast alle organischen Verbindungen außer gesättigten aliphatischen Kohlenwasserstoffen werden an gewöhnlichem basischem Aluminiumoxid adsorbiert. Aluminiumoxid kann aber auch mit Salzsäure behandelt werden, um es in eine saure Form umzuwandeln oder mit Salpetersäure in eine neutrale Form. Sowohl basisches Aluminiumoxid, das Aluminat-Zentren enthält, als auch saures Aluminiumoxid mit Chlorid-Ionen kann als Ionenaustauscher wirken. Basisches Aluminiumoxid tauscht anorganische oder organische Kationen aus, saures Aluminiumoxid anorganische oder organische Anionen. Saures Aluminiumoxid wird häufig für die Trennung von Aminosäuren und sauren Peptiden verwendet, neutrales zur Trennung von Ketosteroiden, Glycosiden, Ketalen, Lactonen und einigen Estern, sowie für die Trocknung von Lösungsmitteln. Basisches Aluminiumoxid besitzt den größten Anwendungsbereich. Hochpolare Verbindungen werden an diesem Material stark adsorbiert, während unpolare (außer ungesättigten Kohlenwasserstoffen) nur schwach gebunden werden. Aceton sollte man an hochaktivem basischem Aluminiumoxid nicht als Elutionsmittel verwenden, da es in einer Aldolkondensation zum Diacetonalkohol kondensiert.

Das Adsorbens Aluminiumoxid ist von einer Reihe von Firmen in etlichen Aktivitätsstufen und Qualitäten erhältlich (siehe Tabelle 5.1). Wenn man eine DC-Trennung auf die Säulen-Chromatographie übertragen will, dann sollte auch das Sorptionsmittel das gleiche sein, das auf der Dünnschicht-Platte war. Wenn also Aluminiumoxid G in der DC verwendet worden ist, sollte man sich vom Hersteller Aluminiumoxid der entsprechenden Sorte für den Gebrauch in der Säulen-Chromatographie besorgen.

Basisches Aluminiumoxid mit der Aktivität I kann als solches gekauft werden (Tabelle 5.2), oder man kann es herstellen, indem man jedes

Tabelle 5.1. Aktivität üblicher Adsorbentien

Aktivität	% Wasser		
	Kieselgel	Aluminiumoxid	Magnesiumsulfat
I	0	0	0
II	3	5	7
III	6	15	15
IV	10	25	25
V	15	38	35

Tabelle 5.2. Geläufige Sorbentien für die Säulen-Chromatographie

Adsorbens	Typ	Lieferant
Kieselgel	neutral	E. Merck
		Macherey & Nagel
		J. T. Baker
		Bio-Rad
		Fluka
		ICN Biomedical
Aluminiumoxid	basisch, pH 10	E. Merck
	neutral, pH 7.5	Macherey & Nagel
		J. T. Baker
		Bio-Rad
	sauer, pH 4	Fluka
		ICN Biomedical
Aktivkohle	Teilchengröße 0.04–0.05 mm	Alltech. Ass. Fluka
Cellulose	Anionenaustausch nicht-ionisch	Bio-Rad Schleicher & Schüll
Polyamid		Bio-Rad Macherey & Nagel ICN Biomedical
Polystyrol	Porendurchmesser 50–10^6 Å	Bio-Rad Millipore-Waters

erhältliche (basische) Aluminiumoxid 3 Stunden bei 380–400 °C unter gelegentlichem Umrühren erhitzt. Solche Produkte enthalten meist etwas freies Alkali, aber dies ist bei den meisten unter der Bezeichnung „basisches Aluminiumoxid" verkauften Produkten so. Wenn es wünschenswert ist, die Alkali-Anteile zu entfernen, sollte man es mehrfach mit destilliertem Wasser kochen, bis das Waschwasser neutral ist, gefolgt von

Spülen mit Methanol. Die Aktivierung bei 200 °C wird wieder Material mit der Aktivitätsstufe I liefern. Dieses Material muß immer noch als basisches Aluminiumoxid betrachtet werden. Da Sorbentien der Stufe I zu aktiv sein können (und Polymerisationen oder Dehydratisierungen etc. hervorrufen), werden meist niedrigere Aktivitätsstufen verwendet.

Aluminiumoxid der Stufen II, III, IV und V kann man sich herstellen, indem man 3, 6, 10 bzw. 15% Wasser zum Adsorbens mit der Aktivität I zusetzt. In der Praxis ist es am besten, das Wasser in ein sauberes Becherglas oder einen Weithalskolben zu geben, den Behälter umzuschwenken, um das Wasser gleichmäßig über die Wand zu verteilen, und dann das Adsorbens zuzugeben, ohne mit dem Umschwenken aufzuhören. Das Adsorbens sollte dann in einen Pulvermischer oder den Kolben eines Rotationsverdampfers überführt werden und mindestens 1 Stunde gemischt werden.

Neutrales Aluminiumoxid kann man als solches kaufen (siehe Tabelle 5.2) oder auf folgende Art herstellen [2].

Normales aktives Aluminiumoxid wird in Wasser suspendiert und aufgekocht. Die überstehende Flüssigkeit wird mit verdünnter Salpetersäure gerade angesäuert (gegen Lackmus). Man kocht weiter und fügt so lange Salpetersäure zu, bis die kochende Lösung noch 10 min nach der letzten Säurezugabe sauer bleibt. Das Adsorbens wird dann abfiltriert und mit Wasser gewaschen, bis das Waschwasser neutral reagiert. Dann wird es mit Methanol gekocht, abfiltriert und 12-16 Stunden bei 160-200 °C unter verringertem Druck (10 mmHg) getrocknet. Das erhaltene Material wird etwa die Aktivität I haben. Es kann durch Zusatz von Wasser zu den verschiedenen anderen weniger aktiven Stufen deaktiviert werden.

Auch saures Aluminiumoxid kann man als solches kaufen oder auf folgende Art herstellen [3]. Ein Volumen normales aktiviertes Aluminiumoxid wird in drei bis vier Volumina 1N Salzsäure suspendiert und 10-15 min gerührt. Die überstehende Lösung und die sehr kleinen Teilchen werden abdekantiert und das Ganze mehrfach wiederholt. Das Aluminiumoxid wird dann über eine Sinterglas-Fritte abfiltriert und langsam mit Wasser gewaschen, bis das Waschwasser gegenüber Lackmus nur noch leicht sauer reagiert. Darauf wird es bei 100 °C getrocknet. Das erhaltene Material ist nicht sehr aktiv und wirkt in erster Linie als Anionen-Austauscher in der Chlorid-Form.

Kieselgel. Kieselgel (SiO_2) oder Kieselsäure ist wie Aluminiumoxid ein sehr gebräuchliches Adsorbens und kann wohl als das vielseitigste von allen betrachtet werden. Obwohl die Bezeichnungen Kieselgel und Kieselsäure austauschbar verwendet werden, handelt es sich eigentlich um verschiedene Formen des gleichen Materials [4]. Kieselgel kann man mit allen Eluenten verwenden, es zeigt aber bei Anwesenheit von Wasser bei manchen Proben und Lösungsmitteln Wasserstoffbrücken-Bindung. Diese Bindungsfähigkeit stellt für seine allgemeine Anwendung eine gewisse Einschränkung dar.

Kieselgel in der Aktivitätsstufe I kann man sich gewöhnlich durch 3-4stündiges Erhitzen auf 150-160 °C unter gelegentlichem Umrühren herstellen. Obwohl hochaktive Sorten viele Jahre lang durch Erhitzen auf 300 °C oder noch höher erzeugt wurden, gibt es Anzeichen für irreversible Veränderung, wenn Kieselgel auf über 170 °C erhitzt wird [5]. Kieselgel der Aktivität I ist wasserfrei; die Stufen II-IV stellt man sich her, indem man Wasser in einer Konzentration von 10, 12, 15 und 20% zusetzt.

2.4 Die Wahl des Elutionsmittels

Die Wahl eines Adsorbens und eines Lösungsmittelsystems für eine bestimmte Trennung ist ausführlich in Kap. 3 abgehandelt worden. Die Wahl des Adsorbens ist weniger wichtig, da die meisten Verbindungen entweder an Aluminiumoxid oder an Kieselgel getrennt werden können, aber die Wahl des Elutionsmittels ist eine recht wichtige Angelegenheit. Ein Säulenchromatogramm stellt eine nennenswerte Investition an Zeit und Material dar und man muß vor Beginn klären, welches Lösungsmittel oder welches Gemisch die gewünschte Trennung erreicht. Es gibt drei brauchbare Wege bei diesem Problem. Der erste ist eine Literaturrecherche. Die zweite Methode besteht darin, daß man versucht, Ergebnisse aus der DC auf die Säulen-Chromatographie zu übertragen. Die dritte besteht in einem allgemeinen Lösungsmittelgradienten ausgehend von Elutionsmitteln, die die Proben nicht bewegen bis hin zu jenen polaren, die sie mitnehmen. Die Gradient-Elution wird in einem späteren Abschnitt behandelt.

Literaturrecherche. Der Erfolg einer Literaturrecherche hängt davon ab, ob die zu trennenden Verbindungen bekannt sind oder nicht und ob sie schon einmal chromatographisch untersucht worden sind. Dies ist in der analytischen Chemie, in der Biochemie und in der Naturstoff-Chemie weitgehend der Fall und man kann nützliche Informationen aus den in der Bibliographie am Ende des Buches angeführten Quellen ziehen. Man sollte sich der Tatsache bewußt sein, daß die Sorbentien variieren können und daß die Reinheit der Lösungsmittel durchaus wesentlich sein kann.

Ein synthetisch-organischer Chemiker arbeitet häufiger mit unbekannten oder ungewöhnlichen Substanzen, für die keine genaue Literatur erhältlich ist. In einer derartigen Lage kann man nach Informationen über Verbindungen ähnlicher Größe und mit ähnlichen funktionellen Gruppen suchen. Die in der Literatur vorgeschlagenen Systeme können dann als Ausgangspunkt zur weiteren Erkundung dienen.

Beziehung zur DC. Es liegt nahe anzunehmen, daß ein System aus der Dünnschicht-Chromatographie unmittelbar auf die Säulen-Chromatographie übertragen werden kann. Da man eine große Zahl dünnschichtchromatographischer Versuche mit minimalem Aufwand an Zeit und Lösungsmitteln ausführen kann, sollte es möglich sein, ziemlich einfach die Bedingungen für die Trennung an einer Säule festzulegen. Dies ist zwar ein brauchbarer Zugang, aber es ist nicht so einfach wie es klingt und es funktioniert auch nicht immer.

Das erste Problem beim Übertragen der Ergebnisse aus der DC auf Säulen besteht darin, daß man bei beiden Methoden Sorbentien haben muß, die einander so ähnlich sind wie möglich. Man sollte Materialien vom selben Hersteller verwenden, die sich nur in der Teilchengröße und dem Gehalt an Bindemittel für die DC unterscheiden. Die Sorbentien sollten auf gleiche Art aktiviert werden und so weit wie möglich gleich behandelt werden.

Die zweite Schwierigkeit liegt darin, nach Daten aus der DC ein Elutionsmittel auszuwählen, das mit Sicherheit auf der Säule in annehmbarer Zeit und mit annehmbarem Lösungsmittelverbrauch eine Trennung zustande bringt. Man kann dieses Problem unter den folgenden drei eng verwandten Gesichtspunkten betrachten:

1. Welcher R_f-Wert in der DC wird wohl am ehesten eine Trennung auf der Säule bewirken?
2. Welche Unterschiede in den R_f-Werten zweier Flecken in der DC werden wohl zu einer Trennung führen?
3. Wieviel Material kann man in diesem System trennen?

Es gibt darauf keine allgemeinen Antworten, obwohl die Flash-Chromatographie, wie später besprochen, ein einigermaßen gut bekanntes und definiertes System zu sein scheint.

Theoretisch sollte es möglich sein, ein Lösungsmittel oder ein Gemisch zu finden, mit dem man in der DC für eine bestimmte Substanz einen beliebigen R_f-Wert erreicht. Für die Säulen-Trennung muß man ein Elutionsmittel nehmen, das in der DC nur einen geringen R_f-Wert ergibt. Das liegt daran, daß es eine umgekehrte Proportionalität zwischen dem

R_f-Wert und dem Retentionsvolumen (V_R) einer bestimmten Probe gibt und es ist der Unterschied im Retentionsvolumen zweier Probekomponenten, der für die Trennung an einer Säule wesentlich ist. Das Retentionsvolumen ist das Eluentenvolumen, das nötig ist, um den Schwerpunkt einer Probebande ans Ende einer gegebenen Säule zu befördern. Diese reziproke Beziehung zeigt Gl. 5.1, die aus den Gl. 1.3 und 1.4 durch Elimination von $(1+K/\beta)$ abgeleitet werden kann. In Gl. 5.2 ist V_m das Totvolumen der Säule oder die gesamte Menge an Lösungsmittel in der Sorptionsmittelpackung der Säule.

$$R_f = \frac{1}{1+K/\beta} \tag{5.1}$$

$$V_R = V_m (1+K/\beta) \tag{5.2}$$

$$V_R = V_m / R_f \tag{5.3}$$

In Tabelle 5.3 haben wir die Retentionsvolumina für eine Reihe von Probesubstanzen mit R_f-Werten zwischen 0,9 und 0,1 ausgerechnet für die Trennung an einer Säule mit einem Totvolumen von 100 ml. Zusätzlich sind die Unterschiede im R_f-Wert und den Retentionsvolumina der Proben mit benachbarten R_f-Werten berechnet worden. Man kann leicht sehen, daß der Unterschied im Retentionsvolumen zwischen Proben mit

Tabelle 5.3. Berechnete Retentionsvolumina und -Differenzen bei der Säulen-Chromatographie von Proben mit unterschiedlichen R_f-Werten in der DC

R_f	V_r (ml)[a]	ΔR_f	ΔV_r (ml)[b]
0.9	111		
		0.1	14
0.8	125		
		0.1	17
0.7	142		
		0.1	24
0.6	166		
		0.1	34
0.5	200		
		0.1	50
0.4	250		
		0.1	83
0.3	333		
		0.1	167
0.2	500		
		0.1	500
0.1	1000		

[a] Berechnet für eine Säule mit einem Totvolumen von 100 ml unter Verwendung von Gl. 5.1.
[b] Berechnet zwischen zwei benachbarten R_f-Werten.

hohen R_f-Werten (zum Beispiel 0,8 und 0,9) nur klein ist (14 ml), während die Differenz für niedrige R_f-Werte (0,1 und 0,2) sehr groß ist. So ist also die Wahrscheinlichkeit für eine Trennung größer, wenn die R_f-Werte niedrig sind. Obwohl Unterschiede im Retentionsvolumen offensichtlich für eine Trennung unbedingt nötig sind, muß es nicht immer sein, daß niedrige R_f-Werte (in der DC), hohe Retentionsvolumina und eine deutliche Differenz zwischen den Retentionsvolumina zweier Probekomponenten eine wünschenswerte Trennung liefern. Dies liegt an der Bandenverbreiterung, die immer stattfindet, wenn ein Lösungsmittel durch das chromatographische System strömt. Dies ist in Kap. 1 behandelt worden. Wenn Gl. 1.5 nach W_b, der Basislinienbreite der Bande, aufgelöst wird, kann man in Gl. 5.5 erkennen, daß diese Bandenbreite vom Retentionsvolumen (V_r) und der Zahl der theoretischen Böden im System (N) abhängt.

$$N = 16 V_r^2 / W_b^2 \tag{5.4}$$

$$W_b = 4 V_r / \sqrt{N} \tag{5.5}$$

So werden mit zunehmendem Retentionsvolumen die Banden breiter. Wenn die Banden zweier Probekomponenten zu breit sind, dann überlappen sie und man erhält keine saubere Trennung.

Kurz, wenn die R_f-Werte von Proben auf einer Dünnschicht-Platte zu hoch sind, dann wird der Unterschied im Retentionsvolumen nicht für eine Trennung ausreichen. Wenn sie zu gering sind, dann werden die Retentionsvolumina groß und die Bandenverbreiterung und die daraus folgende Überlappung verhindert eine gute Trennung. Die folgende eher empirische Vorgehensweise sollte die Übertragung von Ergebnissen aus der DC auf die Adsorptions-Chromatographie an offenen Säulen erlauben.

1. Man sucht ein zweikomponentiges Fließmittelsystem, das auf einer Dünnschichtplatte eine Trennung ergibt. Ein solches Gemisch sollte aus einem polaren und einem weniger polaren Lösungsmittel bestehen.
2. Man verändert dieses Fließmittel, indem man den Anteil des polaren Bestandteils verringert, bis die interessierenden Proben R_f-Werte unter 0,3 in der DC haben. Es macht wenig aus, ob man unter diesen Bedingungen eine saubere Trennung sehen kann oder nicht, da es von Schritt 1 her bekannt ist, daß eine Trennung möglich ist.

3. Dann verwendet man dieses veränderte Fließmittel als Suspensionsflüssigkeit zum Packen einer Säule mit einem Adsorbens, das dem von der DC so ähnlich ist wie möglich.
4. Man bringt die Probe auf die Säule auf und entwickelt das Chromatogramm mit diesem veränderten Fließmittel.
5. Das Eluat wird in Fraktionen aufgefangen und die Fraktionen mit DC auf die Probenkomponenten untersucht. Die Fraktionen können unter Umständen überlappen, je nachdem, ob die Säule überladen ist oder nicht.
6. Die Fraktionen, die die gleichen Komponenten enthalten, werden vereinigt und das Lösungsmittel verdampft, um die getrennten Stoffe zu erhalten.

Diese Methode funktioniert möglicherweise dann nicht, wenn einer der Eluentenbestandteile polarer ist als Ethylacetat (siehe die eluotrope Reihe in Tabelle 3.1). Die polaren Lösungsmittel, vor allem Alkohole und Ketone, können die Sorptionsstellen auf der Oberfläche irreversibel blockieren und sie deaktivieren so das ganze System. So würde Schritt 3 oben, das Säulenpacken, eine vollständig deaktivierte Säule erzeugen, die nicht der Schicht in der DC entspricht. Dieser Schwierigkeit kann man auf zwei Arten begegnen. Erstens kann man nach Gutdünken die Konzentration des polaren Lösungsmittels auf ein Zehntel verringern und auf das Beste hoffen. Zweitens kann man die Dünnschicht-Platte gründlich mit dem Fließmittel wie in Kap. 4 beschrieben äquilibrieren, so daß die Schicht den Bedingungen in der Säule näher kommt.

Schließlich kann man eine Gradient-Elution verwenden, um einen geeigneten Eluenten für die Säulen-Chromatographie zu finden. Dies wird später im Abschnitt über die Elution behandelt.

2.5 Packen der Säule

Verschiedene Modelle von Chromatographie-Säulen sind in einem früheren Abschnitt behandelt worden. Das Adsorbens kann entweder naß oder trocken in die Säule gepackt werden. Im allgemeinen ist die nasse Methode einfacher und wird häufiger für Kieselgel verwendet, während das trockene Packen besser für Aluminiumoxid ist.

Beim Trockenpacken bringt man eine Lage Sand in die Säule und das Adsorbens wird in kleinen Portionen in die Säule geschüttet. Jede Portion wird mit einem Stößel glattgestrichen und leicht angedrückt. Dazu kann ein Gummistopfen dienen oder ein Holzstöpsel an einem Ende eines Glasstabs oder Rundholzes. Wenn alles Adsorbens am Platz ist, legt man ein Stück Filterpapier und eine weitere Schicht Sand darauf, so daß bei der Zugabe des Eluenten die Oberfläche nicht gestört wird. Dann läßt man das Elutionsmittel bei offenem Hahn durch die Packung strömen, bis das Lösungsmittelniveau gerade über dem Kopf der Packung ist (Abb. 1.9–1.12).

Beim nassen Packen bringt man die untere Lage Sand in die Säule und füllt das Rohr zu einem Drittel mit Lösungsmittel. Das zum Packen verwendete Lösungsmittel kann das gleiche sein, das für die Chromatographie selbst verwendet werden soll, oder es ist ein weniger polares. Es sollte jedoch nicht polarer sein. Das Adsorbens wird in einem weiteren Volumen des Lösungsmittels suspendiert und diese Suspension wird in das Rohr gegossen. Während das Packungsmaterial sich absetzt, kann man mit einem Gummistopfen oder Korkring leicht von allen Seiten gegen das Rohr klopfen, um eine gleichmäßige Schicht zu erhalten. Die Suspension kann man portionsweise oder auf einmal zusetzen, der Hahn kann während der Zugabe offen oder zu sein, solange man das Flüssigkeitsniveau nicht unter die Oberfläche der Packung absinken läßt. Wenn das Lösungsmittel der Suspension sich von dem zur Analyse verwendeten unterscheidet, sollte man das Suspensionsmittel durch das Elutionsmittel ersetzen, bevor die Probe aufgetragen wird.

Man kann auch eine Säule naß packen, indem man ein Rohr halb mit Lösungsmittel füllt und das trockene Adsorbens in einem feinen Strahl durch einen kleinen Trichter zuführt. Man läßt das Adsorbens sich absetzen und klopft dabei wie oben leicht an die Säule, um eine gleichförmigere Packung zu erhalten. Wenn alles Adsorbens ohne Unterbrechung zugeführt wird, erhält man gewöhnlich eine hervorragende Säule. Das überschüssige Lösungsmittel wird aus dem Rohr abgelassen, so daß man eine einheitliche Packung aus Adsorbens und Lösungsmittel erhält, die man mit einem Stück Filterpapier und einer Lage gewaschenen Sands abschließt.

2.6 Aufgeben der Probe

Im Normalfall wird die Probe in einer geringen Menge eines Lösungsmittels gelöst (als mindestens 5%ige Lösung) und dann auf den Kopf der Säule aufgegeben. Man läßt sie in die Packung eindringen, fügt Elutionsmittel zu und läßt das Chromatogramm sich entwickeln. Da jedoch das zum Lösen der Proben verwendete Lösungsmittel auch auf die Säule gelangt, spielt die Art dieses Lösungsmittels eine wesentliche Rolle.

Unter idealen Bedingungen sind die Probekomponenten leicht in jenem Lösungsmittel löslich, das zur Elution verwendet wird und auch zum Einführen der Proben dienen kann. Wenn die Proben nicht so leicht im Elutionsmittel löslich sind, kann man sie in einem weniger polaren Lösungsmittel auflösen, wenn man eines findet. Ein polareres sollte man nicht verwenden, denn es wird die chromatographischen Bedingungen in der Säule auf unbekannte Weise verändern.

Wenn die Proben im Elutionsmittel oder einem weniger polaren nicht sehr gut löslich sind, was bei komplexen Gemischen oft der Fall ist, dann kann man sie an einer Portion Sorptionsmittel adsorbieren, die dann auf den Kopf der Säule aufgebracht wird. Dies kann man auf folgende Art erreichen:

1. Man löst die Proben in irgeneinem geeigneten Lösungsmittel, am besten einem, das flüchtig ist.
2. Man bringt diese Lösung tropfenweise auf eine kleine Menge (5-10mal so viel wie Probesubstanz) an aktiviertem losem Adsorbens in einer Abdampfschale oder einem Kolben.
3. Man stellt die Schale auf ein Wasserbad, um das Lösungsmittel zu verdampfen, oder hängt zu dem Zweck den Kolben an einen Rotationsverdampfer.
4. Wenn das Lösungsmittel abgedampft ist, kann man das lose Adsorbens mit der Probe auf den Kopf der Säule überführen. In diesem Fall sollte man nach dem Packen keine Sandschicht und kein Filterpapier auf die Säulenpackung bringen.

2.7 Entwicklung des Chromatogramms

In Kap. 1 haben wir eine Behandlung der Van Deemter-Gleichung (Gl. 1.8) gebracht, die den Zusammenhang zwischen der Effizienz einer Trennung und der Flußgeschwindigkeit zeigt. Dabei sollte die Elution so schnell wie möglich sein, um die Diffusion gering zu halten, solange nur eine gute Gleichgewichtseinstellung zwischen Lösungsmittel, Probe und Adsorbens gewahrt bleibt. Eine gute Gleichgewichtseinstellung erfordert Adsorbentien geringer Teilchengröße. Anderseits bedeutet eine sehr geringe Teilchengröße, daß der Eluent auch nicht schnell durch die Pakkung fließen wird.

Bei offenen Säulen gepackt mit Teilchen zwischen 63 und 250 μm Durchmesser (60-230 mesh), ergeben sich allgemein Flußgeschwindigkeiten um 10-20 ml/cm^2 Säulenquerschnitt je Stunde. Bei Sorbentien kleiner als 75 μm ist irgendeine Art von Pumpe oder Druckerzeugung nötig. Dann kann die Flußgeschwindigkeit auf etwa 2 ml pro Minute oder bis an die Druckbegrenzung des Systems erhöht werden.

Es ist wichtig, daß die zum Entwickeln eines Chromatogramms verwendeten Lösungsmittel vollkommen trocken und so rein wie möglich sind. Dazu kann es nötig sein, sie zu trocknen und/oder vor Gebrauch neu zu destillieren. Nach dem Trocknen sollte man sie über Molekularsieb aufbewahren.

Die Elution kann isokratisch, mit Stufengradient oder im kontinuierlichen Gradienten erfolgen. Bei der isokratischen Elution wird während der gesamten Analyse dasselbe Lösungsmittel oder Gemisch verwendet. Beim Stufengradienten wird die Zusammensetzung des Eluenten in einer Reihe von Stufen von einem Mischungsverhältnis zu einem anderen verändert, wobei jede Mischung polarer ist als die vorhergehende. In einem echten Gradienten ändert sich die Zusammensetzung des Eluenten kontinuierlich von einem weniger polaren zu einem polareren Medium.

Stufengradient. Ein traditioneller Stufengradient ist in Tabelle 5.4 gezeigt. Er folgt der eluotropen Reihe in Tabelle 3.1. Man wechselt von einer Stufe zur nächsten, sobald man den Eindruck hat, daß mit einem bestimmten Gemisch nichts mehr von der Säule eluiert wird. Wenn man es mit einem blasenförmigen Vorratsbehälter (Abb. 5.6d) zu tun hat, wird es etwas Durchmischung der beiden Eluenten von Stufe zu Stufe geben, so daß der Wechsel nicht allzu abrupt erfolgt. Eine etwas andere Reihenfolge wurde von Rabel [6] vorgeschlagen (Tabelle 5.4). Der Vorteil der

Tabelle 5.4. Lösungen für Stufengradienten

Traditionelle Reihe	Reihe nach Rabel [6]
Hexan	Heptan
0.1% Toluol in Hexan	5% Chloroform in Heptan
1% Toluol in Hexan	2% Ethylacetat in Heptan
10% Toluol in Hexan	1% Isopropanol in Heptan
	5% Isopropanol in Heptan
Toluol	10% Isopropanol in Heptan
1% Diethylether in Toluol	
10% Diethylether in Toluol	
Diethylether	
0.1% Methanol in Diethylether	
1% Methanol in Diethylether	
10% Methanol in Diethylether	

Abb. 5.7. Zwei Anordnungen zum Erzeugen eines Lösungsmittel-Gradienten für die Säulen-Chromatographie. Anordnung A liefert einen exponentiellen Gradienten, Anordnung B einen linearen. Ein Rührer in Gefäß b sorgt für wirksame Durchmischung der Lösungsmittel

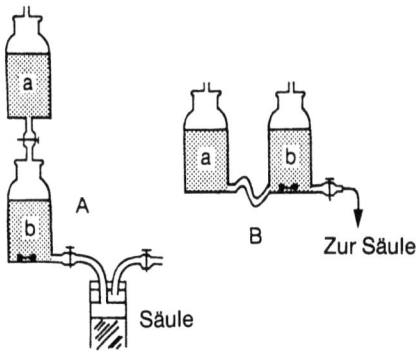

Rabel'schen Reihe besteht darin, daß die Lösungsmittel alle UV-durchlässig sind und man damit einen UV-Detektor einsetzen kann.

Gradientelution. Einen Gradienten erzeugt man, indem man Eluentenreservoirs wie in Abb. 5.7 verwendet. Ein polareres Lösungsmittel (Behälter a) wird mit der gleichen Geschwindigkeit zum unpolareren (Behälter b) hinzugefügt, mit der der Eluent in die Säule strömt. Der Gradient kann exponentiell verlaufen wie bei Anordnung A oder linear wie in B. Bei der Anordnung A ergänzt man während der gesamten Dauer des Chromatogramms das Lösungsmittel im Reservoir b und hält dessen Niveau konstant. Das Flüssigkeitsniveau in b bestimmt die Steilheit der Polaritätsänderung. Bei der Anordnung B wird kein zusätzliches Lösungsmittel in das System gebracht und die beiden Niveaus fallen in gleichem Maße.

Als Lösungsmittel bei der Gradient-Elution kann jedes der verschiedenen Gemische aus Tabelle 5.4 für die Stufengradienten dienen oder die reinen Lösungsmittel aus Tabelle 3.1, obwohl es nicht sehr vernünftig wäre, zwei mit stark unterschiedlicher Polarität zu verwenden wie etwa Hexan und Methanol. Solche Lösungsmittelgemische können sich im Verlauf der Analyse entmischen oder auftrennen. Kommerzielle Geräte zum Erzeugen von Lösungsmittelgradienten sind für die HPLC erhältlich.

2.8 Detektion der getrennten Substanzen

Eines der beständigen Probleme der Säulen-Chromatographie war immer die Überwachung des Eluenten, der aus der Säule kommt, um herauszufinden, wann die Probekomponente erscheint. Dies ist natürlich

186 Säulen-Chromatographie

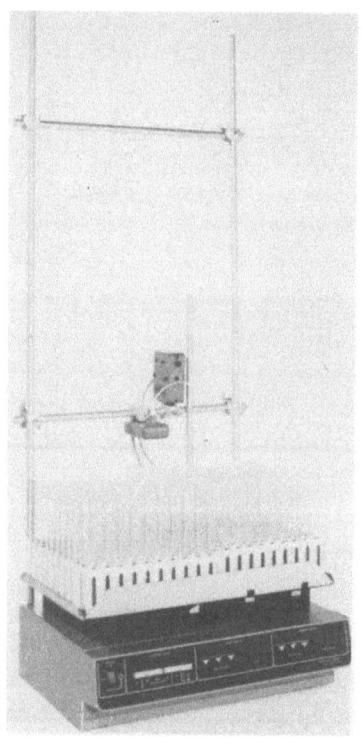

Abb. 5.8. Ein kommerzieller Fraktionensammler zum Gebrauch bei der Säulen-Chromatographie. (Mit freundlicher Genehmigung von Buchler Instruments)

bei farbigen Verbindungen keine Schwierigkeit, aber die meisten organischen Verbindungen sind farblos. Traditionell hat man dies erreicht, indem man das Eluat in Fraktionen aufgeteilt hat (Abb. 5.1), entweder manuell oder mit einem Fraktionensammler wie dem in Abb. 5.8 gezeigten. Die Fraktionen wurden auf die Probesubstanz hin untersucht und die Konzentrationen gegen die Fraktionsnummer aufgetragen zu einer Kurve wie in Abb. 5.9 oben. Die Form der Kurve wurde dann als Anhaltspunkt genommen, welche Fraktionen zur Isolierung des Produkts vereinigt werden sollten. Nach der Einführung der Dünnschicht-Chromatographie wurde es üblich, einige oder alle Fraktionen auf derselben Platte zu untersuchen. Der untere Teil von Abb. 5.9 zeigt ein idealisiertes Chromatogramm, wie es sich bei der Analyse jeder fünften Fraktion der Kurve darüber ergeben könnte. Dies ist sowohl schneller als auch viel genauer.

Der Einsatz kontinuierlicher Detektoren für die Analyse des Eluats, wie sie für die HPLC entwickelt wurden, hat die gesamte Säulen-Chro-

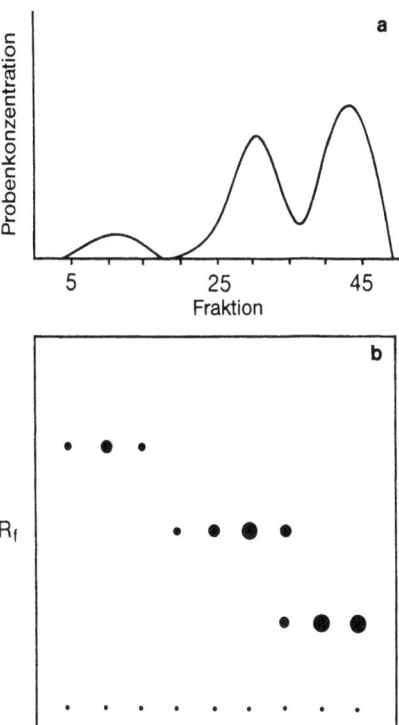

Abb. 5.9. a Eine idealisierte Kurve, wie man sie durch Analysieren der Fraktionen 1–45 des Eluats erhält. **b** Das der Kurve entsprechende Bild, bei dem jede fünfte Fraktion mit DC analysiert wurde

matographie revolutioniert. Die Grundlage für den Nachweis ist gewöhnlich die UV-Absorption oder die Änderung des Brechungsindex und das Ergebnis wird von einem Schreiber gegen die Zeit aufgetragen (die proportional dem Fluß durch die Säule ist). Die Kurve ist ähnlich der in Abb. 5.9 a, aber sie ist schärfer, da die Analyse kontinuierlich stattfindet. Die Flächen unter der Kurve sind proportional zur vorhandenen Probemenge und können zu einer quantitativen Analyse des Gemisches herangezogen werden. Diese Detektoren werden im Kap. 6 über HPLC noch ausführlicher behandelt.

2.9 Isolierung der Produkte

Die Fraktionen, die (laut DC) die gleiche Komponente enthalten, oder die von einem einzelnen Peak zu stammen scheinen (bei kontinuierlicher Detektion) werden vereinigt und das Lösungsmittel wird abgedampft, am besten unter Vakuum. Wenn Lösungsmittel und Sorbentien sauber sind, dann sollten auch die Fraktionen sauber sein. In vielen Fällen kann jedoch eine Umkristallisation oder einfache Destillation nötig sein, um reine Proben zu erhalten.

3 Kombinationen Säulen-Chromatographie - HPLC

Eine Reihe von Methoden sind entwickelt worden, vor allem von organischen Chemikern, die die bisher behandelten klassischen Methoden mit neueren Entwicklungen und Geräten aus der HPLC oder GC vereinigten. Die Ziele dieser Methoden sind, (1) einen sicheren Weg zu finden, um R_f-Werte aus der DC mit einer möglichen Trennung in einer Säule in Zusammenhang zu bringen, (2) Mengen von 1 bis 100 g zu trennen, (3) die Trennung schnell und mit möglichst geringem Eluentenverbrauch zu erreichen, (4) billigere Standard-Sorbentien wie Kieselgel oder Aluminiumoxid zu verwenden und (5) eine eindeutige Methode zur Bestimmung der Ergebnisse zu erhalten. Wir werden drei dieser Punkte kurz behandeln. Einzelheiten sind in der Original-Literatur zu finden.

3.1 Trockensäulen-Chromatographie [7]

Die Trockensäulen-Chromatographie ist im wesentlichen eine Möglichkeit, die Dünnschicht-Chromatographie in einer geschlossenen Säule auszuführen. Der Hauptvorteil ist, daß die Ergebnisse der DC verwendet werden können, um mit einiger Sicherheit einen für eine Trennung in der Säule geeigneten Eluenten zu finden.

Eine trockene Packung eines Adsorbens, dessen Eigenschaften und Aktivitätsstufe ähnlich denen in der DC sind (bis auf die Teilchengröße), wird in ein Glas-, Quarz- oder noch besser, ein dünnes Nylon-Rohr gepackt. Dies geschieht mit einem Vibrator, der eine feste, einheitliche Packung erzeugt. Man löst das zu trennende Gemisch in einer möglichst kleinen Menge eines unpolaren Lösungsmittels und läßt es in die obere Schicht der trockenen Säule einsickern. Man kann auch die Probe in einer kleinen Menge Adsorbens (wie oben beschrieben) auf den Säulenkopf aufgeben. Bei offenem unterem Säulenende läßt man den Eluenten langsam in den Säulenkopf fließen. Die Geschwindigkeit wird so eingestellt, daß die Flüssigkeitsschicht über der Säulenpackung niedrig gehalten wird (3-5 cm hoch). So strömt die Probe in das trockene aktive Adsorbens, was also der DC sehr nahe kommt. Man läßt den Eluenten fließen, bis er das untere Ende der Säule erreicht. Die Probebanden können zwar auf normale Art von der Säule eluiert werden, aber häufiger wird die Säulenpackung aus dem Rohr gepreßt und aufgeteilt, um die Probezonen zu isolieren. Die Proben werden dann vom Adsorbens gewaschen.

Das System arbeitet am besten mit reinen Lösungsmitteln zum Entwickeln des Chromatogramms anstelle von Gemischen. Unter diesen Bedingungen, und wenn die Sorbentien in DC und Säulen-Chromatographie ähnlich sind, kann man das Fließmittel der DC zum Entwickeln der Säule verwenden. Gemischte Fließmittel sind weniger einfach zu verwenden, aber es sind auch Methoden dafür entworfen worden [7].

Man hat natürlich Schwierigkeiten, farblose Zonen in der herausgequetschten Packung zu finden und die Säule zur Isolierung der Produkte zu zerteilen. Die in Kap. 4 beschriebene UV-Fluoreszenzlöschung kann verwendet werden, wenn die Proben UV-absorbierende Chromophore besitzen. Wenn ein geeigneter Fluoreszenz-Indikator dem Adsorbens zugesetzt wird und es mit UV-Licht bestrahlt wird, erscheinen die Zonen als dunkle Banden. Da Glas kein UV-Licht niedriger Wellenlänge (254 nm) durchläßt, kann diese Technik nur angewendet werden, nachdem die Packung aus dem Glasrohr gepreßt worden ist. Mit Nylon- oder Quarzrohren dagegen kann das Ergebnis des Chromatogramms während der Entwicklung sichtbar gemacht werden (Nylon und Quarz lassen UV-Licht durch). Nach beendeter Entwicklung kann das Nylon-Rohr mit der Packung mit einem scharfen Messer auseinandergeschnitten werden.

3.2 Flash-Chromatographie [8]

Bei der Flash-Chromatographie wird das Elutionsmittel schnell (durch Gasdruck) durch eine kurze Säule mit weitem Durchmesser gedrückt, die mit feuchtem Adsorbens in einigermaßen kontrollierter Korngröße gefüllt ist. Die Probezonen werden als Fraktionen gesammelt (meist von Hand anstelle eines automatischen Sammlers) und die Fraktionen werden mit DC untersucht.

Die Sorbentien sollten Korngrößen zwischen 40 und 60 µm besitzen (230-400 mesh). Kleinere Teilchen bringen nichts und übermäßig hohe Drücke (wie in der HPLC) wären nötig, um den Eluenten durch die Säule zu treiben. Die Säulen selbst sind mit einem Nadelventil als Flußregler ausgestattet, wie er gemeinsam mit einer Säule in Abb. 5.10 zu sehen ist. Der Betriebsdruck kann aus einer Preßluftleitung stammen oder aus einer Stickstoff-Flasche, die wie in der Abbildung gezeigt mit dem Regler verbunden wird. Wenn das System zusammengebaut ist,

Säulen-Chromatographie

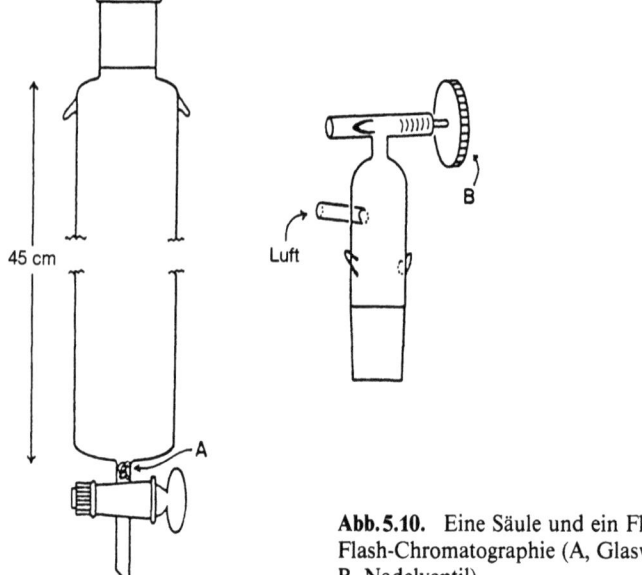

Abb. 5.10. Eine Säule und ein Flußregler für die Flash-Chromatographie (A, Glaswollepfropfen; B, Nadelventil)

strömt Luft oder Stickstoff aus dem offenen Nadelventil aus. Wenn das Ventil ganz oder teilweise geschlossen ist, baut sich Druck auf, der die schnelle Entwicklung des Chromatogramms zustande bringt.

Dieses System ist wohl das am besten definierte System im Hinblick auf die Möglichkeit, Ergebnisse aus der DC auf die Säulen-Chromatographie zu übertragen. Ein Fließmittel, das einen R_f-Wert von etwa 0,35 für die Hauptkomponente ergibt, wird normalerweise auch eine brauchbare Trennung liefern. Die einzige Schwierigkeit entsteht, wenn ein sehr geringer Anteil einer polareren Komponente in einem Lösungsmittelgemisch verwendet wird. Dann kommt das System in den Bereich, in dem geringe Änderungen in der Zusammensetzung der mobilen Phase wegen der in Kap. 4 für die DC beschriebenen logarithmischen Abhängigkeit große Änderungen in der Polarität hervorrufen. Unter diesen Bedingungen wird die Menge an polarer Komponente für die Säulen-Chromatographie auf die Hälfte erniedrigt. Wenn zum Beispiel das für die DC ideale Fließmittel (das einen R_f-Wert von 0,35 ergibt) 1% Ethylacetat in Hexan enthielt, kann man für die Säule einen Eluenten mit nur 0,5% Ethylacetat verwenden.

Die Abmessungen der benötigten Säulen hängen von der zu trennenden Probemenge ab. Eine Zusammenfassung der Säulendurchmesser, Eluentvolumina, typischen Beladbarkeit und üblichen Fraktionen-

Tabelle 5.5. Daten zur Auswahl der Bedingungen bei der Flash-Chromatographie

Säulendurchmesser [mm]	Eluentenvolumen[a] [ml]	Typische Probenbeladung [mg]		Typisches Fraktionsvolumen [ml]
		$\Delta R_f \geqslant 0.2$	$\Delta R_f \geqslant 0.1$	
10	100	100	40	5
20	200	400	160	10
30	400	900	360	20
40	600	1600	600	30
50	1000	2500	1000	50

[a] Zum Packen und Eluieren nötiges Eluentenvolumen.

größe ist in Tabelle 5.5 angegeben. Die tatsächliche Höhe des Adsorbens ist etwa 15 cm in einem 45 cm langen Rohr. Angenommen man möchte zum Beispiel 0,6 g eines Probegemischs trennen, das in der DC im idealen Laufmittel einen R_f-Wert der Hauptkomponente von 0,35 und der nächsten Verunreinigung von 0,50 ergab. Der Unterschied in den R_f-Werten wäre dann 0,15. Nach der Tabelle könnte man 0,6 g in einer Säule mit 40 mm Durchmesser und mit 600 ml Eluent trennen und sollte Fraktionen von 30 ml auffangen.

Man sollte darauf hinweisen, daß die Autoren recht spezifische Methoden und Materialien beschreiben. Man sollte die Original-Literatur entsprechend überprüfen [8].

3.3 Mitteldruck-Flüssigkeits-Chromatographie

Es ist eine Reihe von Systemen entwickelt worden, die mittlere Drücke (3-10 bar) einsetzen, um den Eluenten durch die Säule zu bewegen. Im Gegensatz dazu hat man in der HPLC mit Drücken bis über 400 bar zu tun. Im allgemeinen sind Mitteldrucksysteme stark vereinfachte HPLC-Systeme, die oft selbstgepackte Säulen aus herkömmlichem Kieselgel oder Aluminiumoxid verwenden. Meist dient eine Pumpe dazu, den Eluenten durch die Säule zu fördern, und das Eluat wird üblicherweise durch einen Fraktionensammler wie in Abb. 5.4 aufgefangen. Ein Detektor kann verwendet werden, um das Eluat zu überwachen, oder die gesammelten Fraktionen können mittels DC analysiert werden.

Aus der Vielfalt der beschriebenen Systeme stammt die beste Anleitung von Meyers und Mitarbeitern [9]. Eine Skizze des Systems ist in Abb. 5.11 gezeigt. Im wesentlichen wird der Eluent aus dem Vorratsbehälter durch die Pumpe, durch ein Druckmessungs- und Sicherheits-

192 Säulen-Chromatographie

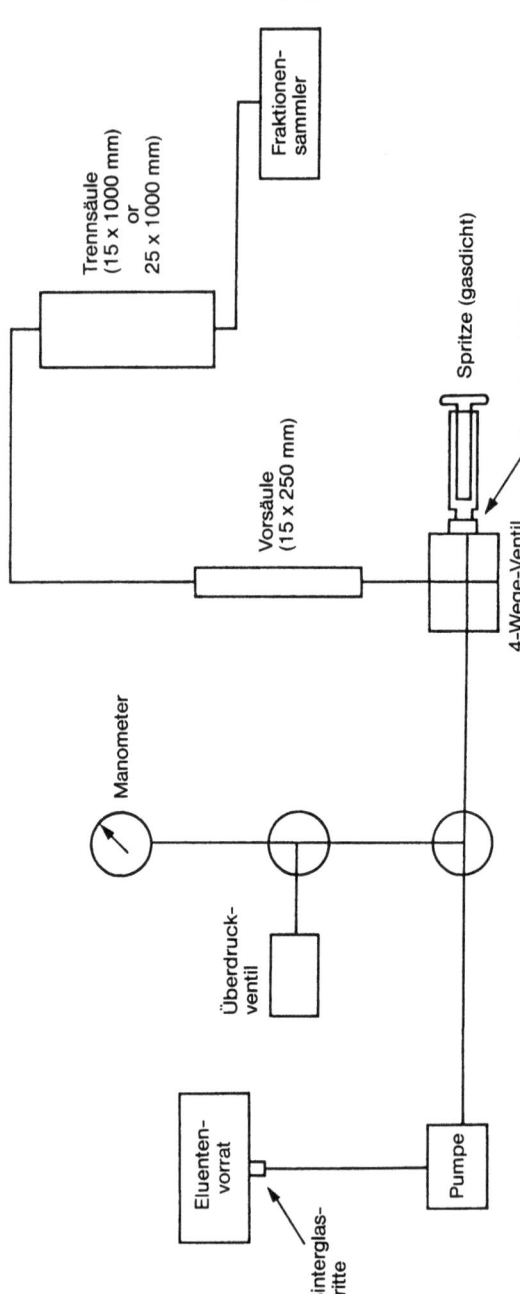

Abb. 5.11. Eine Schemazeichnung einer typischen Mitteldruck-Chromatographie-Anlage

System, durch die Vorsäule in die Hauptsäule und in den Fraktionensammler gefördert. Die Probe wird mit einer Spritze durch ein 4-Wege-Ventil in den Strom eingespritzt. Eine vollständigere Beschreibung einiger Bestandteile ist im folgenden Kapitel über die HPLC zu finden und Säulen und Packungsmaterialien sind bei den genannten Firmen erhältlich.

Es wurde behauptet, daß Fließmittel, die auf einer vergleichbaren Dünnschicht-Platte einen R_f-Wert von 0,2-0,3 ergeben, zur gewünschten Trennung geeignet sind. Die Säulen waren trocken gepackt mit Kieselgel in einer Teilchengröße von 30-60 µm oder 40-60 µm. Wenn sie nach Gebrauch sorgfältig rückwärts gespült und mit Hexan befeuchtet gehalten wurden, waren die Säulen mehrfach zu verwenden. Typisch konnten Proben von 0,5-3 g auf einer 15 × 1000 mm Hauptsäule getrennt werden.

Schließlich sollten wir eine Warnung wiederholen, die schon früher in diesem Kapitel gegeben worden ist. Die Übertragung von Fließmittelsystemen von der DC auf die Säulen-Chromatographie (Mitteldruck- oder HPLC) gerät viel besser, wenn protische Lösungsmittel vermieden werden.

Literatur

1. H. Brockmann, Angew. Chem. *59*, 199 (1947)
2. T. Reichstein, C. W. Shoppee, Disc. Faraday Soc. *7*, 305 (1949)
3. T. Wieland, Hoppe-Seyl. Z. Physiol. Chem. *273*, 24 (1942)
4. J. J. Wren, J. Chromatog. *4*, 173 (1960)
5. P. Rahn, M. Woodman, American Laboratory *2*, 92 (1981)
6. F. M. Rabel, American Laboratory *6*, 33 (1974)
7. B. Loev, M. M. Goodman, Chem. and Ind. 1967, 2026; und: Progress in Separation and Purification, Vol III (E. S. Perry, C. J. van Oss, Eds.), Interscience Publishers p. 73 (1970)
8. W. C. Still, M. Kahn, A. Mitra, J. Org. Chem. *43*, 2923 (1978)
9. A. I. Meyers, J. Slade, R. K. Smith, E. D. Mihelich, F. M. Herchenson, C. D. Liang, J. Org. Chem. *44*, 2247 (1979)

Kapitel 6

Hochleistungs-Flüssigkeits-Chromatographie (HPLC)

1 Einführung

Die Hochleistungs-Flüssigkeits-Chromatographie ist heute die leistungsfähigste Methode der Flüssigkeits-Chromatographie (1). Deshalb steht dieses Kapitel auch am Ende der vier Teile umfassenden Einführung in die Flüssigkeits-Chromatographie. In den letzten Jahren hat die Technik der HPLC und die Anwendung dieser Methode trotz ihrer hohen Kosten einen enormen Aufschwung erfahren, und die HPLC wurde zu einer der wichtigsten Analysenmethoden in einem chemischen Labor. Auch die Anwendung der HPLC als präparative Methode scheint immer interessanter zu werden. Die heute käuflichen HPLC Geräte bestehen aus einem sehr aufwendigen Pumpensystem, das Gradientmischungen aus bis zu vier verschiedenen Lösungsmittel liefert. Die Pumpen können dabei einen Druck bis zu 400 bar aufbringen. Weitere Bauteile des Systems sind die Säulen, die die stationären Phasen enthalten und schließlich ein Durchflußdetektionssystem, das nach unterschiedlichen Meßprinzipien arbeitet. Sehr oft wird die gesamte Anlage von einem Kleincomputer überwacht und gesteuert. Die verfügbaren Säulen bringen auf einem Meter die fast unglaubliche Anzahl von 100000 theoretischen Böden auf. Bei der HPLC wird die Chromatographie im geschlossenen System unter fast idealen Bedingungen durchgeführt, so daß daraus sehr gute Trennungen resultieren. Meistens betragen die Analysenzeiten nur wenige Minuten und die genaue quantitative Auswertung der Daten ist sehr leicht möglich. Die Proben können auch im präparativen Maßstab aufgetrennt werden. In Abb. 6.1 ist ein Schema einer HPLC Apparatur zu sehen.

In gewisser Weise ergänzen sich die HPLC und die GC. Die Geräte für die GC wurden mit Blick auf hohe Auflösung und gute quantitative Ergebnisse konzipiert und gebaut. In der GC ist aber die Flüchtigkeit einer Substanz notwendige Voraussetzung für deren Analyse. Die entsprechende Begrenzung in der HPLC ist die Löslichkeit der Probe im

196 Hochleistungs-Flüssigkeits-Chromatographie (HPLC)

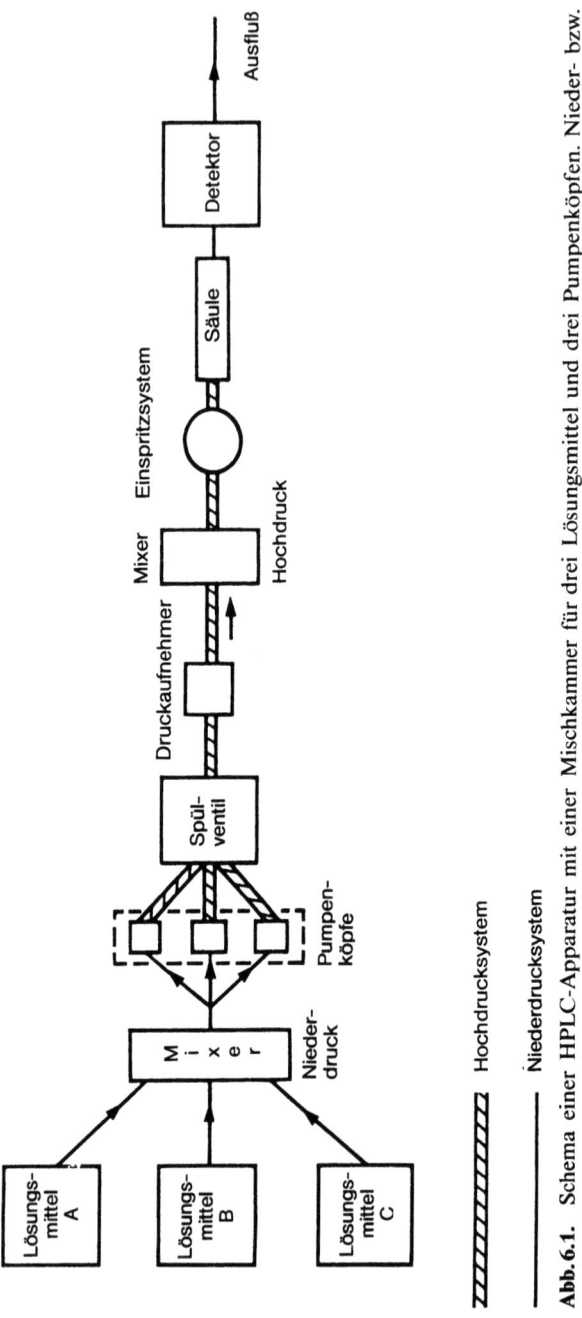

Abb. 6.1. Schema einer HPLC-Apparatur mit einer Mischkammer für drei Lösungsmittel und drei Pumpenköpfen. Nieder- bzw. Hochdruckseite sind speziell gekennzeichnet

Eluenten. Diese Einschränkung ist aber nicht so gravierend und macht die HPLC wenigstens zu einer Analysenmethode für schwer flüchtige Substanzen und Proben mit einem hohen Molekulargewicht. Deshalb kann die HPLC auch bei den meist nicht flüchtigen anorganischen Proben eingesetzt werden. Die HPLC wird meist bei Raumtemperatur durchgeführt, so daß thermisch labile Substanzen nicht zerstört werden.

Zwischen der GC und der HPLC gibt es jedoch einen wichtigen Unterschied, der die Bedeutung der letztgenannten Methode wesentlich bestimmt. In der GC gibt es kaum eine Wechselwirkung zwischen dem als mobile Phase benutzten Trägergas und der Probe. Anders betrachtet verhalten sich also alle Trägergase ähnlich (sieht man von unerwünschten Reaktionen z. B. einer Oxidation ab). In der HPLC gibt es über die einfache Löslichkeit und Solvatation der Stoffe hinaus eine Vielzahl möglicher Wechselwirkungen zwischen der Probe und der mobilen Phase. Diese Wechselwirkungen schließen auch ionische Reaktionen oder Wasserstoffbrückenbindungen mit ein. Die Eigenschaften der mobilen Phasen lassen sich auch durch Mischung der Lösungsmittel in einem Gradienten (siehe Kap. 5) verändern. All dies bedeutet, daß die Anzahl der Variablen in der HPLC größer ist, wodurch diese Methode einerseits aufwendiger und teurer, andererseits aber zu einer wirksameren Trennmethode wird. Ein weiterer Vorteil der HPLC ergibt sich aus der geringen Diffusion der gelösten Stoffe in dem flüssigen Eluenten im Vergleich zu den gasförmigen Eluenten in der GC. Ein HPLC Chromatogramm kann ohne merkliche Bandenverbreiterung für einige Tage unterbrochen werden. Bei der GC trifft dies nicht zu.

Zu der Entwicklung der HPLC trugen einige technische Weiterentwicklungen bei. Die Pumpensysteme liefern pulsationsfrei hohe Flußraten (die Druckschwankungen durch die Kolbenbewegungen werden kompensiert) und spezielle Probenaufgabesysteme wurden entwickelt, die die Injektion der Proben bis zu einem Gegendruck von 350 bar erlauben. Eine der bemerkenswertesten Entwicklung war jedoch mit der Herstellung und dem Einsatz neuer Träger für die stationären Phasen verbunden.

In Kap. 1 unterschieden wir zwei Arten der Flüssigkeitschromatographie, die Adsorptions- (LSC) und die Verteilungschromatographie (LLC). Im Unterschied zu der LLC verhält sich die LSC meist nicht in idealer Weise (vergl. dazu auch die Isothermen in Abb. 1.17). Bis hierher verstanden wir unter dem Begriff LLC, daß die flüssige stationäre Phase auf irgendeinen festen Träger aufgebracht wurde, und daß der Eluent durch dieses Packungsmaterial strömt. Das einheitliche Aufbringen der stationären Phase und die Fixierung derselben bereitete aber stets Schwierigkeiten. Ein wesentlicher Beitrag zur Lösung dieses Problems wurde durch die Herstellung chemisch gebundener Phasen geleistet. Bei diesen Packungsmaterialien ist die stationäre Phase durch starke kovalente Bindungen am Träger fixiert. Das bedeutet, daß das schon von der Theorie her bessere Auflösungsvermögen der LLC damit in einer kontrollierbaren Form zur Verfügung steht. Eine ausführliche Diskussion dieser Materialien wird später folgen.

Der große Schwachpunkt in einem HPLC System ist die Detektion. Es gibt in der HPLC keinen universellen, hochempfindlichen und billigen Durchflußdetektor, der dem FID in der GC entspräche. Allerdings wurden eine Vielzahl verschiedener Detektionssysteme entwickelt, allen voran die unterschiedlichen spektroskopischen Methoden, Fluoreszenzdetektoren, Brechungsindexdetektoren und elektrochemischen Detektoren. Jeder dieser Detektoren hat jedoch seine spezifischen Beschränkungen. Im Gegensatz zur DC und der klassischen Säulenchromatographie (Kap. 4 und 5) ist die HPLC sehr stark instrumentalisiert, was die oft hohen Kosten dieser Technik ausmacht. Viele HPLC Geräte (siehe Abb. 6.2) werden nur als komplette Einheiten verkauft. Genauso ist es aber möglich ein billigeres System aus Einzelkomponenten aufzubauen, das dem gegebenen Problem vielleicht sogar noch besser angepaßt ist. Einige dieser Bauteile sind im Kap. 5 unter Mitteldruck-LC Systemen zu finden.

Im weiteren werden in diesem Kapitel praktische Bedienungshinweise für den Betrieb einer HPLC Anlage zu finden sein, die verschiedenen Variablen des Trennsystems (z. B. Eluentenzusammensetzung, Art der Säule u. ä.) werden besprochen und einige technische Aspekte der Geräte werden erläutert. Auf dem letzten Punkt dieser Aufzählung wird der Schwerpunkt der Information liegen. Abgeschlossen wird dieses Kapitel mit einer Diskussion der quantitativen und präparativen Gesichtspunkte der HPLC und einem kurzen Abschnitt über die Charakterisierung von Polymeren.

2 Bedienungshinweise

Alle HPLC Anlagen bestehen aus denselben Grundbausteinen und sind deshalb in ihrer Funktionsweise sehr ähnlich. Bei isokratischen Chromatogrammen läßt sich die Funktionsweise als eine Abfoge von Schritten beschreiben. Bei der isokratischen Betriebsweise ändert sich die Eluentenzusammensetzung während der Analyse nicht.

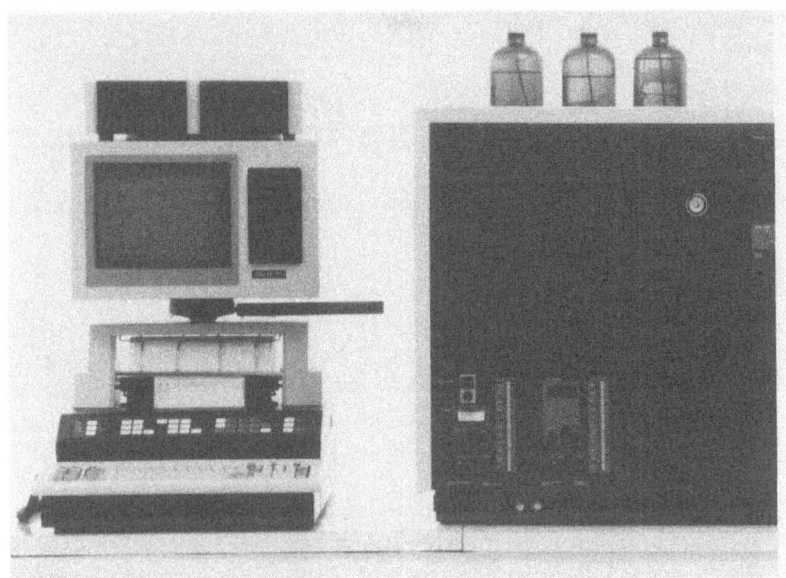

Abb. 6.2. Vollautomatisches HPLC-Gerät mit der Möglichkeit, ternäre Gradienten zu erzeugen. Die Auswertung der Daten erfolgt durch einen Computer. Die Chromatogramme werden dabei auf einem hochauflösenden Monitor sichtbar. (IBM-Instruments)

Jeder Schritt ist noch weiter untergliedert, so daß eine umfassende Information gegeben ist. Nach dem Einschalten und Justieren des Gerätes ist folgende „Checkliste" durchzugehen:

1. Im gesamten System wird der korrekte Sitz aller Verschraubungen überprüft, alle Fittings sind dicht angezogen, die Eluentenvorratsgefäße sind gefüllt, die Eluenten sind vorher entgast bzw. das Entgasungssystem ist eingeschaltet (Luftblasen im Eluenten stören die Funktionsweise der Pumpen), der Eluentenfilter ist frei. Schließlich wird noch überprüft, ob die richtige Säule eingebaut ist, ob der geeignete Detektor benutzt wird und ob alle Geräte eingeschaltet sind.
2. Der Eluentenfluß durch die Säule wird gestartet. Dazu wird die Pumpe eingeschaltet, nachdem der Flußregler an der Pumpe auf den gewünschten Wert (meist 1-2 ml/min) eingestellt wurde, oder durch Eingeben der entsprechenden Werte in den ggf. vorhandenen Kleinrechner des Systems. Der Druckabfall über die Säule wird überprüft. Mit dem Begriff Druckabfall ist derjenige Druck gemeint, den die

Tabelle 6.1. Normaler Druckabfall bei Standardsäulen

Durchschnittliche Teilchengröße [µm]	Druckabfall [bar] (25 cm Säule)
3	240-350
3	140-210 (15 cm)
5	140-210
10	63-84
40	15-20

Pumpe aufbringen muß, um den Eluenten durch die Säule zu fördern. (Tabelle 6.1 gibt den normalen Druckbereich in Abhängigkeit von der Teilchengröße des Trägers an). Ist der Druckabfall zu hoch, so sollte die Säule ausgetauscht werden. Bei der Montage von Säulen müssen Totvolumina auf jeden Fall vermieden werden.

3. Die HPLC wird gewöhnlich bei Raumtemperatur oder einer anderen konstanten Temperatur durchgeführt. Falls nötig, sollte die Temperatur der Säuleneinheit überprüft und auf den gewünschten Wert eingestellt werden.
4. Der Fluß der mobilen Phase wird gemessen, indem der Eluent eine gewisse Zeit in einem graduierten Zylinder aufgefangen wird. Dadurch wird auch die korrekte Funktionsweise der Probeaufgabe- bzw. Schaltventile überprüft.
5. Die Stromversorgung des Detektors wird eingeschaltet und der passende Empfindlichkeitsbereich eingestellt. Das Signal wird soweit abgeglichen, daß die Schreibfeder auf der Nullinie des Schreiberpapiers steht. Bei einem Integrator ist dieser Abgleich nicht notwendig. In den meisten Fällen wird als Detektor ein UV/VIS Photometer verwandt werden, da diese Geräte am einfachsten und auch am weitesten verbreitet sind. Wenn die zu chromatographierenden Substanzen nicht im ultravioletten oder sichtbaren Wellenlängenbereich absorbieren oder der Eluent nicht UV durchlässig ist, sollte ein Refraktometer (RI) als Detektor benutzt werden (siehe unten). In Tabelle 6.2 sind die wichtigsten chromatographischen Eigenschaften (Endanstieg der UV-Absorption, Brechungsindex, Dielektrizitätskonstante) der am meisten verwendeten Eluenten zusammengestellt. Nachdem der Detektor arbeitet, überprüft man die Grundlinie auf zu hohes Rauschen oder Spikes, die durch Gasblasen im Pumpenkopf oder der Detektorzelle verursacht werden. Eine Drift in der Basislinie kann durch Schwankungen des Flusses verursacht werden. Das Rauschen

Tabelle 6.2. Einige physikalische Konstanten der wichtigsten Lösungsmittel für die Flüssigkeitschromatographie

Lösungsmittel	Endanstieg der UV-Absorpt. [nm]	Brechnungsindex η	Dielektrizitätskonstante
n-Pentan	205	1.358	1.844
n-Heptan	197	1.388	1.924
Cyclohexan	200	1.427	2.023
Tetrachlormethan	265	1.466	2.238
n-Butylchlorid	220	1.402	7.390
Chloroform	295	1.443	4.806
Benzol	280	1.501	2.284
Toluol	285	1.496	2.379
Dichlormethan	232	1.424	9.080
Tetrachlorethylen	280	1.938	3.420
1,2-Dichlorethan	225	1.445	10.650
2-Nitropropan	380	1.394	25.520
Nitromethan	380	1.394	35.870
n-Propylether	200	1.381	3.390
Ethylacetat	260	1.370	6.020
Ether	215	1.353	4.340
Methylacetat	260	1.362	6.680
Aceton	330	1.359	20.700
Tetrahydrofuran	225	1.408	7.580
n-Propanol	205	1.380	20.300
Ethanol	205	1.361	24.600
Methanol	205	1.329	33.600
Wasser	180	1.333	80.300
Essigsäure	210	1.329	6.150

Die Lösungsmittel sind nach steigender Polarität geordnet.

durch Druckschwankungen (Pulsationen) bzw. das durch die elektrischen Bauteile verursachte elektronische Rauschen sollte vernachlässigbar klein sein.
6. Die gelöste Probe wird über ein 0,5–2,0 μm Filter vorgereinigt und mit einer Mikroliterspritze (drucklos) injiziert. Das Probeaufgabeventil wird umgeschaltet und die Probe damit in den Eluentenstrom gebracht (Abb. 6.1 und Injektoren Kap. 6.4). Mit einer geeigneten Hochdruckspritze oder durch eine Stop-flow Injektionstechnik kann die Probe auch direkt in den Lösungsmittelfluß aufgegeben werden. Gewöhnlich beträgt das Probevolumen 10 μl (0,1% Lösung des Stoffes im Eluenten). Durch jede Injektion entsteht eine Störung der Grundlinie, verursacht durch kleine Druckschwankungen beim Umschalten der Probeaufgabe. Diese Unregelmäßigkeit kann als Startmarkierung verwendet werden.

7. Die Peaks werden durch einen X/Y-Schreiber, einen Integrator oder ein computergestütztes Datensystem mit angeschlossenem Drucker/Plotter aufgezeichnet.
8. Während der chromatographischen Analyse sollte der Druckabfall ständig überprüft werden. Steigt der Druck an, so ist das System möglicherweise verstopft. Fällt der Druck ab, so ist die Anlage wahrscheinlich undicht. Die meisten HPLC Geräte sind so gebaut, daß die Pumpe automatisch abschaltet, sobald ein eingestelltes Drucklimit über- bzw. unterschritten wird.

In Abb. 6.3 ist das Chromatogramm einer Trennung von Aminosäurederivaten auf einer cyano-gebundenen Phase zu sehen. Die Detektorsignale werden gleichzeitig auf einem X/Y-Schreiber und einem computergesteuerten Datenverarbeitungssystem aufgezeichnet. Letzteres liefert den in Abb. 6.4 gezeigten Ausdruck. Es ist offensichtlich, daß das Datensystem mehr Informationen in einer klareren und übersichtlicheren Form bietet. Aus der Tabelle lassen sich die Retentionszeiten und Retentions-

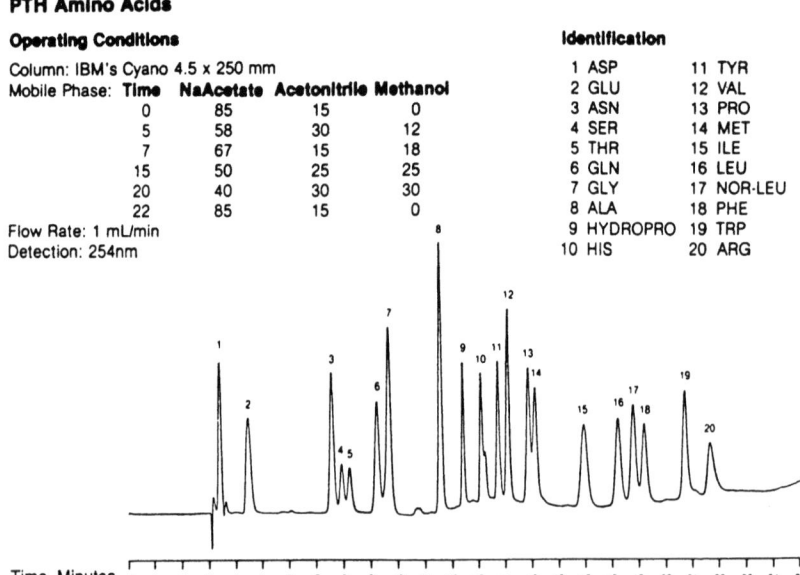

Abb. 6.3. Chromatogramm einer HPLC-Trennung von Aminosäurederivaten. In Abb. 6.4 sind die Retentionszeiten und die prozentualen Angaben der Peakflächen aufgeführt

volumina (siehe Kap.1) jeder Probekomponente bestimmen. Ebenfalls sind die zur quantitativen Auswertung nötigen Parameter Peakhöhe bzw. Peakfläche abzulesen.

3 Auswahl des Trennsystems

In der HPLC müssen drei wichtige Variablen beachtet werden. In der Reihenfolge zunehmender Komplexität sind dies: die Art des verwendeten Detektors, die Natur des Packungsmaterials in der Trennsäule und

```
RUN #    17

AREA%
  RT          AREA    TYPE    AR/HT      AREA%
  2.96       180570    PB     0.040      2.442
  3.51       100720    VV     0.049      1.362
  4.16       298220    VB     0.206      4.033
  7.37       418930    PV     0.203      5.666
  7.77       352470    VV     0.194      4.767
  8.07       367140    VB     0.207      4.965
  9.04       381100    BV     0.207      5.154
  9.51       545750    VB     0.191      7.381
 11.29       621540    PB     0.158      8.405
 12.02       216600    PB     0.124      2.929
 12.74       323470    BV     0.144      4.374
 13.28       297670    VV     0.128      4.026
 13.70       427590    VB     0.134      5.783
 14.35       365460    BV     0.148      4.942
 14.53       387860    VB     0.171      5.245
 16.34       415030    PB     0.322      5.613
 17.85       374880    BV     0.292      5.070
 18.50       389550    VV     0.284      5.268
 18.95       308090    VB     0.291      4.167
 20.86       355670    PB     0.259      4.810
 21.98       266150    PB     0.398      3.599


 TOTAL AREA=    7394500
 MUL FACTOR= 1.0000E+00
```

Abb. 6.4. Integratorausdruck des Chromatogramms in Abb. 6.3. Jedem Peak ist die entsprechende Retentionszeit und der prozentuale Flächenanteil zugeordnet

schließlich die mobile Phase (Lösungsmittel bzw. Lösungsmittelprogramme. Die Variablen werden auch in dieser Reihenfolge diskutiert. Solange die Temperatur einigermaßen konstant gehalten wird, ist ihr Einfluß auf die Trennung nicht so wichtig.

3.1 Der Detektor

Die meisten HPLC Detektoren sind einfache Durchflußspektralphotometer, die bei einer fest eingestellten Wellenlänge messen. Diese Meßwellenlänge ist so gewählt, daß der Eluent keine oder nur wenig Absorption aufweist, die Proben aber stark absorbieren. Oft wird die Absorption des ultravioletten Lichtes gemessen, manchmal aber auch die Fluoreszenz (Tabelle 6.3).

Die UV-Detektoren gibt es in zwei Grundtypen. Der einfachste und billigste ist ein Detektor mit fester Wellenlänge. Als Meßwellenlänge wird meist 254 nm bevorzugt. Durch Austausch der Filter oder der Strahlungsquelle kann man auch bei anderen Wellenlängen messen. Bei einem Detektor mit variabler Wellenlänge kann die Absorption zwischen 190–700 nm gemessen werden, so daß das Lösungsmittel die minimale und die Proben maximale Absorption zeigen. Die Detektoren haben einen weiten Empfindlichkeitsbereich, z. B. 10 Einstellungen zwischen 0.001 oder 0.002 bis zu 2 Absorptionseinheiten bei Vollausschlag (eng. AUFS: Absorption units full scale). Für speziellere Anwendungen wurde eine Reihe anspruchsvollerer Detektoren entwickelt, aber die Diskussion jedes einzelnen geht über den Rahmen dieses Buches hinaus.

Die empfindlichsten HPLC Detektoren machen sich die Eigenschaft der Fluoreszenz zunutze, sind aber natürlich nur bei fluoreszierenden Substanzen einsetzbar. Will man die hohe Empfindlichkeit dieses Detektors zum Spurennachweis oder zur Quantifizierung bestimmter Substanzklassen ausnutzen, so werden diese Proben, falls möglich, vor oder nach der chromatographischen Trennung in fluoreszierende Derivate umgewandelt.

Detektoren auf UV Basis sind nicht einsetzbar, wenn das Lösungsmittel UV Chromophore besitzt (Benzol, Toluol) oder wenn die Probemoleküle kein ultraviolettes Licht absorbieren. Ein Differenzialrefraktometer mißt den Unterschied des Brechungsindexes zwischen dem Eluenten (Lösungsmittel und Probe) und dem reinen Eluenten (Referenz). Die Brechungsindices gängiger Lösungsmittel sind in Tabelle 6.2 nachzulesen. Bei der Gradientelution ist dieser Detektortyp allerdings nicht anwendbar, da sich die Eluentenzusammensetzung und somit auch der

Brechungsindex während der Analyse ständig ändert. Außerdem ist ein Brechungsindexdetektor oft sehr viel weniger empfindlich als ein Detektor auf spektroskopischer Basis.

Als weiterer Detektor wäre noch der elektrochemische Detektor zu nennen, bei dem das Redoxverhalten der Proben zum Nachweis herangezogen wird. Leitfähigkeitsdetektoren sind dort einsetzbar, wo es um die Messung ionogen aufgebauter Proben geht. Ebenso wurden auch Detektoren auf der Grundlage von Infrarot-, Raman- und Massenspektroskopie vorgeschlagen.

Interessant ist auch die Doppeldetektion mit zwei in Serie geschalteten Detektoren, denn es ist damit möglich, verschiedene Eigenschaften der Proben zu erfassen. Die Verbindungskapillaren zwischen den Detektoren müssen aber möglichst kurz sein (geringes Totvolumen) und in der Detektorzelle darf kein Überdruck entstehen. Durch eine geeignete Anordnung von Schaltventilen läßt sich sowohl der eine wie auch der andere Detektor einzeln benutzen.

Bei der Auswertung der mit verschiedenen Detektoren ermittelten Peakhöhen (Peakflächen), die einer bestimmten Probekonzentration entsprechen, muß man gewisse Vorsicht walten lassen. Die Größe eines Peaks für eine gegebene Substanz ist von deren spektroskopischen Eigenschaften abhängig, d.h. substanzspezifisch. Die Größe ist aber in jedem Fall der Probekonzentration des Stoffes proportional und deshalb lassen sich auch die Gesetzmäßigkeiten der quantitativen Analyse anwenden. Liefert ein UV Detektor z. B. zwei Signale gleicher Höhe, so könnte man versucht sein anzunehmen, daß die beiden Substanzen bei der Meßwellenlänge sehr ähnliche Extinktionskoeffizienten haben. So könnte es

Tabelle 6.3. Typische Kenngrößen der wichtigsten LC Detektoren

Parameter	UV/VIS (Absorption)	Fluoreszenz	Brechungsindex [RI Einheiten]	Elektrochem. [μA]	Leitfähigkeit [$\mu\Omega^{-1}$]
Typ	selektiv	selektiv	universell	selektiv	selektiv
Anwendbar in Gradient	Ja	Ja	Nein	Nein	Nein
Obergrenze der Linearität	2-3	n.v.[a]	10^{-3}	$2 \cdot 10^{-5}$	1000
Linearer Bereich (max)	10^5	10^3	10^4	10^6	$2 \cdot 10^4$
Empfindlichkeit bei +1% Rausch und Vollausschlag	0.002	0.005	$2 \cdot 10^{-6}$	$2 \cdot 10^{-9}$	0.05
Empfindlichkeit bei günstigen Substanzen (g/ml)	$2 \cdot 10^{-10}$	10^{-11}	10^{-7}	10^{-12}	10^{-8}
Flußempfindlich[b]	Nein	Nein	Nein	Ja	Ja
Temperaturempfindlich	Niedrig	Niedrig	10^{-4}/K	1.5%/K	2%/K

[a] n.v.: nicht verfügbar.
[b] Wegen ihrer Temperaturempfindlichkeit scheinen manche Detektoren flußempfindlich zu sein.

durchaus vorkommen, daß eine Substanz mit sehr hohem Extinktionskoeffizient nur in Spuren vorliegt.

Dieses Verhalten steht im Gegensatz zu vielen GC Detektoren, die in ähnlicher, aber nicht identischer Weise, auf die verschiedenen Proben ansprechen.

3.2 Auswahl der stationären Phase

Wie in der LC üblich, kann die stationäre Phase eine Festkörperoberfläche (Adsorption) oder eine flüssige Oberfläche sein. Die flüssige stationäre Phase wird auf dem Träger fixiert. Für die speziellen Belange der HPLC wurde eine sehr große Auswahl neuer stationärer Phasen entwickelt, deren Anwendung sehr viel zur Effizienz und Leistungsfähigkeit dieser Analysenmethode beitrug. Da die meisten Materialien auf Kieselgelbasis entwickelt wurden, läßt sich die Diskussion auf die Oberfläche und die Modifikation dieses Trägers beschränken.

Normalphasen- und Umkehrphasen-Chromatographie. Bevor wir die Diskussion der Oberflächeneigenschaften und deren Modifikation beginnen, sollen noch einmal die Begriffe Normal- und Umkehrphasenchromatographie definiert werden (siehe auch Kap. 3). Von den beiden Phasenarten (mobile bzw. stationäre) muß eine immer sehr viel polarer als die andere sein. So ist z. B. Hexan, das als mobile Phase bei Kieselgelsäulen verwendet wird, weit weniger polar als die Kieselgeloberfläche. Ist die polarere Phase stationär, so heißt das Verfahren Normalphasenchromatographie. Umgekehrt spricht man von Umkehrphasenchromatographie (eng. Reversed Phase; RP), wenn die stationäre Phase weniger polar als die mobile ist.

Nichtmodifizierte Packungsmaterialien. Wie schon in Kap. 4 erwähnt und in Abb. 6.4 gezeigt, sind die Silanolgruppen die wichtigen reaktiven Zentren auf der Kieselgeloberfläche. Eine nicht modifizierte Kieselgeloberfläche verhält sich deshalb wie ein stationärer Alkohol und wirkt durch Wasserstoffbrückenbindungen, Dipol-Dipol-Wechselwirkungen und Säure-Base-Wechselwirkungen mit den Molekülen des Eluenten bzw. den Probemolekülen. Diese vielschichtigen Wechselwirkungen werden unter den Begriff Adsorption zusammengefaßt. Die Chromatographie an Kieselgel (und Aluminiumoxid, siehe Tabelle 6.4) wurde in der vorhergehenden Kapiteln ausführlich beschrieben. Öfters findet man in diesem Zusammenhang auch den Ausdruck Normalphasenadsorptionschromatographie.

Der Hauptunterschied zwischen der HPLC und der Säulenchromatographie (Kap. 5) liegt in den deutlich verschiedenen Teilchengrößen. In der HPLC werden Teilchen zwischen 3-10 μm mit sehr enger Größenverteilung, z. B. 5 ± 1 μm, benutzt.

Chemisch modifizierte Packungsmaterialien. Viele der für die HPLC neu entwickelten Packungsmaterialien wurden durch chemische Modifikation der Hydroxylgruppen an der Kieselgeloberfläche hergestellt. Einige dieser neu eingeführten funktionellen Gruppen, sowie die nicht modifizierten Oberflächen von Kieselgel und Aluminium sind in sehr stark vereinfachter Form in der Tabelle 6.4 und der Abb. 6.5 zu sehen. Gewöhnlich werden heute Fertigsäulen verkauft, d. h. die gebundenen Phasen sind schon in den Säulenrohren gepackt. Die Variationsbreite der verschiedenen gebundenen Phasen ist enorm und die Art der Herstellung und die Packungsmethode ist oft ein gut gehütetes Geheimnis der Herstellerfirmen. Die in Tabelle 6.4 dargestellten Haupttypen sind die gängigsten Materialien. Die wichtigsten Hersteller gebundener Phasen sind in Tabelle 6.5 aufgeführt.

Tabelle 6.4. Stationäre Phasen für die HPLC und deren chemische Struktur

---

Nichtmodifizierte Oberfläche, polar
Kieselgel $\ominus Si-OH$
Aluminiumoxid $\ominus Al-OH$

chemisch modifizierte Oberfläche, unpolar
Octadecyl $\ominus Si-O-Si(CH_2)_{17}CH_3$
　　　　　　　　　|
　　　　　　　$(CH_3)_2$
Octyl　　　$\ominus Si-O-Si(CH_2)_7CH_3$
　　　　　　　　　|
　　　　　　　$(CH_3)_2$
Methyl　　$\ominus Si-O-Si(CH_3)_3$
Phenyl　　$\ominus Si-O-Si(CH_2)_3C_6H_5$
　　　　　　　　　|
　　　　　　　$(CH_3)_2$
Amino　　$\ominus Si-O-Si(CH_2)_3NH_2$
　　　　　　　　　|
　　　　　　　$(CH_3)_2$
Cyano　　$\ominus Si-O-Si(CH_2)_3CN$
　　　　　　　　　|
　　　　　　　$(CH_3)_2$
Diol　　　$\ominus Si-O-SiCH_2CHCH_2OH$
　　　　　　　　　|　　　|
　　　　　　　$(CH_3)_2$　OH

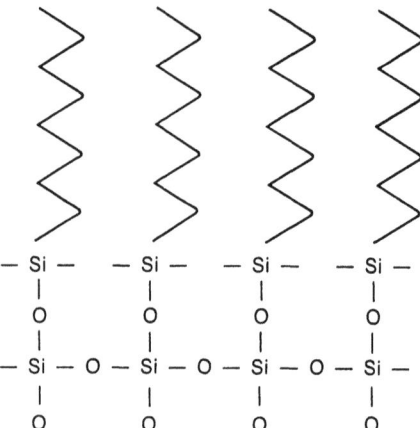

Abb. 6.5. Idealisierte Struktur einer gebundenen Phase

Zum Aufbinden der verschiedenen stationären Phasen auf die Kieselgeloberfläche gibt es eine Vielzahl von Reaktionen. Als Beispiel für ein gut geeignetes Verfahren sei hier die Reaktion eines Chlorsilans mit den Silanolgruppen des Kieselgels genannt. Auf der Oberfläche des Kieselgels gibt es in der Größenordnung von 8,0 µmol/m^2 ($27 \cdot 10^{17}$ Zentren/m^2) Silanolgruppen. Man kann sich die gebundenen Phasen so wie in Abb. 6.5 gezeigt vorstellen. Tatsächlich wurden die ersten von Halász (2) hergestellten Umkehrphasen auch Phasen des Bürstentyps genannt.

Inwieweit alle Silanolgruppen abgedeckt werden können, wird später diskutiert.

Zusammenfassend läßt sich festhalten, daß durch chemische Reaktionen sowohl unpolare wie auch polare Phasen hergestellt werden können, so daß entweder Normalphasen- oder Umkehrphasenchromatographie möglich wird. Diese Art der Chromatographie ist der LLC ähnlich, unterscheidet sich aber in der Effizienz.

Auswahl des Packungsmaterials. Die Auswahl der für eine unbekannte Probe geeigneten Trennsäule (bzw. des Packungsmaterials) hängt von der chemischen Natur der gelösten Stoffe, ihren Löslichkeitseigenschaften und der Größe der Probemoleküle ab. Das in Abb. 6.6 gezeigte Schema soll die Auswahl der geeigneten Säule erleichtern. Sind die Molekulargewichte der Proben größer als 2000, so wird in diesem Fall die Ausschlußchromatographie (eng. Size exclusion chromatography; Gel permeation chromatography) die geeignete Trenntechnik sein. Für polare, im organischen Medium lösliche Proben, wird die HPLC mit chemisch gebundenen Phasen betrieben. Ist die Probe in organischen Lösungsmitteln unlöslich, dafür aber in Form von Ionen in Wasser löslich, so kann eine Ionenaustauscher- oder eine Ionenpaarsäule (RP-Säule) benutzt werden. Entstehen beim Lösen der Proben keine Ionen, so kann prinzipiell jede der genannten Trennsäulen benutzt werden. Ob die Polarität des Lösungsmittels geeignet ist, kann dadurch überprüft werden, daß die Löslichkeit des Stoffes sowohl in einem unpolaren wie auch in einem polareren Lösungsmittel(-gemisch) getestet wird.

Unpolarere Proben werden am besten auf Kieselgelsäulen getrennt. Diese Methode ist in der HPLC genauso wichtig wie in der DC und der Mitteldrucksäulenchromatographie. In der HPLC wird die Adsorption entweder zur Trennung von Isomerengemischen oder zur Auftrennung von Gemischen mit unterschiedlicher Polarität (z. B. durch unterschiedliche Anzahl funktioneller Gruppen) genutzt. Voraussetzung ist, daß die Verbindungen in unpolaren Lösungsmitteln löslich sind.

Im allgemeinen ist die HPLC Kieselgelsäule sehr empfindlich gegen Verschmutzung, weil die aktiven Adsorptionszentren leicht irreversibel blockiert werden. Da sich Kieselgel im alkalischem Milieu auflöst, sollten pH Werte größer 8 vermieden werden. Für eine erste Vortrennung einer unbekannten Probe eignet sich die DC, da hier oft schon die irreversible Adsorption einer (oder mehrerer) Komponente(n) erkannt werden kann (keine Wanderung dieser Substanzen vom Startpunkt). Zeigt die DC an, daß ein Teil der Proben nicht wandert, so lassen sich diese Substanzen in einer kurzen Vorsäule zurückhalten (siehe auch Kap. 5). Die DC kann u. U. auch Hinweise auf die geeignete mobile Phase liefern (Kap. 3 und bei der weiteren Analyse von HPLC Fraktionen nützlich sein.

Tabelle 6.5. Hersteller chemisch gebundener Phasen[a]

Handelsname	Anbieter	Teilchengröße [μm]
Partisil	Whatman	5, 10
LiChrosorb	Merck	5, 10
Supelcosil	Supelco	5
Bondagel	Waters	5, 10
Zorbax	Dupont	6
Vydac	Chrompack	5, 10
Hypersil	Shandon	3, 5
Ultrasphere	Beckman	3, 5
Microsil	Micromeritics	7.5
Apex	Jones Chromatography	3, 5
	IBM Instruments, Inc.	5

[a] Aus R. E. Majors, J. Chromatog. Sci. 18 (1980) 488–511.

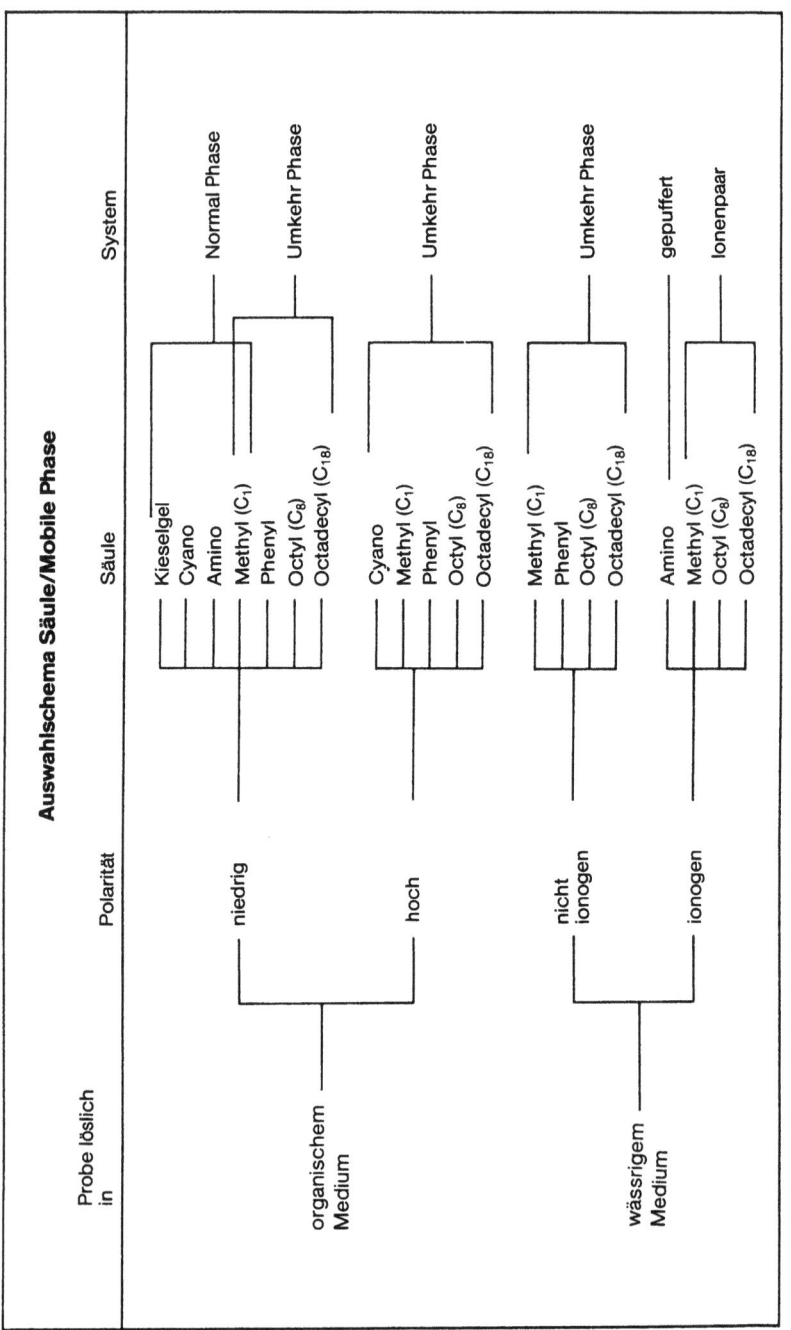

Abb. 6.6. Auswahlschema einer HPLC-Säule

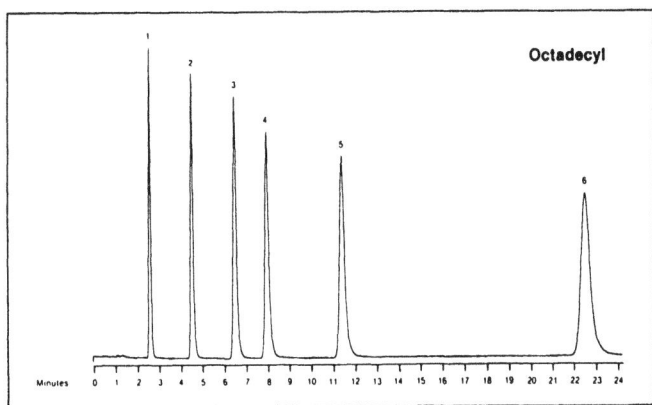

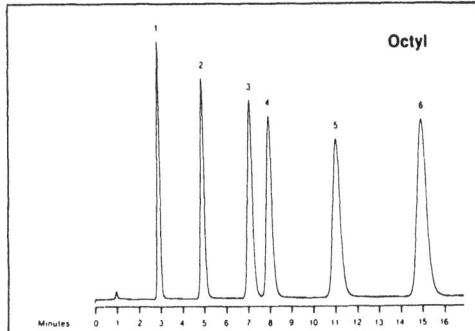

Operating Conditions

Mobile Phase: 50/50 Methanol/Water
Flow Rate: 1.0 mL/min.
Detection: 254 nm

Peak Identification

1. Uracil
2. Phenol
3. Acetophenone
4. Nitrobenzene
5. Methy Benzoate
6. Toluene

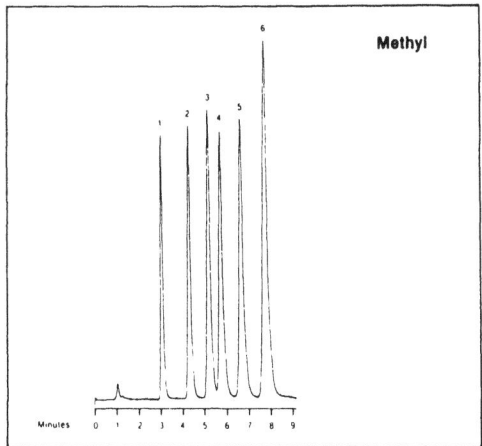

Abb. 6.7. Vergleich der RP-Trennungen an verschieden langen Kohlenstoffborsten. Peak 1 ist Uracil, Peak 2 ist Phenol, Peak 3 ist Acetophenon, Peak 4 ist Nitrobenzol, Peak 5 ist Metylbenzoat, und Peak 6 ist Toluol

Zur Trennung homologer Reihen und sehr lipophiler Verbindungen, die in organischen Lösungsmitteln löslich sind, bevorzugt man die Chromatographie mit gebundenen Phasen. In Tabelle 6.5 sind die Handelsnamen und die Teilchengrößen einiger kommerzieller Phasen aufgeführt. Abbildung 6.7 zeigt wie die drei Haupttypen der unpolaren gebundenen Phasen eine gegebene Testmischung auftrennen (Beispiel einer RP Trennung). Die Auftrennung eines anderen Testgemisches an den vier wichtigsten polaren Packungsmaterialien ist in Abb. 6.8 zu sehen.

Es fällt auf, daß die relative Position des Peaks 4 (Benzanilid) in Abhängigkeit vom Packungsmaterial verschoben wird. Die relativ kleine Anzahl verschiedener gebundener Phasen könnte eine prinzipielle Begrenzung dieser HPLC Methode vermuten lassen. Die Polarität der Materialien ist jedoch so unterschiedlich und die Auswahl verschiedener mobiler Phasen so groß, daß jede Probe die löslich ist auch aufgetrennt werden sollte.

Säulen. Zusätzlich zu der rein chemischen Natur des Packungsmaterials sind noch weitere Gesichtspunkte zu berücksichtigen. Die Phasen werden gewöhnlich auf poröse (rigide) Träger aufgebracht, die in der Teilchengröße Unterschiede aufweisen. In der HPLC werden meist poröse, sphärische Teilchen zwischen 3–10 µm eingesetzt. Die Materialien ergeben die beste Auflösung verbunden mit einer sehr großen Kapazität, haben leider aber auch den Nachteil eines ziemlich hohen Druckabfalls.

Die Länge einer HPLC Säule beträgt zwischen 5 und 25 cm, im Gegensatz zu den bis zu 30 m langen GC Säulen. Diese Maße erklären sich zum einen aus der sehr hohen Effizienz in der HPLC (mehr als 100000 Böden/m; in der GC nur 5000 Böden/m) wie auch aus den zu hohen Drücken, die für noch längere Säulen benötigt würden. HPLC Säulen lassen sich hintereinanderschalten, wodurch eine Probe mehrmals die gleiche Säule durchlaufen kann. Mehr zu dieser Technik in einem späteren Abschnitt.

Die Säulen können mit käuflich erhältlichen Materialien selbst gepackt werden oder sind als Fertigsäulen im Handel erhältlich. In Kap. 5 wurde das Packen einer normalen LC Säule schon erklärt. HPLC Säulen werden als Suspension der Phase in einer geeigneten Packungssuspension hergestellt, wobei sehr hohe Drücke (bis zu 500 bar) und ein hohes Maß an Geschicklichkeit und Erfahrung nötig sind. Da die Pakkungsmaterialien selbst schon sehr teuer sind, umgeht man am besten die Schwierigkeiten des Säulenpackens, indem man auf kommerzielle Fertigsäulen zurückgreift. Steigt bei einer sehr teuren Säule der Arbeitsdruck an, so lassen sich die Säulenverschlüsse öffnen und die Fritten erneuern.

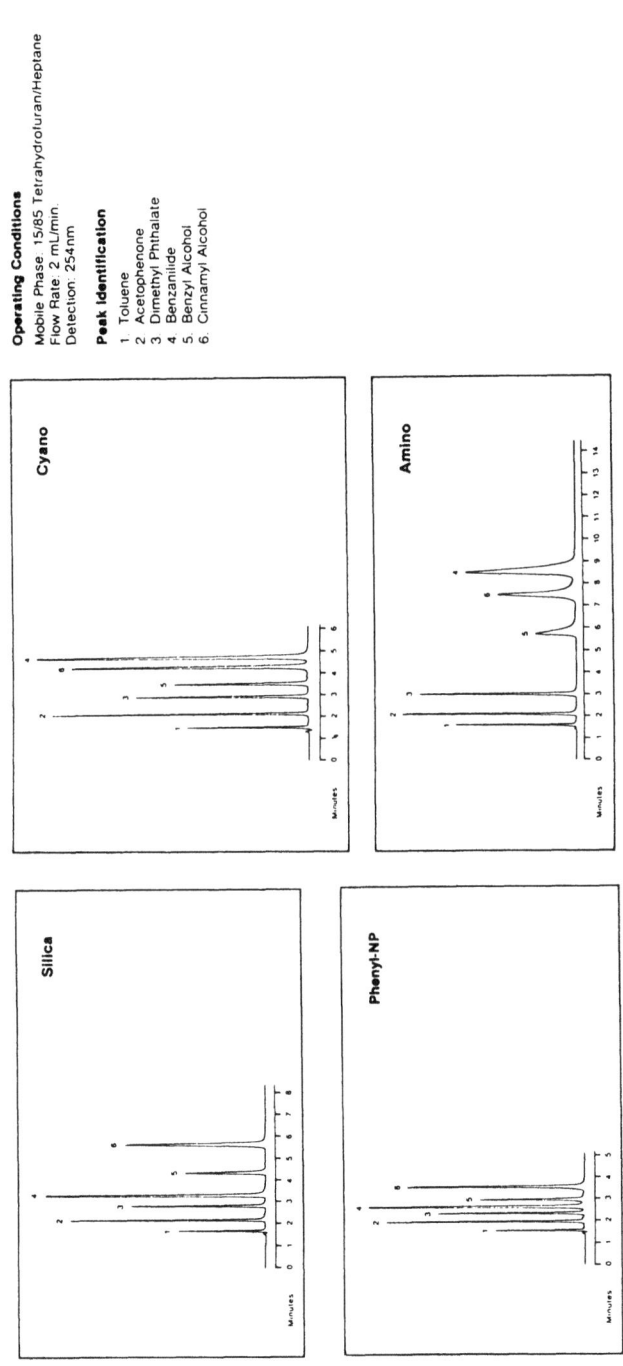

Abb. 6.8. Vergleich der Trenneigenschaften verschiedener polarer Säulen (Normal-Phasen-Modus). Man beachte die Änderung der Elutionsreihenfolge bei der Cyano- bzw. Aminophase

Dadurch kann eine Verstopfung oft beseitigt werden. Zur Lagerung sollten die Säulen stehts mit einem geeigneten Lösungsmittel gefüllt sein (Hexan bei Normal Phasen und Isopropanol bei gebundenen Phasen).

Vorsäulen. HPLC Säulen sind teuer aber, anders wie bei der normalen Säulenchromatographie gängigen Kolonnen, sehr oft regenerierbar. Zum Schutz der Säule und zur Verlängerung der Standzeit wird zwischen die Probenaufgabe und die Hauptsäule oft eine Schutz- oder Vorsäule geschaltet. In der Vorsäule ist meist ein ähnliches oder auch etwas größeres Material (20-40 µm) wie in der Hauptsäule. Die Vorsäule hält diejenigen Probebestandteile zurück, die zur Verstopfung oder Desaktivierung der Hauptsäule führen könnten.

3.3 Wahl der mobilen Phase

Nach Festlegung der stationären Phase für eine gegebene Trennung ist die Auswahl der mobilen Phase merklich einfacher, obwohl sie immer noch eine Herausforderung ist. Bei nicht modifizierten, aktivierten Kieselgelen oder Aluminiumoxid hat man es mit LSC zu tun, in der die mobile Phase eine ziemlich unpolare organische Flüssigkeit oder ein Gemisch aus solchen ist. Die Auswahl und die Modifizierung solcher Systeme wurde ausführlich in den Kap. 3, 4 und 5 besprochen. Zwei in diesem Zusammenhang schon festgehaltene Beobachtungen sollen noch einmal wiederholt werden. Erstens macht die DC auf aktivierten Schichten eine schnelle und einfache Methode zur Auswahl der passenden mobilen Phase möglich (Kap. 5). Zweitens ändert sich in der LSC die Polarität eines Lösungsmittelgemisches nicht linear zwischen der Polarität der reinen Lösungsmittel (Tabelle 3.1).

Bei der HPLC mit gebundenen Phasen liegen die Verhältnisse ganz anders. Rein qualitativ gesagt, ist die stationäre Phase hier eine „flüssige" Schicht. Die Chromatographie zwischen dieser Schicht und der mobilen Phase ist eng mit der Verteilung oder den flüssig-flüssig Systemen verbunden (Kap. 2). Ob die gebundene Phase wirklich ein LLC System im klassischen Sinne darstellt ist noch umstritten, aber in erster Näherung ist diese Annahme ganz nützlich. Bei der Auswahl der mobilen Phase in der LLC sind wir am meisten an der Tatsache interessiert, daß sich die Polarität des Lösungsmittelgemisches linear zwischen denen der reinen Lösungsmittel ändert. Wichtig in diesem Zusammenhang ist, daß sich mit der Polarität des Eluenten auch dessen Elutionskraft ändert. Deshalb kann man aus den Polaritäten der reinen Lösungsmittel und der Kenntnis, wie sich die Proben in diesen Flüssigkeiten verhalten, auf die (chromatographische) Eigenschaften dieser Proben in einer großen Anzahl verschiedener Lösungsmittelgemische schließen.

Zur Extrapolation und Voraussage sind drei Dinge notwendig. Erstens brauchen wir einen Maßstab für die Polaritäten der reinen Lösungsmittel. Unter Benutzung der oben beschriebenen linearen Beziehungen, läßt sich dann die Polarität jeder Lösungsmittelmischung berechnen. Zweitens brauchen wir einen Zahlenwert, der zur Beschreibung der Eigenschaften eines gelösten Stoffes in einer gegebenen Säule benutzt werden kann. Drittens ist eine Beziehung zwischen der Polarität des Lösungsmittels und dem chromatographischen Verhalten der Stoffe in einer Säule notwendig.

Es wurden eine ganze Anzahl von Versuchen unternommen, die Polaritäten von Flüssigkeiten quantitativ zu messen, vorauszusagen und zu berechnen, aber die nützlichsten Daten für die HPLC scheinen die sogenannten P'-Werte zu sein, die man aus Löslichkeitsdaten nach Rohrschneider (3) erhält. Snyder (1,4) hat mit diesen Daten die meist benutzten Lösungsmittel der HPLC charakterisiert (Tabelle 6.6). Diese Lösungsmittel absorbieren nicht merklich im UV-Bereich, so daß UV Detektoren bei einer Meßwellenlänge von 254 nm verwendet werden können. Besonders zu erwähnen ist, daß diese Werte aus Messungen und nicht aus theoretischen Berechnungen stammen. Die Polarität eines Lösungsmittelgemisches kann nach Gl. 6.1 berechnet werden, in der Φ_a und Φ_b die Volumenanteile der Lösungsmittel A und B und P'_a und P'_b die P'-Werte der reinen Lösungsmittel bedeuten. So ergibt sich für eine Mischung aus 80% Hexan und 20% Methylenchlorid (Volumenanteile 0.8 für Hexan

Tabelle 6.6. Lösungsmittel für gebundene HPLC Phasen mit zugehörigen P'-Werten[a]

Normal Phase		Umkehr-Phase	
Lösungsmittel	P'-Wert	*Lösungsmittel*	P'-Wert
Hexan*	0.1	Wasser*	10.2
1-Chlorbutan	1.0	DMSO	7.2
Isopropylether*	2.4	Ethylenglykol	6.9
Methylenchlorid	3.1	Acetonitril*	5.8
Chloroform*	4.1	Methanol*	5.1
Ethanol	4.3	Aceton	5.1
Methanol*	5.1	Ethanol	4.3
Acetonitril*	5.8		

[a] Aus Snyder und Kirkland (1). Die mit * bezeichneten Lösungsmittel eignen sich als Mischeluenten.

und 0.2 für Methylenchlorid) eine berechnete Polarität von 0.7, wenn man die Werte aus Tabelle 6.6 zu Grunde legt.
In Gl. 6.1 wird über die Polaritäten gemittelt.

$$P' = \Phi_a \cdot P'_a + \Phi_b \cdot P'_b \tag{6.1}$$
$$P' = 0.8 \times 0.1 + 0.2 \times 3.1 = 0.08 + 0.62 = 0.70$$

Das spezifische Verhalten eines Stoffes wird in der HPLC ebenfalls durch die Bildung eines k'-Wertes oder „Trennfaktor" beschrieben (Analogie zur GC, vergl. Gl. 2.1). In Gl. 6.2 wurden Retentionszeiten zur Berechnung verwendet. In der HPLC bezieht man sich auch öfter auf Retentionsvolumina (Gl. 6.3) in der V_r das Retentionsvolumen des gelösten Stoffes und V_m das Retentionsvolumen der mobilen Phase (Totvolumen) der Säule ist.

$$k' = \frac{t_r - t_m}{t_m} \tag{6.2}$$

$$k' = \frac{V_r - V_m}{V_m} \tag{6.3}$$

Da es bei konstanter Flußrate zwischen der Zeit und dem Volumen eine direkte Proportionalität gibt, sind beide Ausdrücke identisch. In gewisser Weise ist der k' Wert ein Maß wie stark ein gelöster Stoff in einer Säule zurückgehalten wird. Hohe k' Werte bedeuten, daß der Stoff stark auf der Säule retardiert wird. Im Idealfall sind die in der GC und HPLC benutzten k' Werte umgekehrt proportional zu dem in der DC üblichen R_f Wert (Gl. 6.4).

$$R_f = \frac{1}{1 + k'} \tag{6.4}$$

Die Bestimmung des Totvolumens einer Säule (V_m) geschieht auf experimentellem Wege, indem eine Substanz (z. B. Uracil) chromatographiert wird, die in der Säule nicht retardiert wird. Das Volumen, das nötig ist um eine Substanz durch die Säule zu bewegen (das Retentionsvolumen) muß dann mit dem Volumen der Flüssigkeit in der Säule übereinstimmen. Gewöhnlich wird eine inerte Substanz als Totzeitmarkierung dem zu trennenden Gemisch zugesetzt. Die auf diese Weise bestimmte Totzeit ist sehr viel genauer als die Bestimmung aus der Störung der Grundlinie (verursacht durch Druckstoß beim Umschalten des Probeaufgabeventils oder einen Brechungsindexpek). In Abb. 6.7 wurde Uracil als Totzeitmarker zugesetzt. In diesem System wird Uracil nicht in der Säule zurückgehalten und das Volumen an Lösungsmittel (V_{Uracil}) das nötig ist um die Substanz durch die Säule zu bewegen entspricht dem V_m in Gl. 6.3. Für die Probe Phenol kann der k' Wert dann folgendermaßen berechnet werden:

$$k' = \frac{V_{\text{Phenol}} - V_{\text{Uracil}}}{V_{\text{Uracil}}}$$

Da die Werte in Abb. 6.7 als Retentionszeiten und nicht als Retentionsvolumina gegeben sind, ergibt sich nach Gl. 6.2:

$$k' = \frac{t_{\text{Phenol}} - t_{\text{Uracil}}}{t_{\text{Uracil}}} = \frac{4.5 - 2.6}{2.6} = 0.73$$

Als nächstes brauchen wir die Verknüpfung zwischen k' und P', so daß wir in der Lage sind, die Änderungen des k' Wertes mit der Änderung des P' Wertes vorauszusagen. Grob vereinfacht liefert die empirische Beziehung Gl. 6.5 die Verbindung dieser Werte, in der P'_1 und P'_2 vor und nach der Änderung bedeuten und k'_1 und k'_2 die entsprechenden k' Werte sind.

$$k'_2/k'_1 = 10^{\frac{P'_1 - P'_2}{2}} \tag{6.5}$$

Gleichung 6.5 ist auf Normalphasen HPLC anwendbar, in der polare Lösungsmittel kleinere k' Werte ergeben. In der Umkehrphasen HPLC lautet die entsprechende Beziehung Gl. 6.6, da dort weniger polare Lösungsmittel die k' Werte erniedrigen:

$$k'_2/k'_1 = 10^{\frac{P'_2 - P'_1}{2}} \tag{6.6}$$

Jetzt sind wir in der Lage den k' Wert eines gelösten Stoffes in jedem Lösungsmittelgemisch vorauszusagen, falls wir bei jeder Eluentenzusammensetzung die P' Werte kennen. Ein Beispiel: angenommen, eine Verbindung hat an einem Normalphasensystem mit Hexan als Eluent einen k' Wert von 10. Soll der k' Wert auf 3 erniedrigt werden, so können wir den P' Wert des dazu benötigten Eluenten in folgender Weise berechnen:

Gleichung 6.5 wird logarithmiert:

$$\log \frac{k_2'}{k_1'} = \frac{1}{2}(P_1' - P_2')$$

Auflösen nach P_2':

$$P_2' = P_1' - 2 \log \frac{k_2'}{k_1'}$$

Einsetzen $P_1' = 0.1$ (Hexan)

$k_1' = 10$, $k_2' = 3$:

$P_2' = 0.1 - 2 \cdot \log \frac{3}{10} = 1.14$

Wollen wir jetzt feststellen, welche Mischung aus Hexan und Isopropylether den P' Wert ergibt, der den gewünschten k' Wert von 3 liefert, so können wir das unter Verwendung der Gl. 6.1 tun. x steht für den Volumenanteil Φ_a an Hexan und 1-x für den Volumenanteil Φ_b an Isopropylether:

$$P' = \Phi_a \cdot P_a' + \Phi_b \cdot P_b' =$$
$$= x \cdot P_a' + (1-x) P_b' =$$
$$= x \cdot 0.1 + (1-x) \cdot 2.4 =$$
$$= 2.4 - 2.3x =$$
$$x = \frac{2.4 - 1.14}{2.3} = 0.55$$

Zur Trennung werden wir also ein Gemisch aus 55% Hexan und 45% Isopropylether benutzen.

Da wir jetzt k' Werte voraussagen können, müssen wir eine Vorstellung davon gewinnen, welchen k' Wert wir anstreben sollten, um die besten Voraussetzungen zur Trennung eines Substanzgemisches zu haben. Dieser Gesichtspunkt wurde schon einmal angesprochen, und zwar im Zusammenhang mit der DC als es um die Festlegung eines optimalen R_f Wertes ging. Im allgemeinen werden R_f Werte von 0.3 und k' Werte um 5 (in einem Bereich von 2 bis 10) als erstrebenswert angesehen.

Das vollständige Verfahren zur Auswahl der mobilen Phase läßt sich folgendermaßen zusammenfassen:

1. Nach Abb. 6.6 wird das Packungsmaterial und die Art der Chromatographie (Normalphasen- oder Umkehrphasen (RP-)) festgelegt.
2. Ebenfalls nach Abb. 6.6 wird ein erstes Lösungsmittel ausgesucht und damit der k' Wert gemessen (Gl. 2.1 oder 6.2).

3. Mit dem bekannten k' Wert und dem P' für das Lösungsmittel in Schritt 2 wird der P' Wert berechnet, der einen k' Wert um 5 ergibt.
4. Daraus wird die Zusammensetzung des Lösungsmittel(gemisches) mit dem gewünschten P' errechnet.
5. Test des neuen Lösungsmittel. Möglicherweise muß die Eluentenzusammensetzung noch angepaßt werden, da die Beziehungen (speziell Gl. 6.5) nur näherungsweise gelten.

Mit diesem Verfahren erhält man ein binäres, isokratisches Eluentensystem (d. h. der Eluent besteht aus zwei Lösungsmittel und seine Zusammensetzung ändert sich während der Analyse nicht). Allerdings wurde diese Methode nur sehr vereinfacht dargestellt. Für bestimmte Verbindungsklassen liefern andere als nach dieser Methode ermittelte Eluenten bessere Trennungen. Dies hängt mit der Selektivität bestimmter Lösungsmittel zusammen, aber eine ausführliche Diskussion ist nicht im Sinne dieses Buches. Die Details dazu können bei Snyder und Kirkland (1) und bei Meek (5) nachgelesen werden.

Auf mehr empirischen Weg kann die Wahl des Eluenten auch mit Hilfe der Tabelle 6.7 und 6.8 für Normalphasen- bzw. Umkehrphasensysteme erfolgen. Die oben genannten Tabellen gründen auf der Erfahrung, daß die Eigenschaften der meisten HPLC Systeme von Zusatz unterschiedlicher Mengen eines zweiten Lösungsmittels (Modifier) zu einem Grundlösungsmittel abhängen. So hängt z. B. die Änderung des chromatographischen Verhaltens bei der Normalphasen mit Heptan als Grundkomponente von der Zugabe bestimmter Mengen an stark polaren Lösungsmitteln zusammen.

Tabelle 6.7 zeigt die Verminderung des k' Wertes bei Zusatz von 20% des spezifischen Lösungsmittels zu Hexan. Die Abnahme des k' Wertes

Tabelle 6.7. Lösungsmittel für die Normal-Phasen-Chromatographie

Lösungsmittel	Größe des Divisionsfaktors für k' bei Zugabe von 20% des Lösungsmittels zu Hexan
Hexan	–
Methylenchlorid	1.7
Tetrahydrofuran	2.0
Ethylacetat	2.0
Methanol	2.3
Acetonitril	2.6

Tabelle 6.8. Lösungsmittel für die Umkehr Phasen HPLC

Lösungsmittel	Größe des Divisionsfaktors bei 20% Zugabe des Lösungsmittels zu Wasser
Wasser	–
Acetonitril	2.0
Methanol	2.0
Aceton	2.1
Dioxan	2.2
Tetrahydrofuran	2.8
Isopropylalkohol	3.0

ist als Divisionsfaktor angegeben, d.h. der k' Wert muß durch diesen Tabellenwert dividiert werden um den k' Wert im modifizierten Lösungsmittel zu erhalten. So wird z. B. durch die Zugabe von 20% Tetrahydrofuran jeder k' Wert auf die Hälfte reduziert. Diese Angaben sind allerdings nur Näherungen. Die Werte in Tabelle 6.8 (RP Systeme) sind in analoger Weise zu benutzen. In diesem Fall werden die verschiedenen Lösungsmittel der Grundkomponente Wasser zugesetzt. Zur Festlegung der Zusammensetzung der mobilen Phase bei der RP Chromatographie wurden Nomogramme (5) veröffentlicht, die sich auf Methanol bzw. Acetonitril als organische Modifier beziehen. Eine systematische Untersuchung über das Verhalten ternärer Gemische aus Wasser, Methanol, Acetonitril und Tetrahydrofuran ergab iso-elutrope Linien für diese Lösungsmittel (6,7). Diese Linien verbinden Lösungsmittel(gemische) gleicher Elutionsstärke. Interessanterweise ergab sich bei der hier benutzten Säule, daß 1% Acetonitril die Elution gleich stark verändert wie 0.65% Isopropylether, und daß ein Lösungsmittelgemisch aus 50/50 Acetonitril/Wasser die gleiche Elutionskraft wie ein 60/40 Methanol/Wasser oder ein 37/63 Tetrahyrdofuran/Wasser Gemisch aufweist (6,7). Die Literaturstellen zeigen auch, daß ternäre Gemische oft gleiche Eigenschaften wie in den Nomogrammen aneinandergrenzende binäre Lösungsmittelzusammensetzungen haben.

Aus der bisherigen Diskussion könnte man ableiten, daß ein passendes System für jede beliebige Trennung aufzubauen sein müßte. Diese Feststellung ist aber nicht notwendigerweise zutreffend. Wie vorteilhaft der Gebrauch eines ternären Lösungsmittels zur Trennung einer Reihe von 2,4-Dinitrophenylhydrazonen sein kann ist in Abb.6.9 gezeigt. In der Abb.6.9a ist die Trennung mit 80% Methanol in Wasser und in Abb. 6.9 b das Ergebnis mit 75% Acetonitril in Wasser zu sehen. Abbildung 6.9 c zeigt die gleiche Trennung mit einem ternären Lösungsmittelgemisch bestehend aus 20% Methanol, 53% Acetonitril und 27% Wasser.

Die Gradientelution oder die Analyse mit sich ständig verändernden Lösungsmittelgemischen findet in der HPLC breite Anwendung. Die meisten kommerziellen Gerätan sind derart ausgestattet, daß die binäre, ternäre oder manchmal sogar quaternäre Lösungsmittelgradienten erzeugen können. Alternativ kann auch das in Abb. 5.7 gezeigte System benutzt werden. Bei der Gradientelution wird gewöhnlich die Bandenverbreiterung vermindert, die, wie in Kap. 1 gezeigt, bei jedem chromatographischen Prozeß vorhanden ist. In diesem Zusammenhang werden auch oft die Schlagwörter Peakschärfung, Lösungsmittelfokussierung oder Bandenkompression benutzt (Abb. 6.10).

Zu einer wirkungsvollen Gradientelution kommt man auf mehreren Wegen. Mit einem Startwert von 10% eines Lösungsmittels im Grundlösungsmittel (Hexan oder Wasser) läßt sich der Gehalt innerhalb einer bestimmten Zeit auf 90% steigern. Entweder erhält man so eine Trennung, zumindest aber eine Vorstellung davon, welche Lösungsmittelstärke zur Elution der Stoffe geeignet ist. Ausgehend vom Startwert (10% Modifier) läßt sich dann die Polarität derart verändern, daß die Probe mit der geeigneten Geschwindigkeit durch die Säule wandert. Schließlich läßt sich die Gradientelution auch noch zur Optimierung eines isokratischen binären Trennsystems benutzen.

In Abb. 6.11 ist die Trennung unter isokratischen Bedingungen und in Abb. 6.12 eine Trennung im Gradienten zu sehen. Abbildung 6.13 dokumentiert den Nutzen einer kleinen Menge einer Base (Ammoniumhydroxid) für ein Trennsystem, mit dem Basen getrennt werden sollen. Abbildung 6.14 zeigt die Trennung von Kohlenhydraten an einer gebundenen Phase mit Lösungsmitteln, wie sie bei der Normal Phasen Chromatographie benutzt werden.

Zusätzlich zur chemischen Zusammensetzung der mobilen Phase müssen noch vier weitere Aspekte berücksichtigt werden. Erstens müssen die Lösungsmittel rein oder wenigstens reproduzierbar sein, und an deren Zustand darf sich bis zur Verwendung nichts ändern. Zweitens müssen die Eluenten frei von Schwebeteilchen (z. B. Staub u. ä.) sein, die die Kapillaren oder Ventile des Systems verstopfen könnten oder die Fritten (poröse Metallscheiben, die die Packung in der Säule halten) zusetzen. Drittens dürfen keine gelösten Gase in den Lösungsmitteln sein und viertens sollten die mobilen Phasen vor Gebrauch korrekt und vollständig vermischt sein.

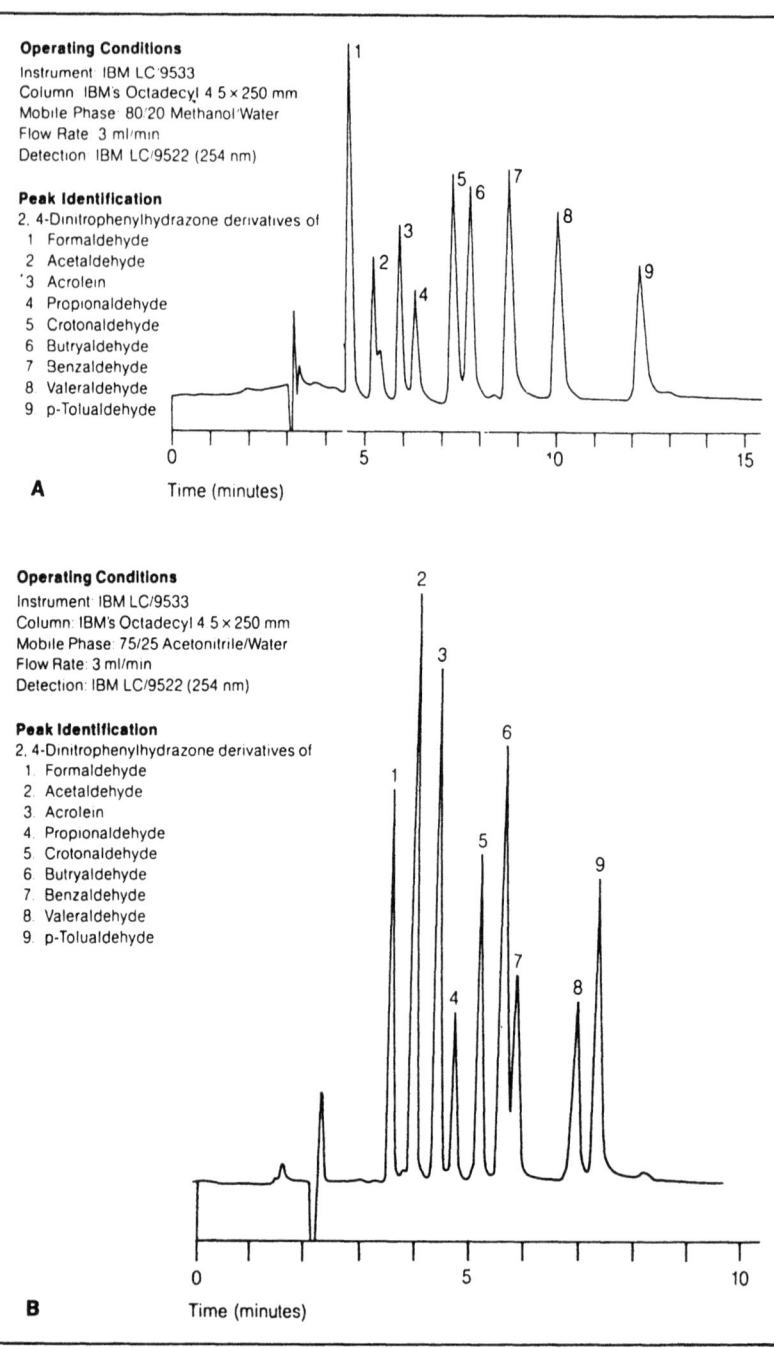

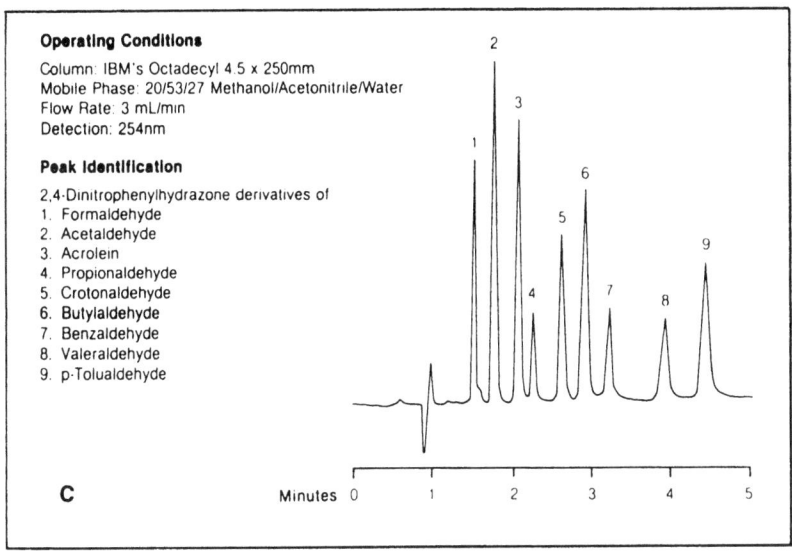

◁ **Abb. 6.9 A-C.** HPLC-Trennung von 2,4-DNP-Derivaten verschiedener Aldehyde. Unvollständige Auftrennung mit Methanol/Wasser (**A**) oder Acetonitril/Wasser (**B**); ideale Trennung mit Methanol/Acetonitril/Wasser (**C**)

Hochreine Lösungsmittel für die HPLC sind käuflich, aber meist auch sehr teuer. Die Lösungsmittel können durch Destillation oder durch Passieren einer geeigneten Absorptionsäule gereinigt werden. Gelagert werden die Lösungsmittel am besten über Trockenmitteln, z. B. Molekularsieben. Dient im HPLC System eine UV Zelle als Detektor, so muß sichergestellt sein, daß keine UV absorbierenden Verunreinigungen im Eluenten enthalten sind.

Um Schwebeteilchen zu entfernen, sollten die Lösungsmittel regelmäßig durch ein 5 oder besser 2 µm Filter gereinigt werden (siehe Abb. 6.15). Als Filter dienen spezielle Kunststoffscheiben mit sehr kleinen Poren.

Die meisten HPLC Systeme haben vor allem in den Einlaßventilen der Pumpen kleine Filter aus rostfreiem Stahl. Zwischen Probenaufgabe und Säule wird oft noch ein 2 µm Filter geschaltet.

Die in den Flüssigkeiten gelösten Gase bilden Gasblasen, die sich in den Ventilen der Pumpenköpfe oder der Detektorzelle festsetzen. Es kommt dadurch zu einer Unterbrechung des Flusses und der Detektor gibt Fehlsignale aus. Die Gase können aber durch mehrere Methoden aus den Lösungsmitteln entfernt werden. Die wahrscheinlich einfachste

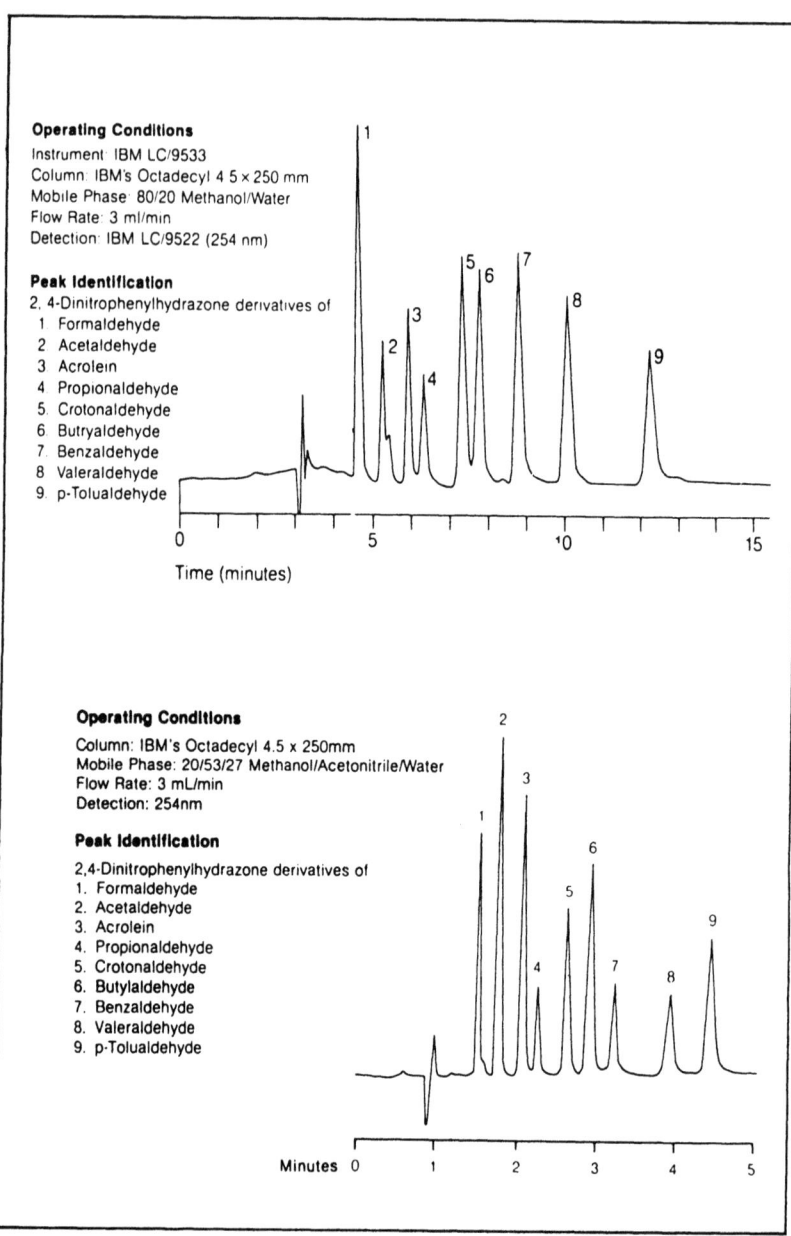

Abb. 6.10. Demonstration der Peakschärfung mit einer ternären Eluentenmischung (wie Abb. 6.9)

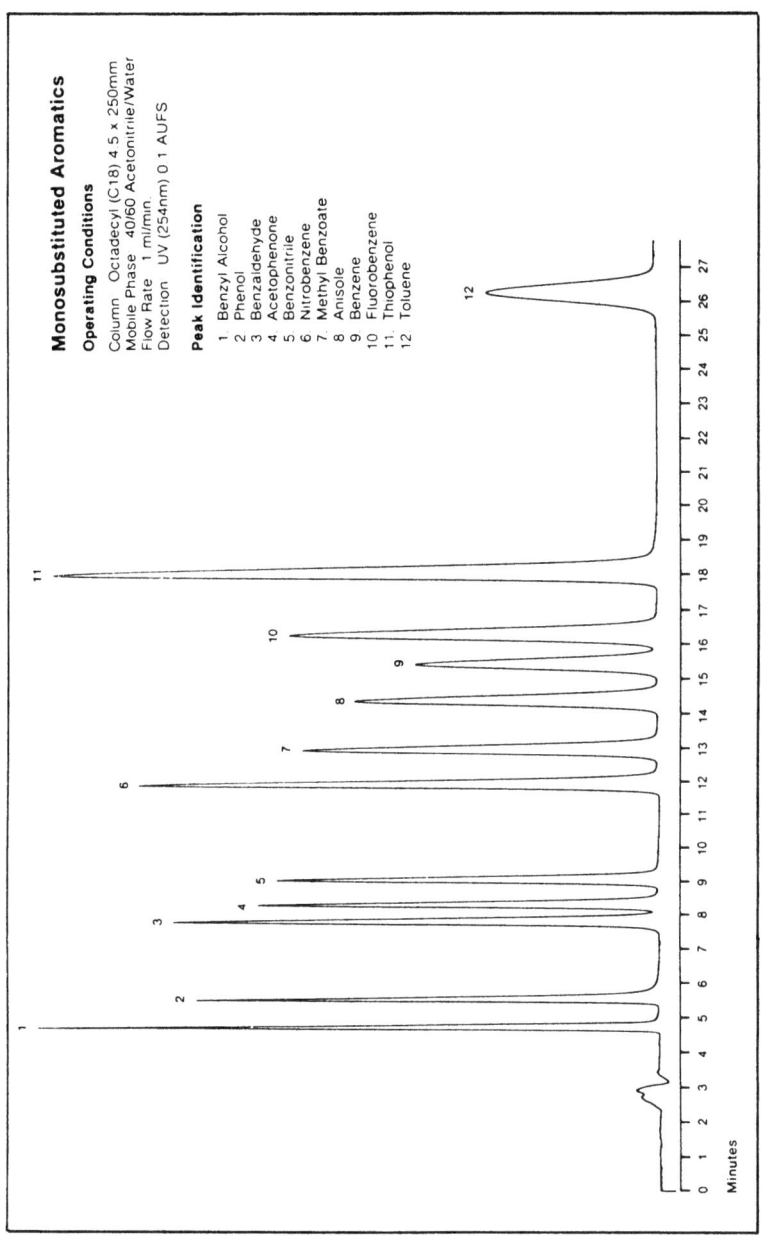

Abb. 6.11. HPLC-Trennung monosubstituierter Aromaten unter isokratischen Bedingungen

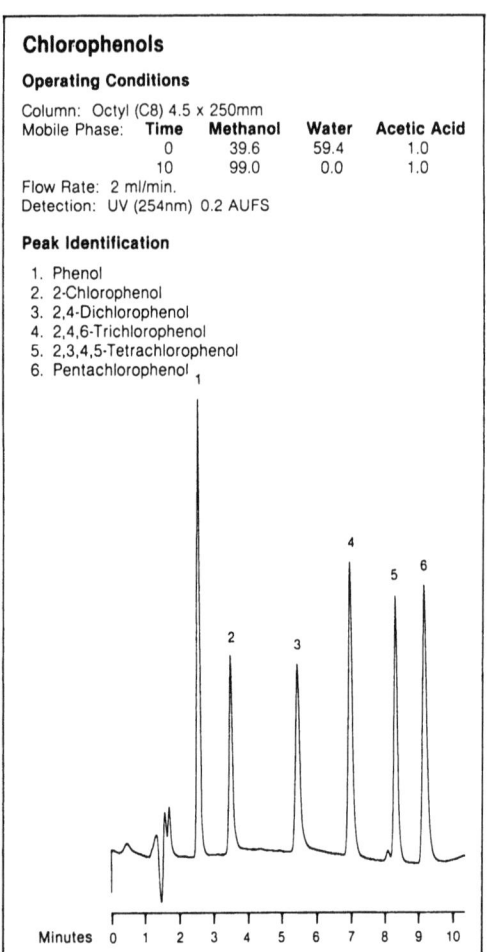

Abb. 6.12. HPLC-Trennung von Chlorphenolen unter Gradientenbedingungen

Methode ist das Einleiten von Helium in den Eluenten. Dazu wird das Edelgas einige Minuten im kräftigen Strom durch eine Fritte in das Lösungsmittel eingeleitet. Während der Trennung wird der Gasstrom dann reduziert. Das Helium verdrängt die anderen Gase, ist aber selbst nur sehr wenig im Eluenten löslich. Durch Einleiten des Heliums auch während der Analyse oder durch Aufbewahrung des Eluenten unter Schutzgas stellt man sicher, daß sich keine Luftfeuchtigkeit im Eluenten löst. Problematisch bei dieser Entgasungsmethode ist, daß durch das

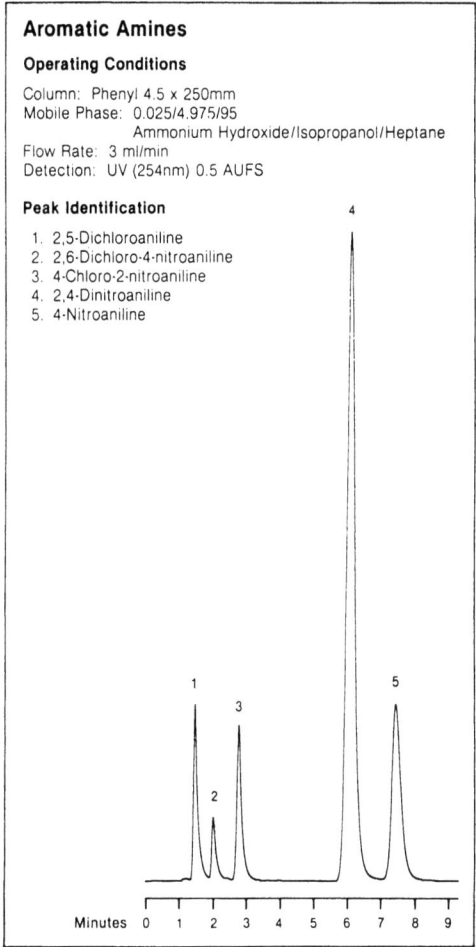

Abb. 6.13. HPLC-Trennung aromatischer Amine. Die symmetrische Peakform wird durch Zugabe von Ammoniakwasser erreicht

ständige Einleiten eines inerten Gases selektiv die flüchtigeren Bestandteile aus dem Lösungsmittel entfernt werden, wodurch der Eluent verändert wird. Deshalb sollte diese Methode hauptsächlich bei reinen Lösungsmitteln verwandt werden. Sollen Lösungsmittelgemische entgast werden, so kann man diese unter Rühren aufheizen und für einige Minuten ein Vakuum (15 mmHg) über der Lösung anlegen. Die meisten kommerziellen Anlagen verfügen über ein eingebautes Entgasungssystem.

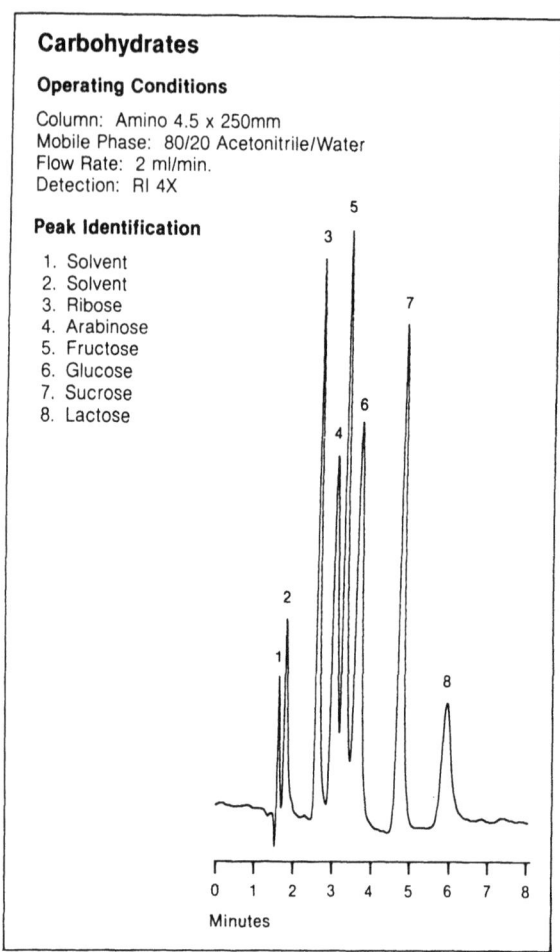

Abb. 6.14. HPLC-Trennung von Zuckern an einer polaren Amino-Säule

Am sichersten ist es, immer frische Lösungsmittelgemische zu benutzen, denn andernfalls kann sich die Zusammensetzung durch Verdunsten der flüchtigeren Komponenten verändern.

Bei der Vorbereitung der mobilen Phase gibt es, besonders bei Lösungsmittelgemischen, noch einen letzten Gesichtspunkt zu beachten. Ein 60/40 Gemisch aus Methanol/Wasser wird korrekterweise derart hergestellt, daß zu 60 ml Methanol 40 ml Wasser hinzugegeben wird. Das Gesamtvolumen der Mischung wird allerdings weniger als 100 ml betra-

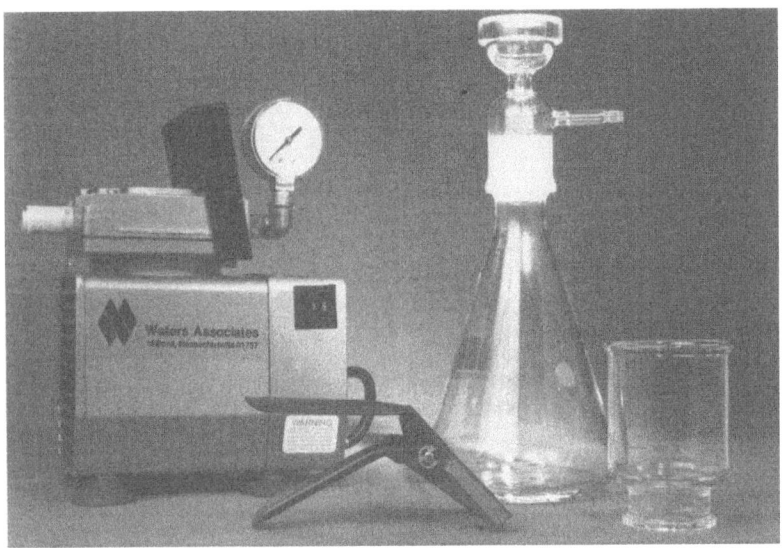

Abb. 6.15. Filtrationsanlage für HPLC-Lösungsmittel. Das Vakuum wird mit einer Membranpumpe (links im Bild) erzeugt. Filterscheiben sind für wäßrige und organische Lösungsmittel erhältlich. (Abb.: Milipore Corp.)

gen. Die Zugabe von Wasser zu 60 ml Methanol in einen 100 ml Meßkolben ergibt ein 58/42 Gemisch und die Zugabe von Methanol zu 40 ml Wasser ein 62/38 Gemisch (Volumenkontraktion!).

Die Fehler bei der Einstellung des Eluenten beeinflussen natürlich die Retention der Proben. Tabelle 6.9 zeigt die großen Veränderungen der k' Werte von Toluol, die durch eine geringe Änderung der Lösungsmittelzusammensetzung (Zugabe von Methanol) verursacht werden. Bei computergesteuerten HPLC Anlagen wird die korrekte Eluentenzusammensetzung durch automatische Mischventile gewährleistet.

4 Das System

Dieser Abschnitt enthält eine ausführlichere Diskussion der verschiedenen Bauteile und der Funktionsweise eines HPLC Systems. Im Einzelnen werden besprochen:

(1) das Eluentenversorgungssystem,
(2) die Probevorbereitung und Injektion,

(3) Injektionssysteme,
(4) Säulen und Packungsmaterialien,
(5) Detektoren,
(6) Datenverarbeitung und
(7) Fraktionssammler.

4.1 Das Eluentenversorgungssystem

Das Eluentenversorgungssystem besteht aus dem Lösungsmittelvorrat, den Dosierventilen, den Mischkammern, der Pumpe, dem Entlüftungsventil und den verbindenden Kapillaren. Da die Pumpe das wichtigste Bauteil ist, wird deren Besprechung vorangestellt.

Die Pumpe. Die Pumpe eines HPLC Systems muß einen konstanten und reproduzierbaren Eluentenfluß zur Säule liefern. Sie muß resistent gegenüber allen Arten von Lösungsmitteln sein, einen Druck bis zu 500 bar aufbringen können, im wesentlichen pulsationsfrei arbeiten und einen definierten Fluß von 0,01-1,0 ml oder 0,1-20 ml fördern können. Außerdem sollte sie ein sehr kleines Totvolumen haben, so daß ein schneller Wechsel des Elutionsmittels und eine effiziente Gradientelution möglich wird. Der gewünschte Fluß läßt sich an einer Skala einstellen oder, wie bei sehr aufwendigen Geräten, durch einen Rechner steuern. Die meisten HPLC Pumpen sind flußkonstante Kolben- oder Diaphragmapumpen. Andere Pumpen, wie z. B. druckkonstante Geräte oder Pumpen mit konstantem Verdrängungsvolumen, werden hier nicht beschrieben.

Flußkonstante Pumpen sind entweder Kurzhubkolbenpumpen oder Pumpen mit einem flexiblen Diaphragma (Membran), das von einer exzentrisch angetriebenen Welle bewegt wird. Durch ihren Aufbau bedingt, weisen Pumpen dieser Typen Druckschwankungen auf, die dann auch notwendiger Weise zu einer Pulsation des Flusses führen. Diese Pulsationen sind das Hauptproblem der Pumpen und es wurden viele Methoden entwickelt, die Flußschwankungen zu unterdrücken oder zu reduzieren. Eine Möglichkeit ist der Einsatz einer Mehrkopfkolbenpumpe, die derart arbeitet, daß die Kolben ihren maximalen Arbeitsdruck zu verschiedenen Zeiten aufbringen. Deshalb sind die Pumpen mit zwei oder drei Köpfen sehr verbreitet, aber auch teuer. Die Pumpenköpfe selbst sind ziemlich kompliziert aufgebaut (mit Kugel- oder Tellerventilen).

Eine zweite Möglichkeit ist der Einbau eines Pulsationsdämpfungsgliedes zwischen Pumpe und Probenaufgabe. Die Dämpfungsglieder bestehen meist aus einem gas- bzw. flüssigkeitsgefüllten Raum, der über eine dünne Membrane von Eluenten komprimiert werden kann oder aus einer langen Kapillare (5 m, 0,25 mm i. D.). Durch die Dämpfungsglieder wird allerdings das Totvolumen des Systems vergrößert und der Eluentenwechsel oder die Eluentenmischung wird weniger effektiv. Schließlich bleibt noch die elektronische Unterdrückung der Druckschwankungen zu erwähnen. Viele computergesteuerte Anlagen sind mit einem derartigen System versehen. Über einen Druckaufnehmer mißt der Mikroprozessor ständig den Systemdruck und steuert dementsprechend den Vortrieb der Kolben. Diese, oder Kombinationen mit den oben genannten, Methoden führen zu einer ausreichenden Glättung des Flusses.

Durch die Pumpen können in einem HPLC System noch zwei weitere Probleme auftauchen und zwar die Pumpendrift und das Pumpenrauschen. Unter dem Begriff Pumpendrift versteht man die langsame Änderung des Flusses, die sich durch eine Basislinienverschiebung bemerkbar macht. Entweder ist eine Fehlfunktion der Pumpe oder die langsame Verstopfung des Systems die Ursache. Das Pumpenrauschen (ständiger schneller Anstieg und Abfall der Basislinie) wird durch die schon oben beschriebene Pulsation oder durch Gasblasen im System verursacht. Die Pumpen dürfen auf keinen Fall trocken laufen, da sonst die Kolben oder die Pumpenköpfe durch Abrieb oder Kerbenbildung beschädigt werden können. Wäßrige mobile Phasen, vor allem wenn es sich um Salzlösungen handelt, sollten nicht in der Pumpe bleiben, da die Pumpen sonst korrodieren oder Salzkristalle in der Lösung ausblühen. Einige der im Literaturverzeichnis aufgeführten Bücher geben eine ausführliche Beschreibung der Pumpen. Überdies sind die meisten Betriebsanleitungen der Pumpen sehr informativ.

Eluentenvorratsgefäße. In den meisten Systemen mit flußkonstanten Pumpen befindet sich das Eluentenvorratsgefäß auf der Niederdruckseite der Pumpe, so daß der Eluent vom Gefäß aus in die Pumpe läuft (Schwerkraft) und auf der Hochdruckseite durch die Probenaufgabe und die Säule gefördert wird. Die Vorratsflaschen können einfache Glasflaschen mit einem Magnetrührer oder sehr aufwendige Kammern mit einem Gasspülsystem, einem Filter und einem Thermostaten sein (siehe Abb. 6.16). Die Gefäße sind kunststoffummantelte Glasflaschen, die auch bei Implosionen dicht bleiben (falls zum Entgasen ein Vakuum aufgezogen wird). Ein Spülventil erlaubt den schnellen Wechsel des Eluenten und einen ausreichenden Fluß zur Niederdruckseite der Pumpe.

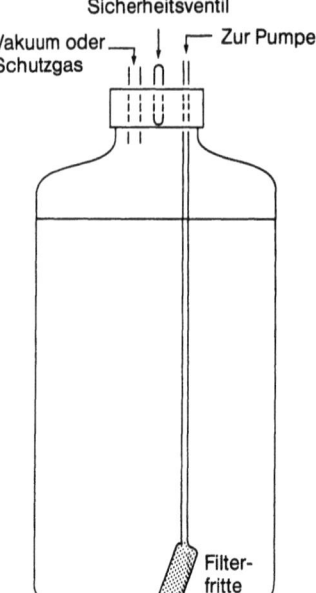

Abb. 6.16. Eluentenvorratsgefäß mit Vakuumanschluß zum Entgasen

Gradientensysteme. Durch Mischen von Lösungsmitteln erhält man binäre, ternäre oder quaternäre Eluentenmischungen. Das Mischen kann entweder auf der Niederdruckseite, der Hochdruckseite oder auf beiden Seiten des Pumpensystems geschehen. Im einfachsten Fall wird die Mischung auf der Niederdruckseite (siehe Abb. 5.7 Säulenchromatographie) hergestellt. Die Lösungsmittel werden dabei durch Dosierventile nacheinander aus einer Reihe von Vorratsgefäßen in eine Mischkammer eingefüllt. Die Ventile lassen sich auch durch einen Computer steuern, so daß fast alle Mischungen einschließlich binärer, ternärer und quaternärer Gradienten erzeugt werden können.

Für einen Hochdruckgradienten ist mehr als eine Pumpe erforderlich. Meist ist das auf zwei Pumpen, d. h. binäre Gradienten beschränkt. Von den Pumpen strömen die Lösungsmittel zu einer kleinen, meist schnell gerührten Mischkammer und von dort Richtung Säule. Da die Flußraten der Pumpen sehr exakt kontrollierbar sind, lassen sich alle Typen von Gradienten erzeugen.

Ventile und Kapillaren. Das Hauptaugenmerk aller Ventil- und Kapillarensysteme in der HPLC ist auf ein minimales Totvolumen zu richten und darauf, daß alle Teile vollständig ausgespült werden (Kap. 2). Nur dadurch wird ein einfacher und vollständiger Austausch eines Lösungsmittels gegen ein anderes möglich und dies ist unabdingbare Voraussetzung für wirkungsvolle Gradienten. Nachdem der Eluent die Säule Richtung Detektor verlassen hat, verhindern Kapillaren mit engem Querschnitt die Rückvermischung der getrennten Stoffe.

Als Materialien für die Kapillaren stehen Kunststoffe, Polyethylen oder Teflon und rostfreier Stahl zur Verfügung. Im Hochdruckteil der Apparatur sind aber nur Stahlkapillaren verwendbar. Der Innendurchmesser sollte nicht kleiner als 0,1 mm sein, da die Kapillaren ansonsten zu leicht verstopfen. Alle eingebauten Kapillaren sollten so kurz wie möglich gehalten werden, da sie, genau wie Ventile und Pumpen, zum Totvolumen des Systems beitragen.

4.2 Probenvorbereitung

Die Probenvorbereitung in der HPLC ist von den Bezugsquellen und den Eigenschaften der Proben abhängig. In einigen Fällen wird die Probe chemisch modifiziert um Verbindungen zu erhalten, die einfacher zu trennen oder deren Nachweis nach der Trennung leichter möglich ist.

Im allgemeinen wird die Probe in einer Flüssigkeit aufgelöst, filtriert und in den Lösungsmittelstrom injiziert. Im idealen Fall ist das Lösungsmittel identisch mit dem benutzten Eluenten. Für analytische Zwecke beträgt die Konzentration des gelösten Stoffes meist 1 µg/µl (1 mg/ml). Beim präparativen Arbeiten sind die Konzentrationen höher. Ist die Probe im Eluenten nicht genügend löslich, so sollte ein unpolareres Lösungsmittel verwendet werden. Die Verwendung eines polareren Lösungsmittels könnte die Chromatographie ernstlich stören. Deshalb sollte auf jeden Fall ein weniger polareres Lösungsmittel verwendet werden, auch wenn zum Lösen des Stoffes größere Volumina benutzt werden müssen. In diesem Fall wird die Substanz am Säulenkopf aufkonzentriert und dann in der üblichen Weise chromatographiert.

Eine bekannte inerte Substanz kann der Probe zugesetzt werden, so daß, wie oben beschrieben, das Totvolumen der Säule und damit auch k' Werte bestimmt werden können. Als Beispiel sei hier noch einmal Uracil (Abb. 6.7) erwähnt. Die Zugabe eines bekannten Stoffes in einer bekannten Menge (interner Standard) wird auch bei der quantitativen Analyse von Probebestandteilen benutzt.

In jedem Fall muß die Probe vor der Injektion filtriert werden. Dazu können z. B. kleine Filtrationseinheiten mit modifizierten Spritzen (siehe Abb. 6.17) verwendet werden.

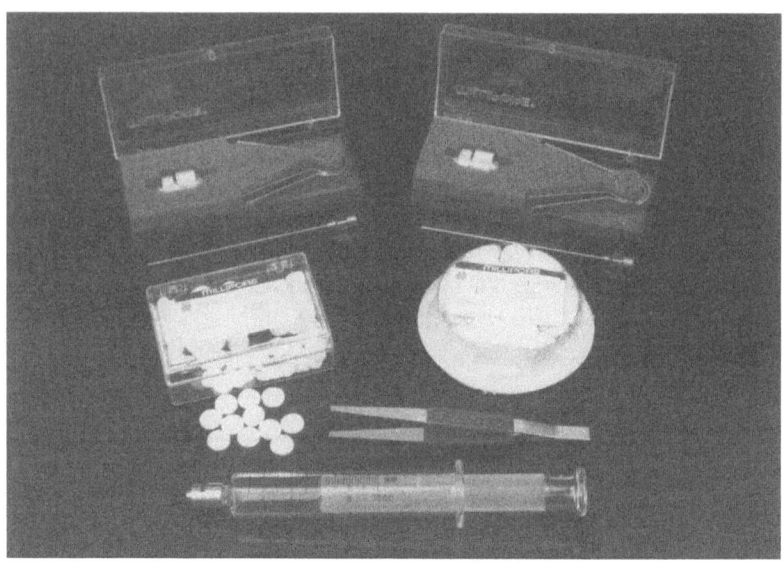

Abb. 6.17. Probenfilter zum Anschluß an eine Spritze. (Millipore Corp.)

Die eigentliche Probengröße ist sehr unterschiedlich und hängt von den Dimensionen der Säule, der Art der Chromatographie (analytisch oder präparativ) und dem Schwierigkeitsgrad der Trennung ab. Für analytische Trennungen an Standardsäulen liegt die Probegröße im Bereich von 10^{-5} g oder weniger pro Gramm stationärer Phase. Beim präparativen Arbeiten sind die Probengrößen im Bereich von 10^{-3} g pro g stationärer Phase. Eine halbpräparative Säule (30 mm i. D.; 300 mm lang) kann etwa 1 g einer Probe in breite Fraktionen auftrennen, wenn man eine Überladung der Säule in Kauf nimmt.

4.3 Injektionssysteme

Die Probeaufgabe in der HPLC gleicht im wesentlichen den Anforderungen bei der GC, nämlich der Injektion in einen fließenden Eluentenstrom gegen einen möglicherweise sehr hohen Gegendruck und der Einführung der Substanzzone als schmaler Pfropfen zur Vermeidung der Bandenverbreiterung. Zusätzlich soll die Methode noch einfach, reproduzierbar und bei Systemdrücken bis zu 500 bar arbeiten.

Solange der Gegendruck kleiner als 100 bar ist, kann die Probe wie in der GC, mit einer Spritze injiziert werden, die durch eine Gummi- oder Kunststoffscheibe (Septum) eingeführt werden muß. Bei höheren Drükken kann die Pumpe vorübergehend abgeschaltet werden, wodurch der Systemdruck sinkt und die Injektion mit einer Spritze möglich wird. Diese sogenannte „stopped flow" Methode ist nur möglich, wenn der chromatographische Prozeß dadurch nicht gestört wird. Das Hauptproblem bei einer Septumprobenaufgabe ist die Verstopfungsgefahr, denn kleine Teilchen (Gummi, Kunststoff) brechen leicht aus dem Septum heraus und verstopfen das System.

Heute werden fast alle Injektionen mit Schleifenprobenaufgaben durchgeführt (Abb. 6.18). In der Ladeposition LOAD (rechte Seite der Abbildung) wird die Probelösung mit einer Spritze in die Probeschleife eingegeben. Die Größe der Probschleife (besser gesagt ihr Volumen) legt die Probegröße fest, denn die Probelösung wird meist bis zum Überlaufen der Schleife eingefüllt. Die Schleifenvolumina reichen von 1–5000 µl. Zu beachten ist, daß während dem Ladevorgang der Eluentenfluß zur Säule nicht unterbrochen ist. Wird das Ausgabeventil in die *Injekt*stellung gedreht (rechte Seite der Abbildung), so wird der Eluent derart umgeleitet, daß der Inhalt der Probeschleife auf die Säule gespült wird.

Vor der nächsten Injektion sollten die Spritze, die Probenschleife samt Überlaufkanälen und die Probeaufgabe mit frischem Eluent gespült werden.

Neben diesen Injektionsventilen gibt es noch eine Reihe anderer, z. T. automatischer, Probeaufgabesysteme.

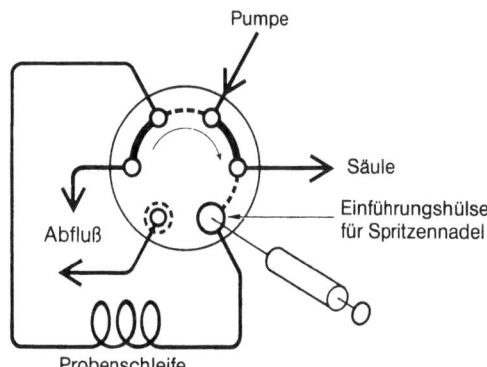

Abb. 6.18. Diagramm eines Schleifenprobenaufgabe-Systems. (Rheodyne Corp.)

4.4 Säulen und Packungsmaterialien

Trennsäulen. Zu der Diskussion über Packungsmaterialien (siehe Kap. 5 und 6) braucht an dieser Stelle nur noch sehr wenig hinzugefügt zu werden. Zu erwähnen blieben noch einmal die verschiedenen Trägermaterialien für gebundene Phasen. Im wesentlichen sind dies Kieselgele und zwar (1) kugelförmige (sphärische) völlig poröse Teilchen (3-10 µm), (2) gebrochene (irreguläre) mikroporöse Teilchen (5-10 µm), (3) kugelförmige makroporöse Teilchen (30-70 µm) und (4) kugelförmige oberflächenporöse Teilchen mit einem Teilchendurchmesser zwischen 30-70 µm. Letztere bestehen aus einem harten Glas- oder Kieselgelkern, der an der Oberfläche mit einer dünnen Schicht von Kieselgel überzogen ist. Hauptsächlich werden solche Teilchen in Vorsäulen gepackt.

Wie schon erwähnt, werden gebundene Phasen durch Reaktion der Oberflächensilanolgruppen mit verschiedenen Reagenzien hergestellt, wodurch ein dünner organischer „Film" auf der Oberfläche der Teilchen zurückbleibt. Aus sterischen Gründen ist es schwierig Packungsmaterialien zu erhalten, bei denen alle Hydroxylgruppen an der Oberfläche des Kieselgels umgesetzt sind, besonders wenn „große" Reagenzien wie Octyl- oder Octadecylchlorsilane verwendet werden (Tabelle 6.4). Das Ausmaß in dem die Oberfläche abgeschirmt ist, wird durch den Bedeckungsgrad beschrieben. Es ist möglich, einen teilweise abgedeckten Träger, auf dem keine weiteren Silane der gleichen Größe aufgebracht werden können, mit kleineren Molekülen, wie z. B. Trimethylchlorsilan reagieren zu lassen. Dadurch werden viele (aber nicht alle) der noch verbliebenen Silanolgruppen abreagieren. Dieser Vorgang wird meist als „Endcapping" bezeichnet.

Die Herstellung der gebundenen Phasen in einer einheitlichen Weise und Qualität, sowie das Packen dieser Materialien (bei oft sehr hohen Drücken bereitet oft große Schwierigkeiten. Deshalb werden meist schon

Tabelle 6.9. Änderung der Retentionszeiten bei Änderung des Eluenten

Volumenanteil Methanol	Retentionszeit t_r in Minuten	k' (t_m = 1.45 min)
0.70	3.40	1.34
0.60	5.40	2.72
0.50	9.08	5.16
0.62	4.82	2.32
0.58	5.87	3.05

die fertig gepackten, betriebsbereiten Säulen verkauft. Die neuen Säulen werden durch Spülen mit den zur Chromatographie benutzten Eluenten konditioniert (bei Standardsäulen 4 mm i. D., 250 mm; 20 ml).

Im allgemeinen bestehen die Säulenrohre aus inertem rostfreiem Stahl mit einem Innendurchmesser zwischen 3 und 5 mm und einer Länge zwischen 5 und 30 cm. Bei Säulen mit engem Querschnitt („Microbore") beträgt der Durchmesser nur 1 mm bei einer Säulenlänge bis zu einem Meter. Die meisten Säulen sind mit Teilchen zwischen 5 und 10 µm gepackt. Für Arbeiten bei niedrigem Druck (bis 30 bar) kann man auch Säulen aus Glas verwenden, wenn die Säulen durch einen Splitterschutz abgeschirmt sind.

Die Effizienz oder die Anzahl der theoretischen Böden einer Säule läßt sich nach der in Kap. 1 beschriebenen Methode berechnen. Dazu ist nur die Messung des Totvolumens der Säule, des Retentionsvolumens einer geeigneten Substanz sowie die Bestimmung der Peakbreite in halber Peakhöhe bei den resultierenden Peaks notwendig. Entstehen keine (symmetrischen) Gaußpeaks, wie das bei gebundenen Phasen oft der Fall ist, so nennt man diese Erscheinung „leading". Dies wird im allgemeinen durch die Adsorption der Probemoleküle an freien, nicht modifizierten Restsilanolgruppen bewirkt, die durch endcapping nicht beseitigt werden konnten. Die Säulenlänge richtet sich nach der Komplexität der zu trennenden Probelösung und der Effizienz der Säulenpackung. Ein einfaches Probegemischt läßt sich bei einer relativ hohen Flußrate oft schon an einer 5 cm langen Säule auftrennen. Kompliziert zusammengesetzte Proben benötigen für eine vollständige Auftrennung zwischen 15 und 25 cm lange Säulen. In der HPLC ist die Säulentemperatur nicht so kritisch wie in der GC. Legt man jedoch Wert auf sehr genau reproduzierbare Retentionsvolumina (-zeiten), so empfiehlt sich auch die Kontrolle der Säulentemperatur. Die Steigerung der Säulentemperatur auf vielleicht 40–50 °C führt meistens zu einer Peakschärfung.

Vor- oder Schutzsäulen. Jede zu untersuchende Probe kann aus bis zu drei verschiedenen Teilen bestehen. Zum einen können das Substanzen sein, die in verwendeten Lösungsmitteln unlöslich sind, ein weiterer Anteil kann zwar löslich oder wenigstens suspendierbar sein, wird sich aber im ersten Abschnitt der Säule festsetzen und nicht mehr wandern und der dritte Anteil der Probe wird der eigentlichen Chromatographie unterworfen. Ideale Proben enthalten natürlich nur den letzten Anteil, denn die beiden ersten Anteile können die Säule verstopfen oder die Kolonne irreversibel verschmutzen, so daß eine weitere Benutzung der Säule unmöglich wird. Die unlöslichen Probeanteile lassen sich durch vorsichtige Filtration (siehe oben) entfernen. Die löslichen oder suspendierbaren unerwünschten Probeanteile werden in der Regel durch Vorsäulen zurückgehalten.

Vorsäulen sind kurze (1-5 cm) Säulen, die mit einem ähnlichen Material gefüllt sind, wie es sich auch in der Hauptsäule befindet. Diese Säulen werden zwischen Probeaufgabe und Hauptsäule eingebaut. Meistens werden die passenden Vorsäulen zusammen mit den Trennsäulen angeboten. Eine andere Variante von Vorsäulen ist mit größeren Teichen gefüllt, die trocken gepackt werden. Diese Vorsäulen sind wegen des billigeren Packungsmaterials recht preisgünstig, leicht herstellbar und weisen nur einen geringen zusätzlichen Druckabfall auf. Schließlich gibt es auch schon fertig gepackte austauschbare Kartuschen (mit 10 µm Material um den Druckabfall in Grenzen zu halten), die in die entsprechenden Kartuschenhalter passen.

Die Vorsäulen sollten öfters ausgetauscht werden um die Trennleistung der wesentlich teureren Hauptsäule zu erhalten.

4.5 Detektoren

Die Detektoren wurden schon besprochen (Tabelle 6.3) und deshalb an dieser Stelle nur ein vollständiger Überblick über alle Detektortypen (Tabelle 6.10). Im weiteren Text wird sich noch eine ausführliche Diskussion der Massenspektrometrie und der Infrarotspektroskopie als mögliche Detektoren für die HPLC anschließen. Zusammenfassend läßt sich sagen, daß nur der Brechungsindexdetektor (RI) ein in jeder Hinsicht universeller, aber leider auch wenig empfindlicher Detektor ist.

Saubere Detektorzellen sind für eine genaue Detektion unbedingt notwendig. Die Zellen werden dazu mit konzentrierter Salpetersäure gespült und mit Wasser und den gewöhnlichen organischen Lösungsmitteln nachgewaschen.

4.6 Datenverarbeitung

Wenn die Proben die Säule verlassen wird deren Konzentration im Eluenten gemessen und das resultierende Signal (ein der Konzentration proportionaler Spannungswert einer Registriereinheit zugeführt. Die so erhaltenen Daten werden entweder qualitativ oder quantitativ ausgewertet oder dienen als Markierung bei der Festlegung der Schnitte beim präparativen Arbeiten. Die Verarbeitung der Daten unterscheidet sich nicht von der Datenmanipulation bei der GC (ausführliche Beschreibung siehe Kap. 2).

4.7 Fraktionensammler

Sollen die durch die HPLC getrennten Proben gesammelt und isoliert werden, so ist es bequem einen Fraktionensammler zu benutzen. Ein solches Gerät ist z. B. in Abb. 5.8 zu sehen. Bei computergesteuerten Anlagen läßt sich jeder Wechsel der Vorlage mit der Elution einer entsprechenden Substanz koordinieren.

Tabelle 6.10. HPLC Detektoren und ihre Eigenschaften

Detektor	Empfindlichkeit	Gradientempfindlichkeit	Selektivität
Ultraviolett	10^{-10} g/ml	keine	Breite Anwendung
Brechungsindex	10^{-7} g/ml	hoch	universell
Elektrochemisch	10^{-12} g/ml	hoch	Oxidierbare/reduzierbare Verbindungen
Leitfähigkeit	10^{-8} g/ml	keine	Detektion von Ionen
Fluoreszenz	10^{-11} g/ml	keine	Fluoreszierende Verbindungen
Flammenphotometrisch	10^{-8} g/ml (P) 10^{-7} g/ml (S)	hoch	Elementspezifisch
Induktiv gekoppeltes Plasma	10^{-9} g/ml	keine	Detektion fast aller Elemente
Massenspektrometer	10^{-9} g/ml	keine	Breite Anwendung auch bei hohen Molekulargew.
Infrarotspektrometrie	10^{-6} g/ml	hoch[a] keine[b]	Charakterisierung von MW größer 100 000
Lichtstreuung	10^{-4} g/ml	hoch	Liefert M^G von Polymeren
Viskosimeter	10^{-6} g/ml	hoch	Liefert M^V von Polymeren
Nachsäulenderivatisierung	10^{-10} g/ml	keine	Deutliche Steigerung der Empfindlichkeit

[a] Bei Verwendung von „stopped flow" oder Lösungsmittelunterdrückung.
[b] Bei Entfernung des Lösungsmittels.

5 Spezielle Arbeitstechniken

5.1 Recycle Chromatographie

Meistens passiert bei einem chromatographischen Prozeß die Probe nur einmal die Trennsäule. In der HPLC ist eine Trennsäule sehr oft benutzbar und zwar auch unmittelbar nach einer Analyse, so daß (bei geeignetem Ventil- und Kapillarsystem) eine Probe im Kreislauf vom Ende der Säule durch die Pumpe zum Säulenkopf der gleichen (oder einer anderen) Säule gefördert werden kann. Dieser Kreislauf kann so oft wiederholt werden bis die gewünschte Trennung erreicht ist, oder bis sich aufeinanderfolgende Zyklen überlappen. Das Problem bei dieser Technik ist das unvermeidliche Totvolumen, das den Eluentenstrom in den Kapillaren, Ventilen und besonders in der Pumpe ständig verdünnt und die Substanzzonen dadurch merklich verbreitert.

Diese Technik kann man auch mit zwei identischen Säulen abwechselnd oder mit zwei verschiedenen Säulen nacheinander durchgeführt werden. Dabei kann die Probe eine Säule mehrmals durchlaufen, wohingegen sie die andere Säule nur einmal passiert. Wird das Volumen der Substanzzonen aber größer als das (Tot-)Volumen einer Säule, so kann der Kreislauf nicht mehr wiederholt werden.

5.2 Fraktionierung und Schnittechniken

In einem Kreislauf (Recycle-System) läßt sich zu jedem Zeitpunkt jede beliebige Zone des Chromatogramms auf eine andere Säule transferieren. Der Rest des Chromatogramms wird weiter im Kreislauf gefördert. Diese Technik wird „Heart-Cutting" genannt (Abb. 6.19).

5.3 Mehrdimensionale HPLC

Diese Art der HPLC macht sich die Technik des Säulenschaltens zu nutze, bei der meist Säulen verschiedener Polarität und Selektivität benutzt werden. Dabei lassen sich mehrere Säulen hintereinander schalten, solange das Volumen der Verbindungsstücke klein gehalten wird (denn dort ereignet sich Rückvermischung der getrennten Substanzen), und solange die Säulen mit dem verwendeten Eluenten kompatibel sind. Bei einer zu großen Anzahl von Säulen wird der Druckabfall im System zu hoch.

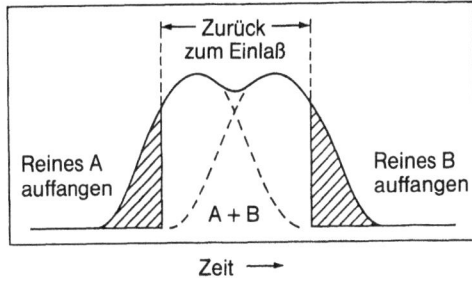

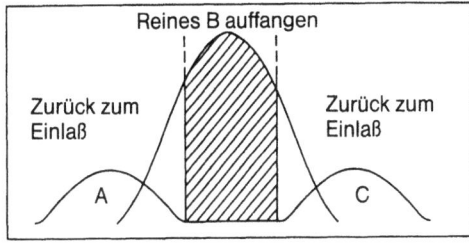

Abb. 6.19. Zwei verschiedene Methoden des Peakschneidens. Reine Substanzen werden aufgefangen, nicht getrennte werden erneut auf die Säule gegeben

5.4 HPLC/Massenspektrometrie

Die Verwendung eines Massenspektrometers als Detektor eines chromatographischen Systems erlaubt es, das Massenspektrum jeder Komponente oder, in diesem Fall, jedes beliebigen Teils des Chromatogramms aufzunehmen, sei es nun eine reine Komponente oder auch ein Gemisch. Diese Daten können zur qualitativen Identifizierung einer Komponente oder auch zur quantitativen Bestimmung des Stoffes herangezogen werden. In Kap. 2 ist diese Technik schon für die GC/MS Kopplung beschrieben. Die mobile Phase ist in diesem Fall ein inertes Gas.

Bei der HPLC wird die Anwendung eines Massenspektrometers durch die Anwesenheit der flüssigen mobilen Phase erschwert, denn die Flüssigkeit muß eleminiert werden, bevor das Massenspektrum der Verbindungen aufgenommen werden kann. Heute gibt es eine Anzahl von kommerziellen Geräten mit dieser Möglichkeit aber eine weitere Diskussion der Methoden zur Entfernung des Eluenten ist im Rahmen dieses Buches nicht möglich.

5.5 HPLC/Infrarotspektroskopie

Die Infrarotspektroskopie läßt sich im Prinzip genau wie die Massenspektrometrie zu Nachweis und zur Identifizierung gelöster Stoffe benutzen. Schwierigkeiten bereiten in diesem Fall zwei Dinge: erstens haben die verwendeten Eluenten selbst starke Absorptionsbanden im IR und sind überdies noch im sehr großen Überschuß vorhanden (die Lösungsmittelmenge ist aber auch in der GC/MS Kopplung sehr problematisch). Die zweite Schwierigkeit rührt daher, daß zur Aufnahme eines IR Spektrums eine gewisse Zeit notwendig ist. Um diese Schwierigkeit zu umgehen, wurden „stopped-flow" Techniken entwickelt, d.h. der Eluentenfluß wird in dem Moment angehalten, in dem sich eine Substanz in der Meßzelle befindet. Dadurch bleibt zum Durchmessen des gesamten Spektrums genügend Zeit. Es gibt aber auch die Möglichkeit mit einem Zweikanalgerät (mit Referenzzelle in der sich der reine Eluent befindet) das Spektrum des Eluenten vom Meßsignal zu subtrahieren. Durch das Anhalten des Flusses in der IR Zelle findet jedoch wieder eine Rückvermischung der Substanzzonen statt. Es ist deshalb günstiger ein Fourier-Transform-IR (FTIR) zu benutzen. Diese Geräte sind allerdings sehr viel teurer als die normalen Dispersionsgeräte (70000–180000 DM), erlauben jedoch die Spektren sehr schnell und zwar im fließenden System aufzunehmen. Der Lösungsmitteluntergrund wird dabei elektronisch unterdrückt. Die dazu nötigen Daten befinden sich im Speicher eines angeschlossenen Computers.

Als weitere Alternative wurden HPLC/IR Methoden entwickelt, bei denen das Lösungsmittel vollständig entfernt wird, bevor die Substanz in die Meßzelle gelangt. Bei einem Verfahren werden die Proben auf KBr Kugeln abgelagert, bei einer anderen Technik auf eine dünne Polymer- oder Metallfolie aufgedampft (Thermospray), einem FTIR ist es möglich, den schwachen Untergrund des KBr's oder des dünnen Films zu unterdrücken. Beim KBr ist man allerdings an nicht-wäßrige Lösungsmittel gebunden, aber das Thermosprayverfahren erlaubt die Analyse jedes Lösungsmittels oder Lösungsmittelgemisches.

5.6 Quantitative HPLC

Die quantitative HPLC ist im wesentlichen die geeignete Verarbeitung der vom Detektor gelieferten Signale. Diese Verfahren wurden für die GC ausführlich beschrieben (Kap. 2) und werden deshalb hier nicht wiederholt. Drei Dinge sollten aber beachtet werden. Genau wie in der GC sind auch in der HPLC die Daten ungenau, wenn die Säulen überladen werden. Zweitens ist in der HPLC das Fehlen eines universellen Detektors problematisch. Schließlich spricht, wie schon oben erwähnt, der Detektor nicht in gleicher Weise auf alle Proben an (Diskriminierung), so daß die Konzentration eines Stoffes nur dann genau bestimmt werden kann, wenn von diesem speziellen Stoff eine Eichgerade aufgenommen wurde.

5.7 Präparative HPLC

In Kap. 3 hielten wir fest, daß die LLC prinzipiell eine geringe Kapazität im Bezug auf die Probenmengen hat, was vor allem an den relativ kleinen Mengen an stationärer Phase in der Säule liegt. Bei gebundenen Phasen mit ihren hohen Oberflächenbeladungen ist dieses Problem sehr viel geringer und deshalb ist präparative HPLC nicht nur möglich, sondern auch sinnvoll, obwohl bei vielen chromatographischen Trennungen auch die Mitteldruck LC eingesetzt werden kann.

Die trennbare Probenmenge der analytischen HPLC kann mit 2 Methoden gesteigert werden. Erstens sind Mehrfachinjektionen möglich (siehe Kap. 2: präparative GC). Der üblichere Weg ist aber der Einsatz von Säulen mit vergrößertem Querschnitt und höherem Lösungsmitteldurchsatz (bis zu 20 ml/min). Viele Anbieter haben auch semipräparative Säulen in ihrem Verkaufsprogramm. Semipräparative Kolonnen werden bei Probemengen bis zu einem Gramm, präparative Säulen bis zu Probemengen von fünf Gramm und mehr benutzt (Eine sehr gute Abhandlung über präparative HPLC ist unter der Literaturstelle (1) zu finden.)

Bei der präparativen HPLC tritt eine Hauptschwierigkeit der analytischen Arbeitstechnik in den Hintergrund. Die Empfindlichkeit des Detektors braucht nicht so hoch zu sein, denn die Probenmengen sind stets groß genug und quantitative Daten werden meist nicht benötigt. Ein Brechungsindexdetektor ist deshalb in den meisten Fällen ausreichend. Wird ein UV Detektor benutzt, so kann öfters die Schwierigkeit auftreten, daß der Meßbereich überschritten wird, wenn die Probekonzentration in der Detektorzelle zu hoch wird. Spezielle, sehr dünne UV Zellen können diesem Problem abhelfen, aber manchmal wird auch ein Aufteilen des Eluentenstroms unumgänglich sein. In der präparativen HPLC ist es meist auch nötig, einen Fraktionssammler zu benutzen.

Einige der oben besprochenen Methoden, wie das Recycling und das Heart-cutting, sind beim präparativen Arbeiten sehr nützlich. So kann man z. B. eine Säule erheblich überladen um dann an der geeigneten

Stelle einen Heart-cut durchzuführen (Abb. 6.19). Dadurch läßt sich ausschließlich der gewünschte Teil eines Chromatogramms auf eine weitere Trennsäule transferieren oder auch die gewünschte Komponente anreichern. Je nach Wichtigkeit der Substanzen lassen sich die anderen Abschnitte des Chromatogramms recyceln, um so von allen drei Substanzen reine Fraktionen zu erhalten. Die Möglichkeiten der verschiedenen Recyclingverfahren und der diversen Schnittechniken sind fast unbegrenzt.

6 Polymercharakterisierung

Polymere oder Kunststoffe sind heutzutage in unserem Leben allgegenwärtig und für die chemische Industrie ist dieser Zweig ein wichtiger Absatzmarkt geworden. Außerdem haben viele biologische Stoffe wie Proteine, Peptide, Lignin, Polysaccharide und sogar einige Fette eine polymere Struktur. Da diese hochmolekularen Stoffe nur wenig flüchtig sind, war ihre Charakterisierung immer schon problematisch. Die Frage nach dem Molekulargewicht oder dem Polymerisationsgrad war z. B. nicht ohne weiteres zu beantworten. Im Zusammenhang mit der Charakterisierung von Polymeren ist es auch immer wichtig zu wissen, wie breit die Molekulargewichte in einer Probe verteilt sind. Mit verschiedenen Methoden wie z. B. der Messung des Dampfdrucks, der Viskosität oder der Lichtstreuung läßt sich ein mittleres Molekulargewicht ermitteln, aber die exakte Bestimmung der Molekulargewichtsverteilung ist ziemlich schwierig. Die HPLC kann zur Lösung dieses Problems beitragen, falls die Polymere in der mobilen Phase löslich sind. Ursprünglich wurde die HPLC gerade zur Klärung dieses Sachverhaltes entwickelt, obwohl die Ionenaustauschchromatographie auch zur Trennung von Proteinen und Peptiden benutzt wird.

Bis jetzt benutzten wir den in diesem Buch den Begriff „Chromatographie" nur im Zusammenhang mit der Adsorption an einer festen stationären Phase oder der Löslichkeit eines Stoffes in einer gebundenen stationären Phase. Werden diese Methoden zur Trennung von Polymeren angewandt, so sind die Ergebnisse sehr unbefriedigend. Die Polymercharakterisierung wird besser an einer porösen stationären Phase mit sehr enger Porengröße durchgeführt. Unter geeigneten Bedingungen (keine Retention der Stoffe an der Phase) hängt die Verteilung und somit auch die Auftrennung der Polymere ausschließlich von der Größe der Moleküle im jeweiligen Lösungsmittel ab. Um es noch einmal zu sagen: Die chromatographischen Eigenschaften des Polymers hängen in einem definierten Eluenten nur von Größe und Molekulargewicht ab, so daß man auf diesem Wege sehr viele Polymere charakterisieren kann. Da diese Methode zunächst mit vernetzten Dextranen (polymere Glucoseeinheiten in Form eines Gels) und wäßrigem Eluenten entwickelt wurde, heißt diese Methode auch Gelfiltrationschromatographie (engl. Gel Filtration Chromatography, GFC). Der umfassendere Begriff Ausschlußchromatographie (engl. Size Exclusion Chromatography, SEC) wird ebenfalls benutzt.

Das Phenomen, dem die SEC zugrunde liegt unterscheidet sich in zwei Punkten von anderen chromatographischen Typen. Erstens beeinflußt die mobile Phase die Chromatographie kaum, so daß unterschiedliche Lösungsmittel mit ähnlicher Lösungsmittelstärke auch ähnliche Ergebnisse liefern. In gewisser Weise ist die mobile Phase in der SEC dem Trägergas in der GC sehr ähnlich, wo dieses nur als neutrales Medium dient, von dem aus die Moleküle mit der stationären Phase wechselwirken.

Der zweite Unterschied besteht in der Art, in der das Packungsmaterial mit der kontrollierten Porengröße mit den Proben in Wechselwirkung tritt. Im ersten Moment könnte man annehmen, daß die SEC ein nicht sehr effizienter Prozeß ist. So liegt z.B. die Vermutung nahe, daß bei einer stationären Phase mit spezifischer Porengröße alle die Probemoleküle, die größer als die Poren sind, unverzüglich aus der Säule eluiert werden. Moleküle, die kleiner als die Poren sind, sollten in diese eindringen können und nicht mehr eluiert werden. Die erste Annahme ist größtenteils zutreffend, denn es ist klar, daß alle Moleküle oberhalb einer bestimmten Größe noch vor dem Inertpeak (innerhalb des Totvolumens der Säule) als breite Fraktion eluiert werden.

Die zweite Annahme entspricht nicht den Gegebenheiten und deutet auch schon auf die Problematik bei der SEC hin. Unterschiedlich große Moleküle, die in die Poren einer stationären Phase eindiffundieren können, weisen in ihren Diffusionsgeschwindigkeiten Unterschiede auf. Kleine Moleküle wandern zwar schneller in die Poren, bleiben dort aber auch länger. Deshalb ist die Aufenthaltszeit in der mobilen Phase bei kleinen Molekülen kurz und sie wandern entsprechend langsam durch die Säule. Größere Moleküle werden aus diesem Grunde vor den kleineren eluiert. Die Situation ist also genau umgekehrt wie in den meisten chromatographischen Systemen, in den die großen Moleküle langsamer wandern (die anderen Eigenschaften bleiben davon allerdings unberührt). Zusammengefaßt heißt dies, daß ein bestimmtes Packungsmaterial diejenigen Proben in Fraktionen auftrennen kann, deren Moleküle in die Poren der Phase eindringen können.

Wie schon gesagt, waren die ersten Packungsmaterialien für die SEC vernetzte Glucosemoleküle, die durch kontrollierte Polymerisierung natürlich vorkommender Dextrane (unterschiedliche Sephadexe) hergestellt wurden. Als mobile Phase wurde Wasser eingesetzt. Diese Gele werden heute immer noch benutzt, darüber hinaus wurden aber auch neue Phasen entwickelt (Tabelle 6.11). Einige dieser Materialien sind anorganischer Natur, z. B. aus Kieselgel oder Glas. In diesen Fällen werden die Oberflächensilanolgruppen, wie schon oben beschrieben, durch organische Reagenzien gebunden oder blockiert. Die verschiedenen quervernetzten Polystyrole sind synthetisch hergestellt und unter kontrollierten Bedingungen vernetzt um den gewünschten Teilchendurchmesser bzw. die vorgesehene Porengröße zu erhalten. Die Chromatographie mit diesen Materialien ist auch unter dem Begriff „Gelpermeationschromatographie" (GPC) bekannt. Diese Packungsmaterialien gibt es mit verschiedenen Porengrößen/Porentypen und mit zwei Teilchendurchmessern (5 und 10 µm). Die Anwendung ist nur auf solche Proben beschränkt, die sich in organischen Lösungsmitteln lösen.

Die Geräte und die Grundtechniken der SEC sind denen der HPLC sehr ähnlich. Bei der SEC werden für eine schwierigere Trennung meistens mehrere Säulen hintereinandergeschaltet. Diese Mehrsäulensy-

Tabelle 6.11. Kommerziell erhältliche Packungsmaterialien für die SEC

Typ[a]	Handelsname[b]	Teilchenform[c]	Einsatzbereich[d]
Polystyrol	Styragel	SP	O
Polystyrol	PL Gel	SP	O
Polystyrol	Shodex A	SP	O
Polystyrol	TSK Typ H	SP	O
Poröses Glas	Corning	IR	B
Poröses Glas	BioGlas	IR	B
Kieselgel	LiChrospher	SP	B
Kieselgel	Zorbax	SP	B
Kieselgel	TSK Typ SW	SP	W
Kieselgel	Bondagel	SP	B
Polydextran	Sephadex	IR	W
Polydextran	Sephadex LH 20	IR	O
Polyacrylamid	Biogel	IR	W
Agarose	Biogel A	IR	W
Agarose	Sephadex	IR	W

[a] Quervernetztes Polymer.
[b] Für weitere Informationen siehe Literaturverzeichnis.
[c] SP, shärisch (kugelförmig); IR, irregulär (gebrochen).
[d] O, organisch; B, biologisch; W, wäßrig.

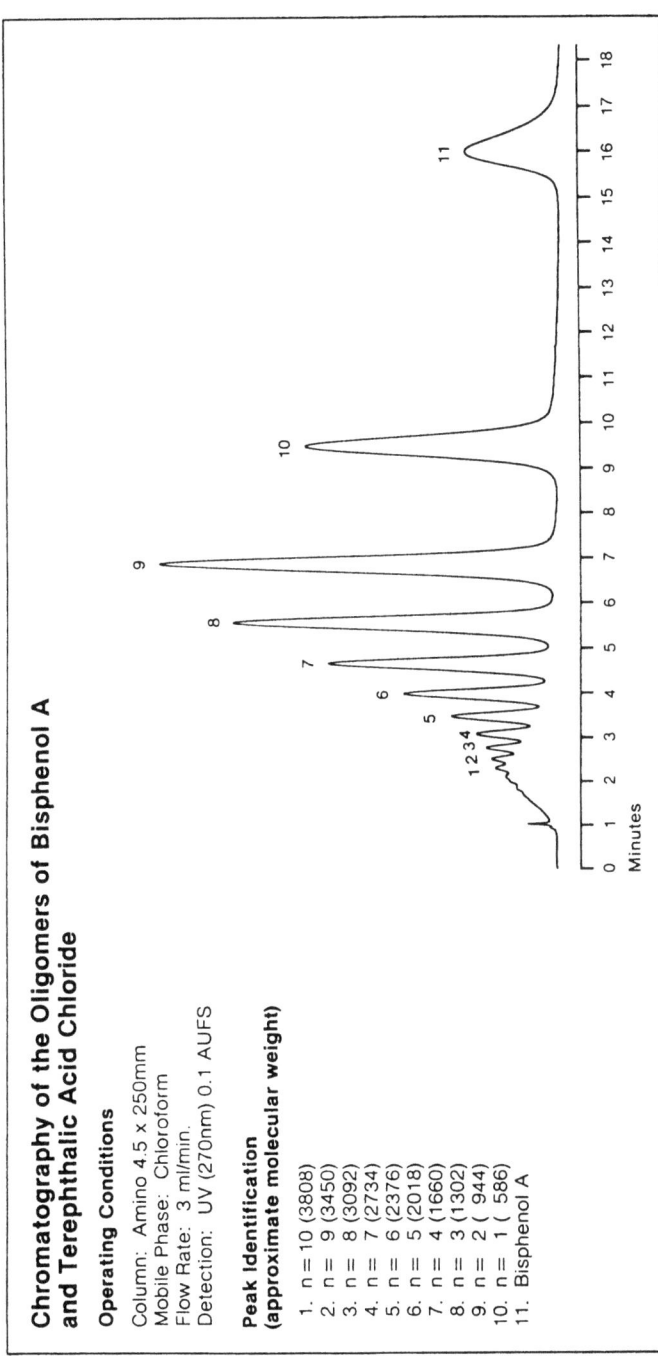

Abb. 6.20. Ausschlußchromatographische Trennung niedermolekularer Polymere an einer gebundenen HPLC-Phase. Die höhermolekularen Fraktionen werden zuerst eluiert

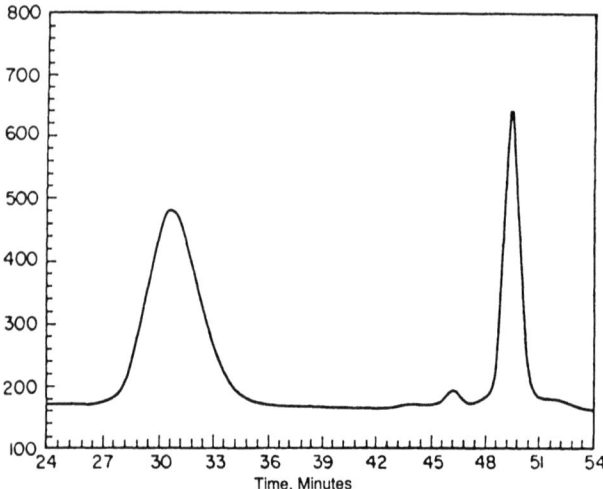

Abb. 6.21. Ausschlußchromatographische Trennung eines Styrol/n-Butylmethacrylat Copolymeren. Die Molekulargewichtsverteilung wird an dem Peak bei 30.2 min deutlich. Die Bandenverbreiterung ist für die breiten Peaks der Monomeren bei 45.4 und 48.6 min verantwortlich

steme können Packungsmaterialien verschiedener Porengröße enthalten um dem Gesamtsystem die Trennkapazität auch für sehr unterschiedliche Molekulargewichte zu verleihen.

In Abb. 6.20 ist die Trennung eines Gemisches verschiedener Polysteroligomere („kleine" Polymere) gezeigt. Diese Kunststoffe entstehen bei der Reaktion eines Diphenols mit Dicarbonsäurechloriden. Bei dieser Trennung ist das Packungsmaterial nicht gewöhnliches SEC Material, sondern modifiziertes Kieselgel (Amino; Tabelle 6.4) mit einer kontrollierten Porengröße von etwa 10 nm. Es ist dabei auffallend, daß die kleinen Moleküle mit einem Molekulargewicht unter 2500 in diskrete Peaks aufgelöst werden können. Bei wirklich hochmolekularen Polymeren (500000-1000000 Dalton) wird nur eine allgemeine Verteilungskurve (siehe Abb. 6.21) erhalten. Das durchschnittliche Molekulargewicht eines Polymeren ermittelt man gewöhnlich durch den Vergleich seiner chromatographischen Eigenschaften (Retentionsvolumina) mit den Eigenschaften eines Polymeren (meist Polystyrolen) mit bekanntem Molekulargewicht. In der Abb. 6.22 ist eine typische Eichkurve zu sehen. Die Breite einer Kurve, wie z. B. der in Abb. 6.21, ist ein Maß für die Molekulargewichtsverteilung einer Probe, der sogenannten Polydispersität. Weitere

Polymercharakterisierung 249

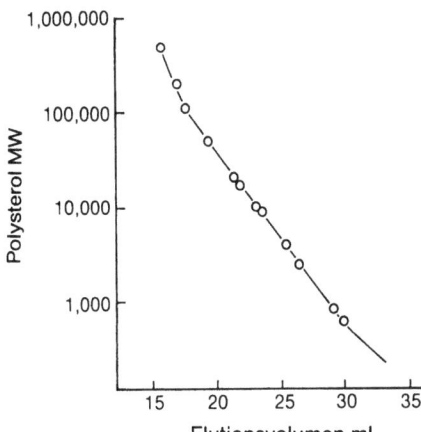

Abb. 6.22. Typische Eichkurve einer GPC-Trennung

Informationen über diese interessante Trenntechnik sind in den weiterführenden Büchern (siehe Literaturverzeichnis) nachzulesen.

Literatur

1. L. R. Snyder, J. J. Kirkland, Introduction to Modern Liquid Chromatographie, 2. Ausgabe, John Wiley and Sons, Inc, New York (1979), Seite 277
2. I. Halász, I. Sebastian, Angew. Chem. *81*, 646 (1969)
3. L. Rohrschneider, Anal. Chem. *45*, 1241 (1973)
4. L. R. Snyder, J. Chromatog. *92*, 223 (1974); J. Chromatog. Sci. *16*, 223 (1978)
5. J. L. Meek, Anal. Chem. *52*, 1370 (1980)
6. P. J. Schoenmakers, H. A. H. Billiet, L. DeGalan, J. Chromatog. *218*, 261 (1981)
7. J. L. Glajch, J. J. Kirkland, Anal. Chem. *54*, 2593 (1982)

Verzeichnis der verwendeten Symbole

F_C	Peakfläche (Dreieckspeakfläche) der Substanz C
H	Höhenäquivalent eines theoretischen Bodens
H_C	Peakhöhe der Substanz C
k'	Trennfaktor, Kapazitätsverhältnis
K	Verteilungskoeffizient
N	Anzahl der theoretischen Böden einer Säule
P'	Polaritätswert des Lösungsmittels
$P'_{a,b}$	Polaritätswert des Lösungsmittels a, b
R	Auflösung
R_f	Retentionswert
[S]	Konzentration des gelösten Stoffs S
t_m	Totzeit (Durchbruchzeit der mobilen Phase)
t_r	Retentionszeit
u	Flußgeschwindigkeit der mobilen Phase
V	Phasenvolumen
V_m	Totvolumen (Volumen der mobilen Phase)
V_r	Retentionsvolumen
V_{stat}	Volumen der stationären Phase
W_b	Peakbreite an der Basis
$W_{0,5}$	Peakbreite in halber Peakhöhe
β	Phasenverhältnis
$\theta_{a,b}$	Volumenanteile der Lösungsmittel a, b

Verzeichnis der verwendeten Abkürzungen

CC	(klassische) Säulen-Chromatographie
DC	Dünnschicht-Chromatographie
GC	Gas-Chromatographie
GLC	Gas-Flüssig-Chromatographie
GPC	Gelpermeations-Chromatographie (= SEC)
GSC	Gas-Fest-Chromatographie
HPLC	High Performance Liquid Chromatography, Hochleistungs-Flüssigkeits-Chromatographie
HPTLC	High Performance Thin Layer Chromatography, Hochleistungs-Dünnschicht-Chromatographie
LC	Flüssigkeits-Chromatographie
LLC	Flüssig-Flüssig-Chromatographie, Verteilungs-Chromatographie
LSC	Flüssig-Fest-Chromatographie, Adsorptions-Chromatographie
MPLC	Medium Pressure LC, Mitteldruck-Chromatographie
PC	Papier-Chromatographie
RP, RPC	Umkehrphasen, -Chromatographie
SEC	Size Exclusion Chromatography, Ausschluß-Chromatographie
SFC	Supercritical Fluid Chromatography, Fluid-Chromatographie
TLC	Thin Layer Chromatography, Dünnschicht-Chromatographie DC

Verzeichnis der Fachausdrücke

Obwohl hier die Eintragungen bevorzugt unter dem deutschen Ausdruck zu finden sind, wird auch in der deutschsprachigen Literatur oft die englische Bezeichnung verwendet. In manchen Fällen existiert auch keine deutsche Übersetzung oder sie bleibt dem persönlichen Geschmack oder Mut überlassen.

Absteigende Chromatographie – PC, bei der die mobile Phase im Papier abwärts strömt.

Adsorptions-Chromatographie – Trennung an einer Feststoff-Oberfläche als stationärer Phase mit einer Flüssigkeit (LSC) oder einem Gas (GSC) als mobiler Phase.

Affinitäts-Chromatographie – LC, bei der eine spezifische chemische Adsorption auftritt und die Entwicklung durch chemische Verdrängung der adsorbierten Moleküle stattfindet.

Anionen-Chromatographie – siehe Ionenaustausch-Chromatographie.

Antizirkular-Technik – DC, bei der der Start auf einem äußeren Ring liegt und die mobile Phase bei der Entwicklung außen aufgebracht wird und einwärts strömt und dabei eine Reihe kreisförmiger Banden erzeugt.

Aufsteigende Chromatographie – PC oder DC, bei der die mobile Phase sich durch Kapillarkräfte im Papier oder in der Schicht aufwärts bewegt.

Ausschluß-Chromatographie Die Trennung von Verbindungen höheren Molekulargewichts (meist Polymeren) nach der Molekülgröße und Form mit einer flüssigen mobilen Phase und einer hochporösen stationären Phase (oft stark quervernetzte polymere Gele). Die kleineren Moleküle verbringen einen größeren Anteil der Zeit in den Poren als die größeren Moleküle und ergeben so die gewünschte Trennung.

Binäre Gradientelution - LC, bei der die aus zwei Lösungsmitteln gemischte mobile Phase während der Elution in ihrer Zusammensetzung geändert wird.

Bioaffinitäts-Chromatographie - siehe Affinitäts-Chromatographie.

Counter Current Chromatography - siehe Gegenstrom-Chromatographie.

Displacement Chromatography - siehe Verdrängungs-Chromatographie.

Dünnschicht-Chromatographie - eine Trennung mit einer flüssigen mobilen Phase, die sich durch Kapillarkräfte durch eine feste stationäre Phase bewegt, die ihrerseits in gleichförmiger Dicke auf einer ebenen Unterlage aufgebracht ist.

Elektro-Chromatographie - LC kombiniert mit Elektrophorese, bei der zwei Elektroden Strom durch die mobile Phase fließen lassen und so die Trennung unterstützen oder hervorrufen.

Eluent - mobile Phase bei der LC.

Elution - Die Probemoleküle werden bei der LC durch ein geeignetes Lösungsmittel von der stationären Phase gelöst und aus der Säule gespült.

Elutions-Chromatographie - Trennung, bei der die Komponenten einer Mischung durch unterschiedliche Retention an der festen (LSC) oder flüssigen (LLC) stationären Phase getrennt werden und nacheinander aus der Säule gespült (eluiert) werden.

Emulsions-Chromatographie - Trennung, bei der die mobile Phase aus einer Emulsion zweier Flüssigkeiten besteht.

Entwicklung eines Chromatogramms - Durchführung einer chromatographischen Trennung in der DC.

Extraktions-Chromatographie - LC, bei der eine Extraktion zwischen einer organischen mobilen Phase und einer wäßrigen stationären Phase stattfindet (= Verteilungs-Chromatographie).

Flash-Chromatographie – CC, bei der die mobile Phase schnell durch eine kurze, weitlumige Säule gepackt mit Teilchen einheitlicher Größe getrieben wird.

Flachbett-Chromatographie – siehe Dünnschicht-Chromatographie.

Fließmittel – mobile Phase bei der DC.

Fluid-Chromatographie – Chromatographie, bei der die mobile Phase ein Medium ist, das im überkritischen Zustand gehalten wird, indem man den Druck und die Temperatur im System über dem kritischen Punkt des Gases hält, und die stationäre Phase entweder ein Feststoff oder eine chemisch gebundene Phase ist.

Flußprogrammierte Chromatographie – GC oder HPLC, bei der die Flußgeschwindigkeit der mobilen Phase linear oder schrittweise erhöht wird.

Flüssig-Fest-Chromatographie – siehe Flüssigkeits-Chromatographie.

Flüssig-Flüssig-Chromatographie – siehe Flüssigkeits-Chromatographie.

Flüssigkeits-Chromatographie – Trennung unter Verwendung einer flüssigen mobilen Phase und entweder einer festen (LSC) oder einer chemisch gebundenen oder adsorbierten flüssigen (LLC) stationären Phase.

Frontanalyse, Frontal-Technik – Trennung, bei der die flüssige oder gasförmige Mischung aus Probekomponenten und Lösungsmittel als mobile Phase dient und die Trennung durch selektive Adsorption an der festen stationären Phase erfolgt.

Gasadsorptions-Chromatographie – siehe Gas-Chromatographie.

Gaschromatographie – Trennung unter Verwendung eines Gases als mobiler Phase und entweder eines Festkörpers (GSC) oder einer Flüssigkeit auf einem festen Träger (GLC) als stationärer Phase.

Fronting – Asymmetrie der Peaks durch übermäßig langsamen Anstieg (= Leading; Gegenteil: Tailing).

Gas-Fest-Chromatographie (GSC) – siehe Gas-Chromatographie.

Gas-Flüssig-Chromatographie (GLC) – siehe Gas-Chromatographie.

Gasphasen-Chromatographie – siehe Gas-Chromatographie.

Gas-Verteilungs-Chromatographie (GLC) – siehe Gas-Chromatographie.

Gebundene Phasen – in der GC oder LC verwendete stationäre Phasen, bei denen eine Trennflüssigkeit oder eine Oberflächenschicht chemisch an ein Trägermaterial oder die Wände einer Kapillarkolonne gebunden ist.

Gegenstrom-Chromatographie – LC, bei der eine Flüssig-flüssig-Verteilung entsprechend einer Gegenstromextraktion benutzt wird und in mehreren aufeinanderfolgenden Kammern (Säulen) die mobile Phase in Form von Tröpfchen durch ein nicht mischbares Lösungsmittel aufsteigt oder absinkt.

Gelchromatographie – siehe Ausschlußchromatographie.

Gelfiltration, Gelfiltrations-Chromatographie – Ausschluß-Chromatographie, bei der eine wäßrige mobile Phase verwendet wird mit einem geeigneten hydrophilen Gel als Säulenfüllung.

Gelpermeations-Chromatographie – siehe Ausschlußchromatographie.

Gradient-Technik, -Elution – Während der Analyse werden die Trennbedingungen (Temperatur in der GC, Eluentenzusammensetzung in der LC) kontinuierlich oder stufenweise verändert.

High Performance Liquid Chromatography (HPLC) – siehe Hochleistungs-Flüssigkeits-Chromatographie.

High Performance Thin Layer Chromatography (HPTLC) – siehe Hochleistungs-Dünnschicht-Chromatographie.

High Pressure Liquid Chromatography (HPLC), Hochdruck-Flüssigkeits-Chromatographie – siehe Hochleistungs-Flüssigkeits-Chromatographie.

High Speed Chromatography – siehe HPLC.

Hochdruck-Flüssigkeits-Chromatographie – veraltet für HPLC.

Hochleistungs-Dünnschicht-Chromatographie (HPTLC) – DC auf Adsorbens-Schichten hoher Qualität (kleinere Teilchen und schmale Teilchengrößenverteilung), was zu einer verbesserten Trennung führt.

Hochleistungs-Flüssigkeits-Chromatographie (HPLC) – LC an stationären Phasen mit kleinem Teilchendurchmesser (unter 10 µm) und enger Durchmesserverteilung, wodurch der Eluent unter hohem Druck durch die Säule gefördert werden muß (30–400 bar).

HPLC – siehe Hochleistungs-Flüssigkeits-Chromatographie.

HPTLC – siehe Hochleistungs-Dünnschicht-Chromatographie.

Hydrodynamische Chromatographie – eine Art Ausschlußchromatographie, bei der die (polymeren) Proben zur Trennung kolloidal in der mobilen Phase suspendiert werden und durch eine Packung aus unporösen Polymerteilchen oder eine enge Kapillare gedrückt werden.

Ionenaustausch-Chromatographie – Trennung von Ionen in einer ionischen wäßrigen mobilen Phase (sauer, basisch oder neutral gepuffert) an einer festen stationären Phase, die kationische oder anionische Stellen an der Oberfläche besitzt, an denen Kationen oder Anionen aus der mobilen Phase ausgetauscht werden können.

Ionenchromatographie – Ionenaustausch-Chromatographie, bei der eine zweite Ionenaustauschersäule, die Suppressorsäule, verwendet wird, um die zur Probe gehörigen Kationen oder Anionen auszutauschen und die wenig ionisierte Form des Eluenten zu bilden und Leitfähigkeitsdetektion zu ermöglichen. Moderne Entwicklungen sind ionenaustauschende Membranen (Membransuppressoren) und die elektronische Suppression des Untergrundstromes.

Ionenpaar-Chromatographie – LC an Umkehrphasen, bei der als mobile Phase ein Puffer dient, der zusätzlich ein Gegenion mit zur Probe entgegengesetzter Ladung enthält.

Ion Interaction Chromatography – siehe Ionenpaar-Chromatographie.

isokratische Analyse – Gegensatz zur Gradientelution in der LC: während der Analyse bleiben die Trennbedingungen unverändert.

isotherme Analyse – Gegensatz zur Temperaturprogrammierung in der GC: während der Analyse wird die Temperatur der Säule konstant gehalten.

Kapillar-Chromatographie – GC oder HPLC, bei der der Säulendurchmesser weniger als 0,5 mm beträgt.

Kationen-Chromatographie – siehe Ionenaustausch-Chromatographie.

Leading – siehe Fronting.

lineare ideale Chromatographie – der einfachste Ansatz zur Beschreibung der Chromatographie: der Theorie gehorchend symmetrische schmale Peaks (kommt in der Natur normalerweise nicht vor: siehe nichtlineare und nichtideale Permutationen).

lineare nichtideale Chromatographie – Chromatographie, bei der die Peaks (Banden) sich durch Diffusion und Ungleichgewichts-Bedingungen verbreitern.

mehrdimensionale Chromatographie – Chromatographie, bei der die Probe ohne dazwischenliegende Isolierung durch zwei oder mehr unterschiedliche Gas-, Flüssigkeits- oder Dünnschicht-Chromatographie-Prozesse nacheinander getrennt wird.

Mehrfachentwicklung – DC oder PC, bei der zur Entwicklung mehr als eine mobile Phase nacheinander verwendet wird.

Mitteldruck-Flüssigkeits-Chromatographie (MPLC) – Flüssigkeits-Chromatographie, bei der der verwendete Druck 3 bis 10 bar anstelle der 30 bis 400 bar in der HPLC beträgt.

Molekularsieb-Chromatographie – GSC, bei der ein Molekularsieb als adsorbierende stationäre Phase dient und die Trennung auf der Adsorption der zu trennenden Gasmoleküle beruht.

Multiplex-Chromatographie – GC oder LC, bei der laufend Proben eingespritzt werden. Die einzelnen Chromatogramme werden durch Computerauswertung mit Dekonvolution zugeordnet.

nichtlineare ideale Chromatographie – Chromatographie, bei der die Peaks scharfe Fronten und unscharfe hintere Flanken (Schwanzbildung, Tailing) zeigen.

nichtlineare nichtideale Chromatographie – Chromatographie, bei der die Peaks sowohl Fronting als auch Tailing zeigen.

Normalphasen-Chromatographie – LC, bei der die mobile Phase weniger polar ist (Kohlenwasserstoffe) als die stationäre Phase (Aluminiumoxid, Kieselgel).

orthogonale Chromatographie – mehrdimensionale Chromatographie, bei der die verwendeten Methoden nach mehr als einem Trennmechanismus arbeiten (z. B. Verteilungs- bzw. RP- und Ausschluß-Chromatographie).

Papier-Chromatographie (PC) – Trennung, bei der eine flüssige mobile Phase sich durch Kapillarkräfte im Papier bewegt und eine flüssige stationäre Phase (meist Wasser) sich zwischen den Cellulose-Fasern des Papiers befindet.

Planar-Chromatographie – siehe Dünnschicht-Chromatographie.

Präparative Schicht-Chromatographie – DC an Adsorbens-Schichten, die dick genug sind (0,5–2 mm), um die präparative Trennung größerer Probemengen zu erlauben.

Pyrolyse-Gas-Chromatographie – GC, bei der eine nicht flüchtige (Polymer-)Probe schnell im Injektor aufgeheizt wird (300–900 °C) und dabei flüchtige Bruchstücke bildet, die getrennt werden können.

Reaktions-Chromatographie – GC oder HPLC, bei der eine chemische Reaktion (Derivatisierung, Oxidation, Reduktion, thermische Umlagerung, etc.) in der Probenaufgabe oder Säule auftritt und eine leichter flüchtige, leichter zu trennende oder leichter detektierbare Probe bildet.

Recycle-Chromatography – GC oder LC, bei der zur Trennung die Probe unter Verwendung von Schaltventilen mehrfach durch die Säule geschickt wird.

Redox-Chromatographie – LC, bei der die Trennung auf der Leichtigkeit eines Elektronenübergangs zwischen einem Probemolekül und der festen stationären Phase beruht.

Retention – wenn die Probemoleküle durch Wechselwirkung mit der stationären Phase bei ihrer Wanderung durch das chromatographische System aufgehalten (retardiert) werden, spricht man von Retention.

Reversed Phase Chromatography – siehe Umkehrphasen-Chromatographie.

Säulenchromatographie (CC) – LC, bei der die flüssige mobile Phase durch die Schwerkraft durch eine meist feste stationäre Phase bewegt wird (klassische Säulen-Chromatographie, im Gegensatz zur HPLC).

Säulenschalten – bei dieser Methode der HPLC oder GC wird durch Schaltventile der Strom der mobilen Phase mit den Probekomponenten wahlweise vom Ausgang einer Säule auf den Eingang einer anderen weitergeleitet. So werden nur die Komponenten einer bestimmten Fraktion des ersten Chromatogramms auf der zweiten Säule weiter aufgetrennt.

Schwanzbildung – siehe Tailing.

Size Exclusion Chromatography (SEC) – siehe Ausschluß-Chromatographie.

Steric Exclusion Chromatography – siehe Ausschluß-Chromatographie.

Supercritical Fluid Chromatography (SFC) – siehe Fluid-Chromatographie.

Tailing – Schwanzbildung von Peaks, wobei die abfallende Flanke übermäßig lang ausgezogen ist (Gegenteil: Fronting, Leading).

temperaturprogrammierte Gas-Chromatographie – GC, bei der die Temperatur linear oder stufenweise erhöht wird.

Ternäre Gradient-Elution – Gradient-Technik, bei der der Eluent aus drei Lösungsmitteln variabel zusammengesetzt wird.

Thermo-Chromatographie – GC, bei der die zu analysierenden Verbindungen durch kontrolliertes Aufheizen auf 25–300 °C aus einer nichtflüchtigen festen Probe freigesetzt werden; siehe auch Pyrolyse-Gaschromatographie.

Trockensäulen-Chromatographie – Chromatographie, bei der das Adsorbens trocken gepackt wird; die Probe wird an Adsorbens sorbiert und dieses auf den Säulenkopf aufgebracht; dann erst wird die mobile Phase zugesetzt und es schließt sich normale Säulenchromatographie an. Schließlich läßt man die Säule nach Entwicklung der Trennung trocknen und zerlegt sie in Stücke, um die Fraktionen zu gewinnen. (Dünnschicht-Chromatographie in der Säule).

Umkehrphasen-Chromatographie – LC, bei der die (meist wäßrige) mobile Phase polarer ist als die gebundene oder adsorbierte flüssige stationäre Phase.

Überkritische Chromatographie – siehe Fluid-Chromatographie.

Vacancy-Chromatography – eine Trennung mit einer UV-absorbierenden mobilen Phase, in der Komponenten getrennt werden, die nicht absorbieren und so durch verringerte UV-Absorption als Peaks sichtbar werden.

Verdrängungs-Chromatographie – Trennung, bei der die flüssige oder gasförmige mobile Phase die Komponenten von der festen stationären Phase verdrängt, indem sie stärker adsorbiert wird.

Verteilungs-Chromatographie – Trennung an einer flüssigen stationären Phase mit einer flüssigen (LLC) oder gasförmigen (GLC) mobilen Phase.

Zentrifugal-Technik – eine Methode in der DC, bei der die mobile Phase durch Rotation in einer Zentrifuge vom Zentrum der Platte nach außen getrieben wird.

Zirkular-Technik – DC, bei der der Startpunkt zum Auftragen des Laufmittels im Zentrum der Platte liegt, so daß die Entwicklung zum Rand der Platte hin eine Reihe ringförmiger Banden ergibt.

Zweidimensionale Chromatographie – (1) DC oder PC, bei der die Entwicklung erst in einer Richtung und dann in einer zweiten Richtung, gewöhnlich um 90° gedreht und mit einem zweiten Fließmittel, stattfindet. (2) GC oder HPLC, bei der zwei verschiedene Säulen verwendet werden und durch Säulenschalten wahlweise hintereinandergeschaltet werden.

Anschriftenverzeichnis der Hersteller- und Vertriebsfirmen

ABI Analytical Kratos Division
Robert Koch-Str. 16
D-6108 Weiterstadt

Alltech Germany GmbH
Südstr. 8
D-8025 Unterhaching

Baker Chemikalien GmbH
Postfach 1661
D-6080 Groß-Gerau

Beckman Instruments GmbH
Frankfurter Ring 115
D-8000 München 40

BIO-RAD Laboratories GmbH
Dachauer Str. 364
D-8000 München 50

Biotronik
Wissenschaftliche Geräte GmbH
Postfach 1330
D-6457 Maintal 1

Bischoff Analysentechnik
und -geräte GmbH
Einsteinstr. 58
D-7250 Leonberg

BODENSEEWERK-PERKIN ELMER
& Co GmbH
Postfach 1120
D-7700 Überlingen

BRUKER-FRANZEN ANALYTIK
GmbH
Kattenturmer Heerstraße 122
D-2800 Bremen 61

Carlo Erba Instruments
Nordring 30
D-6238 Hofheim/Ts.

Chrompack GmbH
Renkenrunsstr. 10-12
D-7840 Müllheim

Colora Meßtechnik GmbH
Barbarossastr. 3
D-7073 Lorch

DESAGA GmbH
Postfach 101969
D-6900 Heidelberg 1

Deutsche Pharmacia GmbH
Munzingerstr. 9
Postfach 5480
D-7800 Freiburg 1

DIONEX GmbH
Einsteinstr. 1
D-6108 Weiterstadt

DUPOND DE NEMOURS
(DEUTSCHLAND) GmbH
Abteilung Analytische Systeme
Dieselstr. 18
D-6350 Bad Nauheim 1

GAT Gamma Analysen Technik GmbH
Dionysiusstr. 6
D-2850 Bremerhaven-Lehe

Gynkotek GmbH
Gunzenlehstr. 24
D-8000 München 21

Hewlett-Packard GmbH
Hewlett-Packard Str.
D-6380 Bad Homburg

ict Handelsgesellschaft mbH
Antoniterstr. 27
D-6230 Frankfurt 80

Anschriftenverzeichnis der Hersteller- und Vertriebsfirmen

ICN Biomedical GmbH
Postfach
D-3440 Eschwege

KONTRON ANALYTIK GmbH
Oskar-von-Miller Str. 1
D-8057 Eching

Dr. Herbert Knauer
Wissenschaftliche Geräte KG
Heuchelheimerstr. 9
D-6380 Bad Homburg v. d. H.

KRATOS GmbH - siehe ABI

LATEK Labortechnik-Geräte GmbH
Güteramtsstr. 19a
D-6900 Heidelberg

LKB Instrument GmbH
Lochhammer Schlag 5
D-8032 Gräfelfing

Macherey-Nagel + Co
Werkstr. 6-8
D-5160 Düren

E. Merck
Frankfurterstr. 250
D-6100 Darmstadt 1

Milton Roy (Deutschland) GmbH
Jahnstr. 22-24
D-6467 Hasselroth 2

Millipore GmbH
Waters Chromatographie
Hauptstr. 71-79
D-6236 Eschborn

SCHLEICHER & SCHUELL GmbH
Postfach 4
D-3354 Dassel

Philips GmbH Unternehmensbereich
Elektronik für Wissenschaft
und Industrie
Miriamstr. 87
D-3500 Kassel

Shimadzu (Europa) GmbH
Ackerstr. 111
D-4000 Düsseldorf

Siemens A.G.
Analytische Systeme E 689
Postfach 21 12 62
D-7500 Karlsruhe

Spektra-Physics GmbH
Siemensstr. 20
D-6100 Darmstadt

SUPELCHEM
Chromatographie-Zubehör GmbH
Am Laubach 3
Postfach 11 27
D-6231 Sulzbach/Taunus

Varian GmbH
Alsfelderstr. 6
D-6100 Darmstadt

Waters - siehe Millipore

Woelm - siehe ICN Biomedical

Literatur (deutschsprachige Bücher)

1. Allgemeine Chromatographie (Theorie und Praxis)

Krauß, G.J., Krauß, G. (1979) Experimente zur Chromatographie, VEB Deutscher Verlag der Wissenschaften, Berlin
Dünges, W. (1979) Prächromatographische Mikromethoden, Hüthig, Heidelberg, Basel, New York

2. Säulen-Flüssigkeits-Chromatographie (HPLC)

Eppert, G. (1979), Einführung in die schnelle Flüssigkeitschromatographie (Hochdruckflüssigkeitschromatographie), F. Vieweg & Sohn, Braunschweig/Wiesbaden
Kaiser, R.E., Oelrich, E. (1979) Optimierung in der HPLC, Hüthig, Heidelberg, Basel, New York
Engelhardt, H. (1977) Hochdruck-Flüssigkeits-Chromatographie, Springer Verlag Berlin, Heidelberg, New York
Meyer, V. (1984) Praxis der Hochleistungs-Flüssigkeitschromatographie, 3. Auflage, Laborbücher Chemie, Diesterweg, Salle, Sauerländer, Frankfurt, Berlin, München, Aarau, Salzburg
Weiß, J. (1985) Handbuch der Ionenchromatographie, Verlag Chemie Weinheim

3. Papier- und Dünnschichtchromatographie

Götz W., Sachs, A., Wimmer, H. (1978), Moderne Laborpraxis: Dünnschichtchromatographie, Gustav Fischer Verlag, Stuttgart, New York
Randarath, K., Dünnschichtchromatographie, 2. neubearbeitete und erweiterte Auflage, Verlag Chemie, Weinheim
Geiss, F. (1972), Die Parameter der Dünnschichtchromatographie, Vieweg, Braunschweig

4. Gas-Chromatographie

Schomburg, G. (1986), Gaschromatographie, Verlag Chemie
Kaiser, R. (1969/1973/1975) Chromatographie in der Gasphase, Bd. I-IV, 2. bzw. 3. Auflage, Bibl. Inst., Mannheim
Metzner, K., (1977), Gaschromatographische Spurenanalyse, Akademische Verlagsgesellschaft Geest & Portig, Leipzig
Leibnitz, Struppe (1984), Handbuch der Gaschromatographie, Akadem. Verlagsgesellschaft Geest & Portig, Leipzig

Sachverzeichnis

Abmessungen von DC-Platten 122
- von LC-Säulen 171, 212
Absorptionseinheiten 204
absteigende Technik 131, 164
acetylierte Cellulose 124
Adsorbens 5
Adsorbentien 114, 123, 146, 172
Adsorption 1
Adsorptions-Chromatographie 4, 5, 91, 94, 104, 170
Adsorptionsisotherme 20, 161
-, -Formen 21
Adsorptionsstellen 67, 95
Aktivierung 95, 115, 128, 174
Aktivitätsstufe 95, 172
Aktivkohle 89, 175
Aluminiumoxid 89, 114, 173, 174
Ammoniak 107, 129, 161, 221, 227
Ammoniumsulfat 141
Analysenzeit 101
Anfärbetechniken 121, 141
Anschaffungskosten 101
Äquilibrierung 132, 134
Aufgeben der Probe 59, 182, 235
Auflösung, chromatographische 33, 84, 92, 179, 180
AUFS 204
aufsteigende Technik 131, 164
Aufstocken 62, 76, 139
Auftragen der Probe (DC) 119, 129, 147, 153
Aussalzeffekt 99
Ausschluß-Chromatographie 208, 245
Autospotter 149

Bandenschärfung 53, 130, 221
Bandenverbreiterung 33, 66, 84, 178, 197, 221

basisches Aluminiumoxid 174
Belegen von GC-Phasen 69
Beschichtung von DC-Platten 116, 125, 147
Betriebsdruck 189, 195, 200
Beziehung CC-DC 178
Bezugsquellen für DC-Materialien 124
Bindemittel für DC-Schichten 115
Blasen-Flußmesser 41, 57
Bluten 47, 52, 61, 70
Bodenzahl 29
Borsäure 128
Brechungsindex-Detektion 187, 204
Brockmann-Index 173
Butanol 107

Calciumsulfat 115
Carbowax 50
Cellulose 115
Celluloseschichten 163
Chromatoflex 149
Chromatographie 1
- Anwendungen 15
- Grundlagen 20
-, präparative 19, 80, 143, 167, 243
-, qualitative 15, 76, 139
-, quantitative 18, 76, 152, 187, 243
- Typen 4
Craig-Verteilung 21

Dampfdruck 37
Datenverarbeitung 75, 238
DC 5, 111
- Bedienungshinweise 116, 129
- als Vorprobe 102, 107, 209
DC-Kammer 133
Deaktivierung 67, 173
Dehydratisierung 115

Sachverzeichnis

Densitometrie 158
Derivatisierung 63, 204
Detektion in der CC 185
- in der DC 104, 121, 140
- in der GC 41, 49, 72
- in der HPLC 204, 238
Detektor, -Linearität 75
Diatomeenerde 67, 115
Dielektrizitätskonstante 89, 201
Diethylamin 107
Diffusion 34, 84, 163, 197
Dipolmoment, -Wechselwirkung 88, 173, 206
Dokumentation von DC-Ergebnissen 121, 142
Druck 45, 66, 189, 195, 200
Dünnschicht-Chromatographie 5, 6, 111
Durchfluß-Detektoren für die CC 186

ECD 74
Effizienz 33
Eichkurve 78, 155, 159
Einstellen der Aktivitätsstufe 174
elektrochemischer Detektor 205
Elektroneneinfangdetektor (ECD) 74
eluotrope Reihe 89
Elution 5, 27, 183
- von DC-Sorbentien 151, 158
Elutions-Chromatographie 95, 167
Elutionskraft 90
Elutionsmittel 177
Endcapping 237
Entgasung 223
Entmischung 131, 161
Entwicklung 5, 120, 131, 150, 183
Entwicklungstechniken 131, 138
Essigsäure 107
Ethylacetat 107
externer Standard 78
Extraktion von DC-Sorbentien 151, 158

FID 41, 72
Filtrierpapier 133, 134, 165
Flächenbestimmung 78
Flammenionisationsdetektor (FID) 41
Flash-Chromatographie 189
Fleckengrößenbestimmung 155
Fließmittel 120, 131
Fließmittelentmischung 131, 161
Fließmittelfront 132, 161

Fluoreszenzdetektion 204
Fluoreszenzindikator 116, 121, 141, 151, 189
Fluoreszenzlöschung 116, 121, 151, 189
Flußgeschwindigkeit 34, 84, 183, 199, 230
Flußmesser 41, 57
Flüssig-Fest-Chromatographie 91, 94, 104, 170
Flüssig-Flüssig-Chromatographie 91, 98, 108
Flüssigkeits-Chromatographie 4, 5
Formgebungstechnik 135
Fraktionen 186
Fraktionssammler in der CC 186
- in der GC 79
- in der HPLC 239
Fritte 171, 221, 226, 232
Front 161
funktionelle Gruppen 51, 93
Fused Silica 44, 50, 52, 65

Gas-Chromatographie 4, 14, 37
Gauß-Kurve 24
GC 4, 14, 37
- Bedienungshinweise 39
- Charakterisierung stationärer Phasen 71
- Dampfdruck 37
- Datenverarbeitung 75
- Detektor 42, 48, 49, 72
- Durchflußdetektoren 39
- ECD 74
- FID 41, 72
- gepackte Säule 42, 65
- Injektor 59, 62, 64
- , isotherme 53
- Kalibrierung 78
- Kapillarsäule 44, 65
- Konditionierung von Säulen 70
- Kopplung mit Infrarotspektroskopie 83
- - mit Massenspektrometrie 82
- , mehrdimensionale 81
- Mischphasen 71
- Optimierung der Trennung 84
- , präparative 80
- Probengröße 42
- Probenvorbereitung 62
- Pyrolyse 81

Sachverzeichnis

- qualitative Bestimmung 76
- quantitative Bestimmung 76
- Reinigen u. Regenerieren von Säulen 71
- Säulenofen 56
- stationäre Phase 50
- Strömungsteiler (Split) 61
- Temperaturbedingungen 52
- Temperaturprogrammierung 53
- Totzeit 62
- Trägergas 40, 41, 47, 56
- Trennbeispiel gepackte Säule 43, 46
- - Kapillarsäule 44, 46
- Trennflüssigkeit 38
- Trennsystem 45
- WLD 41, 72

gebundene Phasen 12, 39, 51, 99, 198, 207
geeichte Kapillaren 153
Gegenstrom-Verteilung (Craig) 21
Gelfiltrations-Chromatographie (GFC) 245
Gelpermeations-Chromatographie (GPC) 245
Gemische von Lösungsmitteln 96, 102, 108
Gewichtsverhältnis Sorbens-Probe 172
GFC 245
Gips 115
Glaskapillare 119
Glassäulen 66, 170
Glasscheibe 125
Glaswolle 69, 171
GLC 4
Gleichgewichtseinstellung (DC) 132, 134
GPC 245
Gradient als Vorversuch 102
Gradientelution 6, 11, 138, 184, 221, 232
Grundliniendrift 200
Grundlinientrennung 43
GSC 4
Guard-Column 172, 237

Herstellung von DC-Schichten 116, 125, 147
HETP 25
High-Performance-Liquid-Chromatography 6
Hochleistungs-Dünnschicht-Chromatographie 161

Hochleistungs-Flüssigkeits-Chromatographie 6, 11, 195
homologe Reihen 91, 212
HPLC 6, 11, 195
- Auswahlschema für stationäre Phasen 210
- Bedienungshinweise 198
- Beispiel einer Normalphasen-Trennung 213
- - einer RP-Trennung 211
- Datenverarbeitung 238
- Detektoren 204, 238, 239
- Eluentenvorratsgefäße 231
- Entgasung von Eluenten 223
- Fraktionssammler 239
- Gradientelution 221
- Injektionssysteme 234
- Kapillaren 233
- Kopplung mit Infrarotspektrometrie 241
- - mit Massenspektrometrie 241
-, mehrdimensionale 240
-, mobile Phase 215, 221
- Probenvorbereitung 233
- Pumpensystem 197, 230
-, quantitative Auswertung 243
- Säulen 212
- Schema 196
-, stationäre Phase 206, 236
- Totzeitmarker 216
- Trennsystem 203
- Vorsäulen 213, 237
HPTLC 161
Hydratisierung 115
Hydroxylgruppen 67, 173, 236
Höhenäquivalent eines theoretischen Bodens 25

Identifikation 38, 62, 76, 139, 241
Imprägnierung 128
Injektionssystem in der GC 59, 64
- in der HPLC 234
Integration 78
interner Standard 78
Iodkammer 121, 141
Ionenaustausch 174
Isolierung der Produkte 151, 187

k'-Wert 85, 216
Kalibrierung 78, 155, 159

Sachverzeichnis

Kammer 133
Kammersättigung 133
Kapazitätsverhältnis 85, 216
Kapillare zum Auftragen 119, 153
Kapillarpipette 149
Kapillarsäulen 65
Kapillarverbindungen 233
Kieselgel, Polarität 89, 114, 173, 174, 176
Kieselgur 67, 115
Kieselsäure 176
Klebeband 121, 126, 151
Kolorimetrie 158
Kombinationen CC-HPLC 188
kommerzielle Platten 145
Komplexbildner 99
Konditionierung 70
kontinuierliche Entwicklung 138
Konzentrierungszone 130
Kopplung von Säulen 81, 240, 244
Korngröße 68, 114, 162, 173, 189, 207, 209
Korngrößenverteilung 68, 162
Kosten 101

Lamellenzähler 41, 57
Laufmittel 120, 131
Laufmittelentmischung 131, 161
Laufmittelfront 132, 161
LC 4
Leading 237
Leitfähigkeits-Detektor 205
Lieferanten für DC-Materialien 124
Linomat 154
LLC 4, 91, 98
LLC-Systeme 108
LSC 4, 91, 94, 104, 170
LSC-Systeme 104
Löslichkeit 1, 37, 51, 90, 98
Lösungsmittel der Probe 119, 147, 182
Lösungsmittelgemische (DC) 96, 102, 108

mehrdimensionale Chromatographie 81, 136, 240
Mehrfachauftragung 130
Mehrfachentwicklung 134, 150
Methode, Aufstellen einer (LC) 87
Mikrokapillaren von Drummond 153
Mikroliterspritze 42, 62, 149, 154, 201

Mitteldruck-Flüssigkeits-Chromatographie 191
mobile Phase 3
Molekulargewicht 91, 244
MPLC 191

Nachweisgrenze 101
Nachweis-Methoden 121, 151, 159
Nachweisreagentien 104, 108, 142, 144
Nachweisreaktionen 121, 140
Nano-Applikator 149
Nanomat 149
Natronlauge 128
Neatan 143
neutrales Aluminiumoxid 174
nicht-destruktive Nachweisreaktionen 140
Normalphase 206

Objektträger 113
On-column Injektion 61
Oxalsäure 128

P'-Wert 215
P'-Reihe 146
Packen von Säulen 69, 181, 212
Packungsmaterial 173
Papier-Chromatographie 5, 6, 111, 115, 163
PC 5, 111, 115, 163
Peak-Kompression 53, 130, 221
pH-Wert des Packungsmaterials 114, 173
Phasensystem 87
Phasenverhältnis 26
Plastikschlauch 170
Plattenmaterial 125
PLC 167
Polarität 51, 88, 93, 215
Polyamid 124, 175
Polymercharakterisierung mittels HPLC 244
Polystyrol 175, 246
Polyvinylalkohol 115
Porendurchmesser 245
präparative Anwendung in der DC 143
- - in der GC 80
- - in der HPLC 243
- - in der LC 167

Sachverzeichnis

Preis 101
Preßluft 189
Probemenge 42, 101, 111, 129, 147, 172, 191, 234
Probevorbereitung in der GC 62
- in der HPLC 233
Puffer 99
Pumpe 230
Pyrolyse GC 81

Quadratwurzel 155
qualitative Bestimmung 78
quantitative Bestimmung in der DC 155, 158
- - in der GC 76
- - in der HPLC 243
- CC 187
- DC 152

Rabel, Reihe 184
Radioaktivität, Detektion 161
Rauschen 47, 58, 73, 200, 231
Reagentien zum Nachweis 104, 108, 141, 144
Recycle-Chromatographie in der GC 81
- in der HPLC 240
Reflexionsmethode 157
Refraktometer 204
Reinigung von Sorbentien 124
Retentionsvolumen 13, 27, 179, 203, 216
Retentionszeit 15, 27, 38, 76, 85, 203
Reversed Phase 206
Rf-Wert 7, 9, 138, 178
Rf-Wert, -Zusammenhang mit K 28

S-Kammer 133
Sandwich-Kammer 133
Säulen für die CC 170
- für die GC 65
- für die HPLC 212, 236
-, Vor- oder Schutzsäulen 172, 237
Säulen-Chromatographie 6, 9, 167
- Bedienungshinweise 181
Säulendimensionen 66, 171, 212
Säulenschalten 81, 240
Säulentemperatur 52
saures Aluminiumoxid 174
Scannen von DC-Platten 157

Schablonen zum Auftragen 130
Schichtdicke 126, 147
Schutzsäule 172, 214, 273
Schwanzbildung 161
Schwefelsäure 128, 141
Septum 59, 61
Sichtbarmachen von Substanzzonen 104, 121, 140
Silber-Imprägnierung 128
Silicate 115
Sinterglas-Fritte 171
Size Exclusion Chromatography (SEC) 208, 245
Sorbentien 114, 146, 172
-, kommerzielle 123
Sorptionsmittel 114, 123, 146, 172
Sorptionsstellen 95, 174
Spektrophotometrie 158
spezifische Nachweisreaktionen 141
Split 61
Sprühreagentien 142, 144
Standardplatten 122
Stärke 115
Startpunkt 7
stationäre Phase 3
- für die CC 172
- für die DC 114
- für die GC 50, 68
- für die HPLC 206, 238, 239
Streichen von DC-Schichten 116, 126, 147
Strömungsteiler 61
Stufengradient 184
Suspension, Zusammensetzung 117, 125, 182
Suspensionen nach Peifer 117

Tailing 64, 66, 67, 71, 81, 161
Teilchengröße 68, 114, 162, 173, 189, 207, 209
Teilchengrößenverteilung 68, 162
Temperaturprogramm 53
theoretischer Boden 25, 29
TLC 111
Totvolumen 12, 28, 170
Totzeit, Bestimmung in der GC 62
-, - in der HPLC 216
Träger 5
Trägergas 40, 41, 47, 56
Transmissionsmethode 157

Trennsystem, GC 45
- HPLC 203
Trockensäulen-Chromatographie 188

U-Kammer 163
Übergangsformen CC-HPLC 168
Überführung 158
Überladung 42, 161, 244
Umkehrphase 206
universelle Nachweisreaktionen 141
UV-Absorption 116, 187, 201, 204
UV-Fluoreszenz 116, 121, 141, 151, 189
UV-Licht 116, 141

Van Deemter Gleichung 35, 84
Verbesserung der Trennung 134
Verbindungskapillaren 233
Verdrängungsanalyse 95
Vergleich von Ergebnissen 139
Verteilung 20
-, diskontinuierliche 21
-, statische 20

Verteilungs-Chromatographie 4, 5, 98
Verteilungskoeffizient 22, 98
Verteilungssysteme 98, 107, 108
Verunreinigungen in Sorbentien 124
Vorhersage von Lösungsmittelsystemen 114, 178
Vorsäule 172, 214, 237
Vorversuch, DC 102, 107, 209

Wassergehalt von Sorbentien 115
Wassersprühtechnik 151
Wasserstoff-Brücken 88
Wattebausch 171
WLD 41, 72
Wurzel 155
Wärmeleitfähigkeitsdetektor (WLD) 41

Zersetzung 38, 59, 70, 81, 137, 152
zerstörungsfreier Nachweis 141, 151
Zirkular-Chromatographie 138
Zusätze zum Eluenten 99, 107
zweidimensionale DC 136

B. Heyn, B. Hilper, G. Kreisel, H. Schreer, D. Walther

Anorganische Synthesechemie

Ein integriertes Praktikum

1986. 13 Abbildungen, 11 Tabellen. XIX, 235 Seiten. Gebunden DM 64,-. ISBN 3-540-16588-6

Inhaltsübersicht: Einführung. - Metallhalogenide. - Metallhydride. - Organoverbindungen der Hauptgruppenelemente. - Organoverbindungen der Übergangsmetalle. - π-Cyclopentadienylverbindungen der Übergangsmetalle. - Koordinationsverbindungen. - Chelatkomplexe. - Schwefel-Stickstoff-Verbindungen. - Metallinduzierte und metallkatalysierte organische Synthesen. - Aktive Metalle. - Festkörperreaktionen und Reaktionen in Schmelzen. - Arbeiten unter Schutzgas. - Recycling, Entsorgung. - Hinweise zu den Analysenmethoden. - Hinweise zur ökonomischen Bewertung der Synthesen. - Sachverzeichnis.

H. P. Latscha, H. A. Klein

Anorganische Chemie

Chemie-Basiswissen I

2., völlig neu bearbeitete Auflage. 1984. 190 Abbildungen, 37 Tabellen. XIII, 489 Seiten. (Heidelberger Taschenbücher, Band 193). Geheftet DM 42,-. ISBN 3-540-13245-7

Inhaltsübersicht: Allgemeine Chemie: Chemische Elemente und chemische Grundgesetze. Aufbau der Atome. Periodensystem der Elemente. Moleküle, chemische Verbindungen, Reaktionsgleichungen und Stöchiometrie. Chemische Bindung. Komplexverbindungen. Zustandsformen der Materie. Mehrstoffsysteme. Redox-Systeme. Säure-Base-Systeme. Energetik chemischer Reaktionen. Kinetik chemischer Reaktionen. Chemisches Gleichgewicht. - Spezielle Anorganische Chemie: Hauptgruppenelemente. Nebengruppenelemente. - Literaturauswahl und Quellennachweis. - Abbildungsnachweis. - Sachverzeichnis. - Formelregister.

Springer-Verlag
Berlin Heidelberg
New York London
Paris Tokyo

H. P. Latscha, H. A. Klein

Organische Chemie

Chemie – Basiswissen II

1982. 121 Abbildungen, 56 Tabellen. 700 Formeln. XXII, 554 Seiten. (Heidelberger Taschenbücher, Band 211). Geheftet DM 55,–. ISBN 3-540-10814-9

Inhaltsübersicht: Grundwissen der organischen Chemie. – Chemie und Biochemie von Naturstoffen. – Angewandte Chemie. – Trennmethoden und Spektroskopie. – Register und Nomenklatur.

H. P. Latscha, H. A. Klein

Analytische Chemie

Chemie – Basiswissen III

1984. 151 Abbildungen, 35 Tabellen. XII, 538 Seiten. (Heidelberger Taschenbücher, Band 230). Geheftet DM 51,–. ISBN 3-540-12844-1

Inhaltsübersicht: Einleitung. – Vorsichtsmaßnahmen und Unfallverhütung im chemischen Labor. – Qualitative Analyse. – Grundlagen der quantitativen Analyse. – Klassische quantitative Analyse. – Elektroanalytische Verfahren. – Optische und spektroskopische Analysenverfahren. – Grundlagen der chromatographischen Analysenverfahren. – Reinigung und Trennung von Verbindungen. – Literaturnachweis und weiterführende Literatur. – Abbildungsnachweis. – Sachverzeichnis.

Springer-Verlag
Berlin Heidelberg
New York London
Paris Tokyo

If you have any concerns about our products,
you can contact us on
ProductSafety@springernature.com

In case Publisher is established outside the EU,
the EU authorized representative is:
**Springer Nature Customer Service Center GmbH
Europaplatz 3, 69115 Heidelberg, Germany**

Printed by Libri Plureos GmbH
in Hamburg, Germany